まちづくり教書

佐藤 滋＋饗庭 伸＋内田奈芳美 編

鹿島出版会

序

「まちづくり」という言葉が普通に使われるようになってから半世紀がたつ。一九六〇年代の市場経済至上主義を超えて、共同体の論理によって各地で生まれてきた日常の生活環境を向上させる運動が束ねられたのがこの「まちづくり」である。この間のまちづくりの隆盛は言うまでもない。地域社会における文化現象とも言ってよい。ちまたにもまちづくりを冠した書籍や情報はあふれている。

しかし、一方で、「まちづくりはもういい。」と公言し、まちづくりの限界を言う識者もいる。かつて克服したはずのカタカナ言葉への言い換えの動きも見られる。

では、なぜ今、まちづくりなのか。まちづくりは、地域社会をベースにすること以外は、その内容は曖昧な概念で語られることが多い。しかし、その発生から今日までを振り返り、今、取り組まれている動きをつぶさに読み解けば、研ぎ澄まされた理念により洗練された方法を築き上げてきたことが見えてくる。人口減少と少子高齢化という未知の時代状況を乗り越える力を、まちづくりを展開させることにより、地域社会は獲得することができる。本書は、このような確信をもとに、地域社会で生活の場の質の向上に取り組んだ、「まちづくり」という言葉で生成された活動のこれまでを振り返り、まちづくりを再定義し、これからの展開のイメージを膨らませ、次の時代のまちづくりを見通すことを目的に執筆された。これが、本書を「まちづくり教書」と名づけたゆえんである。

本書の構成

まず、第一章では、まちづくりの歴史を私的な体験も含めて振り返り、まちづくりが達成した成果と、残された課題を総括している。理念の第一世代、モデルと実験の第二世代を経て、地域運営の第三世代にたどり着いたまちづくりは、その胎動期に期待されたすがたをようやく浮かび上がらせてきている。この章では、その過程で発見されたまちづくりの豊かな潜在力と可能性、そして未達成の課題を、第三世代に至るまでの、これまでのまちづくりを振り返って整理している。

第二章は、現時点でのまちづくりを海外の動きとも相対化しながら、第三世代に到達したまちづくりのこれまでを踏まえて、理論的な到達点を検討して、これからのまちづくりを構想するためにまちづくりを再定義し、その新たな展開の可能性を論じたものである。その新たな展開の可能性を論じたものである。次の時代へ向けたまちづくりの萌芽を検討し、様々な可能性がこの再定義には込められている。

そして第三章は、これまでの試行錯誤のまちづくりの実践のなかで確立され、また発展する可能性を持つ、そして今後のまちづくりの中核になるであろう、「まちづくりの科学的手法と方法」について述べている。これらは、それぞれがまちづくりの試行錯誤を通じて組み立てられたもので、現状では拡散的にも映る。

しかしこのような手法や個別の方法のすべてを体系化して整理することは、今の段階では難しい。まちづくりそのものが、まだ科学的方法としては発展途上にあるからだ。とはいえ、これらの関係を再整理することで、これからのまちづくりの全体的な枠組みが明確になるのであり、そんな組み立てを意識して論じている。

第四章は、前章で述べた手法や方法が生み出された早稲田大学佐藤滋研究室のグループが主体的に関わり、最先端で取り組まれている第三世代のまちづくりで、場所の価値を高めるために取り組まれて成果が上がっているものを、その特徴を軸に理論的な枠組みに従って整理したものである。ここに取り上げた個々のまちづくりはそれぞれが一冊の物語になるほどの豊かな内容を含んでいるが、ここでは四つのアプローチにより先端を切り開くまちづくりのモデルとして再解読し、論じたものである。

そして終章では、まちづくりの第三世代に至った成果を発展させるための展開のイメージとしての地域マネジメントのビジョンを示し、人口減少と少子高齢化という未曾有の状況が進展する二〇二〇年を境にして始まる次のまちづくりの四半世紀を、グローカルな視点から展望している。半世紀の成果を積み上げたまちづくりには時代を共創する役割が期待されているのであり、その可能性についても論じている。

さて、本書の内容は私の研究室(早稲田大学都市設計・計画/佐藤滋研究室)および、都市・地域研究所での研究・実践プロジェクトで一緒に活動をした学生達や研究員の皆さんの貢献によって達成された。特に学生の熱意と突破力にはいつも驚かされることが多かった。改めて感謝の意を表したい。

最後にまちづくりの長い歴史を切り開いてきた先学、ともに学んだまちづくりの同志の皆様にも厚くお礼を申し述べたい。お互いの学び合い切磋琢磨しながら、さらに次なる時代を展望できたらと願っている。

二〇一七年一月
佐藤 滋

周囲の自然と一体となった美しい鶴岡のまちに、私は三〇年以上も関わり続けることができました。このまちと市民の方々からは多くのものを学び、発見し、そしてそこからいろいろなことを考え続けてきました。この地に高い誇りを抱き続けている市民の皆様が育んできた歴史・文化を体現しているのが鶴岡致道大学であると思っています。そしてこれからも、困難な時代だからこそ、あまねく学問の果実を広げることを期待しています。

まちづくり教書　目次

第3章 まちづくりの科学

第4章 まちづくりの実践と方法

第1章

まちづくりのこれまでと、これから

佐藤滋

まちづくりは何を達成し、どこに行き着いたのか

まちづくりのこれまでの歴史を総括して、何が達成され、何が課題として残されたのか、そしてどのような姿に行き着いたのかを述べるのが本章の目的である。

まちづくりは、わが国独自に発展してきたものではあるが、一方でこの時代の世界の都市計画や居住環境改善の新たな取り組みとも共通する同時代性をもって展開してきた。このような視点も含めて、まちづくりの誕生から現在までを概観する。

筆者は、二〇〇二年の日本建築学会における「まちづくり支援建築会議」の発足時に、その教科書として、一〇冊のまちづくりシリーズを編集・刊行することを担い、その第一巻で『まちづくりの方法』(日本建築学会編、丸善出版、二〇〇四)を執筆した。そして、このなかで、歴史的な展開と生まれ出てきたまちづくりの定義、原則について述べた。すなわち、「まちづくりとは、地域社会に存在する資源を基礎として、多様な主体が連携・協力して、身近な居住環境を漸進的に改善し、まちの活力と魅力を高め『生活の質の向上』を実現するための持続的な活動である」とし、次の一〇の原則を掲げた。それは、公共の福祉、地域性、ボトムアップ、場所の文脈、多主体による協働、持続可能性と地域内循環、相互編集、個の啓発と創発性、環境共生、そしてグローカル、である。これらは、この本が出版された二一世紀の初頭までに、まちづくりの積み重ねで浮かび上がってきたまちづくりの本質を表現しようとしたものである。

一方でまちづくりという用語は、二章の内田論文(四〇頁参照)で述べているように、現在では極めて広い、あるいは見方によっては対照的な内容をもまちづくりという用語で表現されてもいる。前述した拙著『まちづくりの方法』では、まちづくりという用語を、最も厳密に定義をしているといえよう[*1]。都市開発からニュータウン建設、国際的な企業が集積する大資本による巨大な利潤を生み出す都市開発までがまちづくりと呼ばれているなかで、地域社会とともに人的資源が力をつけて、自ら問題解決に向かい、あるいは共創的なプロセスから、地域社会の場の質の向上に持続的に取り組んできた動きに限定したのが筆者の定義である。そして、まちづくりの誕生から発展の過程を振り返れば、このような「まちづくり」が本来持つ純粋な意味が、さらに重要になっているとの認識から、本書でもその定義は踏襲する。

本書が扱い、また『まちづくりの方法』でも掲げた事例は、『まちづくりの方法』で述べた定義と一〇の原則の多くに適

合するものである。

そして、このようなまちづくりが展開してきた過程を、まちづくりの三つの世代に分けて述べている。それは、一九七〇年代の初頭を出発点とする理念の第一世代、続く一九八〇年代中頃から一九九五年の阪神・淡路大震災までに現れてきたまちづくりの取り組みを「モデルと実験の第二世代」、そして一九九五年以降に阪神・淡路大震災の復興まちづくりをとおして現れてきた多主体が地域社会を基盤に連携して取り組み、地域運営を目指す第三世代を定位している。第一世代から第三世代の萌芽までを、併走してきた筆者の個人的な体験や実践を含めて、この間にまちづくりが何に取り組み、どこに到達し、そして何を成し得なかったのかを、以下に論じたい。

さてここで言うまちづくりの三つの世代区分は、それぞれを象徴するような先端的まちづくりが動きだした時期を示しているのであり、その時代のまちづくりが一斉にこのような発展過程を経たということではない。様々な場所でこれらのまちづくりが並列的に取り組まれているのであり、特に第二世代のまちづくりは、それぞれの地域でまちづくり学習や様々なワークショップが今後とも取り組まれていくであろうし、もちろん地域運営のまちづくりの時代にあってもこれらの要素は重要である。であるから、この時代区分は新たな動きが始まりかけた時期という程度の意味である。

本書で次章以降に取り上げているまちづくりは、第二世代のまちづくりから第三世代が生まれて、地域運営が見えてきた時期のまちづくりを主な対象にしている。しかし実は、これまでのまちづくりの基本や方法の発展の基礎となったのは第一世代であり、またその第一世代を生みだした胎動期の動きである。個々の世代の特徴を明確にすることが、まちづくりのこれからを考える上で重要と考える。

すなわち本章では、前著では記述しなかったこの部分を再整理して、まちづくりの変革に込められていた初期の原理を明らかにしたい。このことが、まちづくりの根源にたちかえり、今とこれからを考える上で必須だからである。

まちづくりへの胎動その一
——二一世紀へ向かうビジョンの創生

フランス・パリでの五月革命(一九六八)、アメリカなどでのヴェトナム反戦運動、日本での東大安田講堂事件(一九六九)に象徴される一九七〇年前後における激動の時代のなかで、これらを乗り越える穏やかな活動としてまちづくりという概念が誕生した。しかしこのとき、ミクロな生活圏だけが問題にされていたわけではない。むしろ都市に関わる広範な専門家の中で、都市を包括的にとらえて総合計画に結びつけようとする動きや自治行政施策としての生活・住環境、さらには都市や国土の在り方、ビジョンを構想するなど、都市・地域に関わるあらゆる視点から、変革や転換が取り組まれようとしたのである。

公害や住環境の悪化に対抗する運動として、生活圏のレベルからのさまざまな活動がボトムアップで取り組まれたのと同時に、生活と社会の姿、そして都市・地域、さらにはまちの姿をビジョンとして描く試みにも、熱い情熱を持って取り組まれたのである。

この時代は、未来論が華々しく語られた時代でもあり、「二一世紀」という言葉が、輝かしい未来をイメージさせるものであった。一九六八年から三年間、総理府は一〇の研究グループを選定して「二一世紀の日本・国土と国民生活の未来像の設計」の調査研究を依頼した。各グループでは主に、建築・土木分野の都市設計・計画学者が中心になり、あらゆる関連分野の研究者・実務家が参画し、来るべき二一世紀の物的環境の在り方はもとより、社会や生活の姿、あるいは首都移転などを梃子とした政治の仕組みの在り方までもが研究され提案された。ボトムアップのまちづくりだけではなく、その集積としてどのような社会や地域、さらには国土の全体像が立ち現れるのか、これが不確かなままでは、地域の固有な問題を解く「まちづくり」に躊躇なく取り組むことは難しかろう。コミュニティ単位で活動に参画しながらも、全体像としての都市の全体像や地域・国土の在り方を考えざるを得ないのだ。このようなときに、「二一世紀の日本列島」の姿を問うコンペティションが行われ、一九七〇年に各グループから報告書が提出された。

その後、まちづくりの理論的、方法的な発火点の一つとなる早稲田大学の都市計画系研究室を中心にしたグループは、全学の知的資産を結集して「二一世紀の日本研究会」を組織し、研究に取り組んだ。そして、東京大学丹下グループと共に早稲田大学の研究会は総合賞に輝いた。早稲田グループはその成果を二冊の著作『アニマルから人間へ』『ピラミッドから網の目へ』にまとめ、一九七二年に出版した[*2]。

このとき、特別賞であった関西グループ（代表・西山卯三京都大学教授）と早大グループの提案はまさに、まちづくりの思想を包含し、あるいはこれを基礎に二一世紀を見通した国土から地域、そしてまちの姿を社会の像とともに組み立て、構想したものであった。

関西グループ（計画設計は実質的に京大西山グループ）の案は、住民による地域の管理運営と日常生活が完結する「自治生活圏」を基礎としており、民主主義のもとで、平等な社会が水平的に組み立てられるというロマンが読み取れる*3。

それと比べると、早大案は、目指す方向は同様でも、現状を打破しようとする強烈なイメージを提示していた。その後、まちづくりを牽引する二つの流れの個性が表れているのであり、絡み合いながらまちづくりは展開されていく。早大案には、逆日本列島の姿が描かれ、「二一世紀」へ向けての発想の転換と既成概念の打破が提示されている。さらには、東京キレメ計画、青函圏構想、北上京遷都計画など、刺激的な提案の数々が盛り込まれていた図1。

いずれにしてもその後のまちづくりを切り開く二つの学派が、総合的なビジョンと社会像をこの時点で明確に描い

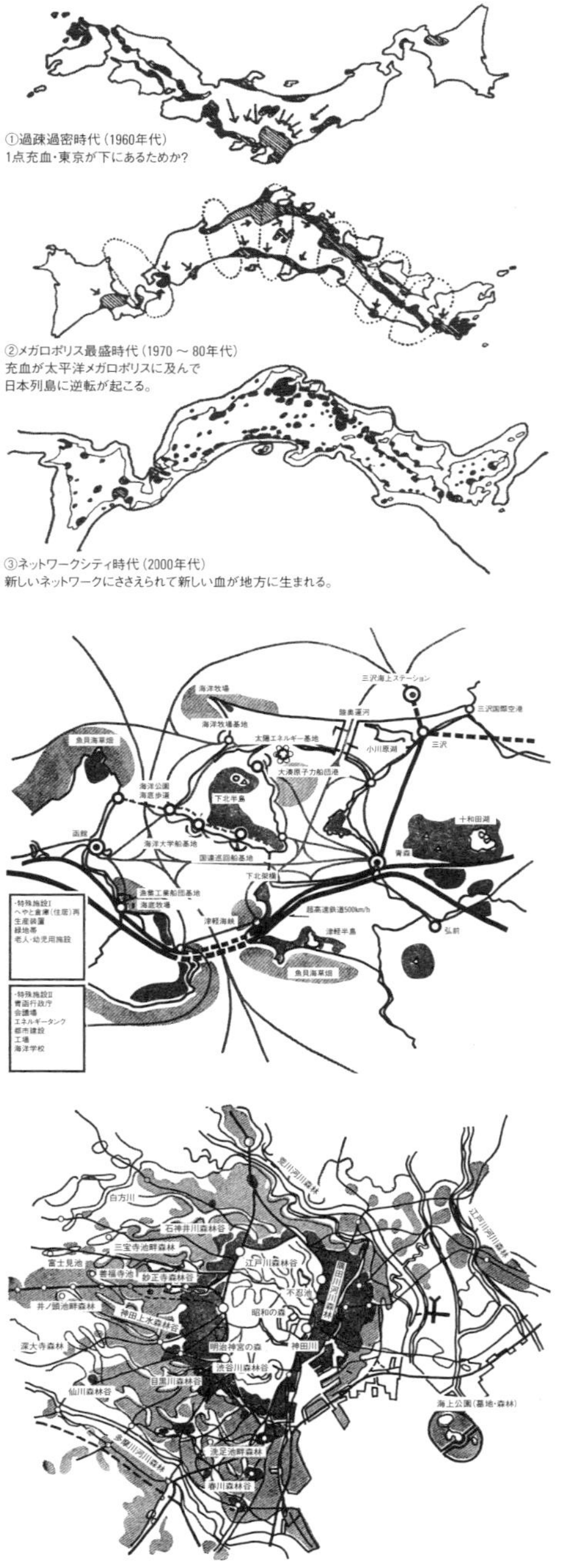

図1　二一世紀の日本列島に描かれた逆日本列島（上）、青函圏構想（中）、東京キレメ計画（下）。出典：吉阪隆正・宇野政雄編『二十一世紀の日本（下）ピラミッドから網の目へ』紀伊國屋書店（一九七二）

ていたことは、その後のまちづくりの方向性を決定づけたといってもよかろう。そして、これらはもちろん目指すべき未来であり、社会に対して未来に向けての共有すべきイメージを提示したと同時に、これが座していて実現するとは誰も思ってはいないはずで、自らがその実現のための運動の主体となるという決意表明を暗に含んでいたといえよう。これを実現するのは、変革の意志を共有した専門家と市民、そして分権化された地方政府・自治体と地域社会なのである。

言うまでもなくこの時代には、都市社会学や政治・経済学においても、七〇年前後の激動の変曲点において観察者としてよりも、社会のあり方を構想し、社会的課題の解を求めることに精力が注がれた。学際的に、都市や地域社会のあり方を真摯に検討する学者が様々な形で検討を重ねて、自治体としての総合計画が検討され、いわゆる革新自治体では参加と分権が、そして高度成長期の環境悪化に端を発して松下圭一の「シビルミニマム」などの理念が提出され、それを具体化する方法として、民主的な地域社会づくりが政策化され、まちづくりへの道が切り開かれたといえる。

まちづくりへの胎動その二
——都市づくり・まちづくりのすがたを描く

前述の二一世紀の日本の未来像としてのビジョンを基にして、それを具体的な場で現実的なイメージとして構想計画する研究がなされた。早稲田大学ではこれを引き継ぎ、都市・地域デザインとして「杜の都・仙台(仙台商工会議所+早稲田大学吉阪研究室、日本都市計画学会石川賞受賞)」が進められ、また、普通の生活の場である地域でのまちづくりの姿を描いた「東京・まちのすがたの提案(早稲田大学都市計画系三研究室(代表:吉阪隆正)」の研究が進められた。

吉阪研の「杜の都・仙台」は、当時も現在も東北一の地方都市・仙台市が、商工会議所と行政が協力して「仙台デベロッパー委員会」をつくり、大学に作業を委託して、二一世紀のビジョンを構想したものである。印象的な魚眼マップと都市部を中心に都市圏を環境、都市・地域の全体像とともに世界のなかに位置づけた姿をデザインすることを主眼としていた。そして各地区ごとに将来像が描かれて、そのいくつかはこの構想の中心を担った人材により実現に向かうのである。

一方、当時、美濃部亮吉都政(一九六七〜七九)により「緑と青空の東京」というスローガンで都民生活の安定と福祉に力点を置いた都市政策が展開されていたが、この政策に対応した物的な環境を改善する具体策は持っていなかった。そこで東京都区部を対象とした、「東京・まちのすがたの提案」により、目標となる生活に密着したまちのあるべきすがたを描こうとしたのである。首都整備局からの委託調査で、早稲田大学都市計画系の三研究室が合同で取り組んだプロジェクトである。「東京・まちのすがたの提案」（『東京都近隣社会環境整備計画報告書二　地区整備計画編』一九七六年三月）はこの頃ボトムアップのまちづくりが言われだし、コミュニティ活動や近隣の住環境を破壊する高層建築の建設や開発に対する反対運動が頻発するなかで、では、全体としてどのようなまちの姿を描くのかを根本から考えてみようという試みであった。練馬の農住混在地域、北区の住宅密集市街地、そして板橋区の入り組んだ地形を活かした住環境改善をテーマに、手法と具体的な「すがた」を描いたのである。ここでの「まちのすがた」とは、まちでの住民の生活や活動がにじみ出て現れてくる「すがた」、すなわち生業《なりわい》や生活、人々の活動が一体となった地域社会の「すがた」を目標として描こうとしたのである。

　まちづくりは生活像とともにまちをデザインするもので、単に空間のデザインや、形の上でのデザインではなく、「まちのすがた」をデザインし、それを実践することである。この言葉に込められていたのは、時間の移ろい、生活と暮らし、地域社会が凝縮されたものとしての「まちのすがた」なのである。しかしこの作業は、筆者も当事者の一人として（といっても当時多くのシニア大学院生がいるなかで、私は博士課程に入ったばかりの新米であった）正直言って、実現化のことがすっぽり抜けてしまっていて、イメージだけのポンチ絵になってしまったという感が否めない。しかし、まちづくりで何をしようとしているのか、何を目指しているのか、抵抗運動やコミュニティ活動のその後に目指すべき姿としての将来像を描いたことは意味があった。少なくともこれに関わってその後まちづくりに深く携わることになる当時の学生にとっては、これをいかに実現に結びつけるか、その方法と理論を探ることが明確な目標になったのである＊4。

まちづくりへの胎動その三――「まち」の発見

　市街地や集落の既存の文脈の価値を認め、それを尊重することがまちづくりにいたる基本的な態度であるが、その前提での研究が一九七〇年前後には進んでいる。デザインサーヴェイはまさにそのことに向き合ったものであり、一九七五年発行の雑誌『都市住宅』(八月号)特集の「発見的方法」はまさに、さらに深く対象としてのまちや集落の構造を解き明かそうとしたものであった。

雑誌『都市住宅』年間テーマ「町づくりの手法」

さて、一九七五年当時、建築を学ぶ学生のなかで人気の雑誌だった『都市住宅』は、一九七五年の年間テーマとして「町づくりの手法」を掲げ、各号でその後のまちづくりを特徴づける特集を組んでいる。その一月号の冒頭で、

〈町づくり〉という言葉は正直なところあまり好きになれない。〈町づくり〉には明確な概念よりは単なる心情的な側面が強いからだ。けれども今年、私たちが検討してみたい問題の内容は、実にうまい具合に盛り込まれているような気がする。(『都市住宅』一九七五年一月号二頁)

として適当なスケールの領域、住民の意志の反映、古い生活態度や建物の存続を掲げ、物的環境の改善を含めるが、それだけではないプログラムとしての〈町づくり〉を位置づけている。これは後述する奥田道大が、七〇年代の前半を「コミュニティの時代」、後半を「コミュニティ以降の時代」と表していることに符合する。ソフトなコミュニティ活動としてのコミュニティづくりは見えてきたが、大きな問題を抱える住環境の改善などフィジカルなまちづくりへの模索がされていた時期に、この年間テーマが掲げられたのである。時代の転換期での『都市住宅』は、「シンボリックな建築」への模索が、表現されている。当時の『都市住宅』は、「シンボリックな建築」から、まさに都市や居住地を構成する住宅をターゲットに発信していたが、この年の特集ではミクロなスケールでの観察や動向を次々取り上げていった。道空間、屋台、木賃アパート、発見的方法などの特集が、若い建築学生やまちづくり的な志向をもつ若者を刺激したのである。

またその前年の一九七四年には、川名吉エ門らの東京都立大学(現・首都大学東京)の都市計画研究室によって神戸市に続き「高知市コミュニティ計画・地区の状況——コミュニティカルテ一九七四」という地区の状況を診断したカルテがつくられ、コミュニティ計画からまちづくりの方向性が示された。さらに森村道美によって一九七五年に「コミュニティ・デザイン」(『建築文化』五月号、彰国社)が発行されている。こうして、まちづくりが目指すべき方法と空間像は徐々に、専門家の間では共通認識になっていったといえよう。

まちづくりへの胎動その四
――住環境の総合的持続的な改善へ、改良から修復へ

ジェイン・ジェイコブズの『アメリカ大都市の死と生』(一九六一)における問題提起は、根こそぎ地区をブルドーザーで削り取るように取り払い、高層アパートに再開発するなどの近代都市計画の失敗を指摘し、既存の町の文脈の重要性を再認識させた。このことは実務の世界にも大きな影響を与え、住環境や社会的に深刻な問題のある地区であっても、その存在価値を認め、総合的な観点から修復・改善する方法が海外の先進国でも取り入れられるようになり、当時、わが国で描かれていたまちづくりの像と共通点をもっていた。このような方法によれば、まちづくりのビジョンは実現可能なものになる。そしてこれら修復・改善という理念と方法に併走するように、まちづくりというビジョンをもとにした制度研究が、イギリスの総合改善計画、ドイツの地区詳細計画、まちづくりにおける地区整備計画、細街路計画など、身近な生活環境の改善を目指した制度や仕組みの研究が建築学と法学の両面から、あるいは共同研究として進められた。

こうして、まちづくり的な方法を可能とする計画手法が開発され、制度化され、先進的な取り組みも行われていった。

まちづくりへの胎動その五
――コミュニティ計画と地域運営の仕組みへの模索

わが国の住民自治は、「伝統的」か「近代的」かの議論はさておき、戦前から住民自治の中心である町内会・自治会活動とは別に、戦後民主主義の象徴の一つであり法的にも位置づけられた公民館活動など、しっかりとした基盤を持っている。七〇年前後には再びコミュニティが国の施策としても取り入れられ、学区単位のモデルコミュニティづくりが各地で、特に地方都市圏で進められた。そこでは、町内会、自治会が運営の主体となり、コミュニティセンターや集会所が各地に建設され、新たな地域活動の拠点となっている。しかし、このように国が主導したモデルコミュニティづくりには当初から様々な議論があり、批判的な総括もされている*5。

先進的な自治体においては、「都市内分権と市民の直接参加」が構想され、具体的には六〇年代から七〇年代初めにかけて次々に出現した革新自治体で市民参加、住民参加を追求する様々な試みが展開されていた。ここに研究者が参画したり、あるいは指導的な立場で関わり、住民の直接参加による近代的な市民自治を目指した地域会議、地区協議会などが設立され住民の直接参加の仕組みが検討されていたの

である。

この時、イタリアの都市内分権の仕組みとして発足した地区住民評議会[6]が革新首長の間で関心を呼び、これに倣った試みが、習志野市などで制度化された。職員の地域担当制とともに地域会議において、地区内の生活道路の整備などの予算に関しても検討されるなど、先進モデルとされた。しかし、既存の町内会、自治会との関係が整理できず、結果として長く機能した地区は町内会・自治会と連動して地区の協議組織をつくった場合だけであった[7]。

とはいえ、具体的なまちづくりにターゲットを絞ったまちづくり協議会の活動に展開する萌芽が、様々に試みられたことは意味があったといえる[8]。

まちづくりの誕生

このようにして、まちづくりは時代の転換点である一九七〇年前後の胎動のなかから、徐々にその姿を現してきた。理論的な帰結からの明確なビジョンと学問的な枠組みに基づく検討が総合的になされて、様々な実験的な取り組みが重ねられ、さらにその理念は明確になり、まちづくりは地域から沸き上がるように生まれ出た。このようなまちづくりのビジョンと理念の検討、そして実践のなかから誕生したまちづくりを、私は「理念の第一世代」と呼んでいる。

ビジョンと大まかな目指すべき「まちのすがた」を共有し、理論と方法の準備がなされ、それらが社会的な要請とも合致し、先端的な取り組みをリードする人材が地域社会と協力して、まちづくりの方法を開拓してきたのである。

——地域に根ざしたまちづくり活動

一九七〇年代に「まちづくり」を活発に推し進めたのは、公害反対運動や日照権訴訟、さらには地方における地域おこしなど、地域社会の力である。これらの「まちづくり活動」を、法学の雑誌である『ジュリスト』(有斐閣)が、増刊総合特集として『全国まちづくり集覧』を一九七七年一二月に発行している。全国の「地域に根ざした試み六〇を紹介」して、自治体の行政計画から「派閥を越えた都市開発の進展」など、それ以降のまちづくりの範疇より広い活動が集覧されている。この中で奥田道大は「都市——コミュニティ計画の系譜と新しい流れ」と題する論説で、六〇年代から七〇年代初頭の「総合計画の時代」から、七〇年代前半のコミュニティ計画の時代、そして七〇年代後半を、「コミュニティ計画以後」と位置づけて「逆説的プラン・メーキング」を論じ、これ以降の都市計画から「まちづくり」への展開を暗示しているかのようだ。

またこの時期に成果を上げつつあった「歴史的町並み保全」に関して一九七四年に「全国町並みゼミ」が組織され、七五年には「伝統的建造物群保存地区」が制度化されるなど、まちづくりへの機運が醸成されていた。

『都市住宅』の特集が「町づくり」という用語を使っているのに対し、ここでは現在まで引き継がれるひらがなの「まちづくり」が用いられており、この集覧はコミュニティ計画から「まちづくり」への転換の契機と位置づけることができよう。

――まちづくりへの期待と願望

さて、この時代に誕生したまちづくりにはどんな期待が込められていたのだろうか。前出の二つの雑誌の特集から象徴的な言説を書き出してみよう。

前に紹介した一九七五年の『都市住宅』での特集「町づくりの手法」の総まとめである一二月号「まちづくり入門」には、当時、まちづくりの運動に理論的・実践的に関わっていた専門家が冒頭に座談会でまちづくりの将来を展望している。また実践的な内容が「首都圏総合計画研究所」の編集でまとめられ、この年が新しいまちづくりの出発点であることを象徴している。この時代のまちづくりに込められた期待は、たとえば以下のように述べられている。


「古い絆ではなく、新しい組織方法を発見することが必要だ。一〇〇年かかってばらしたわけです。だからこれから一〇〇年かかってもう一度、もう少し新しい組織を組み直せばいいのじゃないかという気がします」(吉阪隆正)と述べ、「地域環境の保全は、個人の人権から集団の人権へということが言える」(篠塚昭次)、「コミュニティの形成はすぐれた生活価値の発見と創造の過程である。『人間の人間らしい生活』の確保はこの生活価値の発見と創造にかかっている。しいていえば、それがコミュニティの形成であり、ひいては〈まちづくり〉の理念でもある」(高橋勇悦)(いずれも「まちづくり入門」『都市住宅』一九七五年一二月)

さらに、二年後の一九七七年一二月の『ジュリスト』増刊総合特集『全国まちづくり集覧』では、

「住民運動の転換期ともいわれていますが、それも単に外部の事情にもとづく変化だけではありません。運動じたい、問題を国や自治体に投げ返すことから、エネ

ルギーを内部的にため、地域づくりに結びつけていこうとする発想がつよく見られるようになります。まちづくりのイメージが出だすあたりです」（奥田道大「まちづくりの現況と展望（座談会）」）

「今日必要なのは……諸地域に自分をアイデンティファイする定住市民の、自主と自立を基盤としてつくりあげる経済、行政、文化の独立性である。これこそ今日の〝開かれた〟地域主義が目ざす方向と展望であろう。（中略）今日の「まちづくり」は同時にまた二〇世紀の人類がかかえる工業文明の危機への対処という歴史の課題にも答える方向で考えられねばならないように思われる」（玉野井芳郎「まちづくりの思想としての地域主義」）

として、まちづくりの目指すべきイメージがこの頃、各分野の専門家の間でも明確になってきていたことがわかる。

そして、この時代のまちづくりにかけられた期待の大きさが伝わってくる。七〇年前後の混乱、石油ショックなどを経て高度成長路線の未来論ではなく、地域から内側から、そして新しい組織や仕組みを伴って時代を転換する明確な理念に支えられ、その先頭を、最前線を「まちづくり」は担うことになったのである。

一方、農村・集落計画あるいは地方の地域に関わる活動は玉野芳郎らが提唱した地域主義の潮流とも軌を一にする流れであり、歴史学や民俗学の新しい知見が地域主義の重要な理論的な背景となった。個々の地域の特質、自律性そしてそれらの多様性に価値を見いだす思想である。わが国では、柳田國男を出発点とする民俗学の流れに早稲田大学都市計画の始祖ともいえる今和次郎が位置していた。さらに、この時代に中世の日本列島の多様性と地域の豊かさを克明な研究から明らかにした網野善彦らの一連の研究は大きな影響力を持っていた。さらに、シューマッハーの *small is beautiful* の日本語訳が出版され、適正技術、内発的開発などが、一九七〇年代後半の時代のキーワードとなった。玉野井芳郎、清成忠男、中村尚司の共編による『地域主義』（学陽書房、一九七八）が出版され、副題に掲げられているように「新しい思潮への理論と実践の試み」が紹介されている。

まちづくりの第一世代——理念の生成と運動論

こうしてまちづくりの第一世代は、胎動期に育まれた理念をもとに、「参加と分権」を基本として、整然としたいわば、個の自立から集団の価値創造に軸足を少しずつ移動させた形で「民主主義の学校」としてまちづくりを進めようとしていた。

『全国まちづくり集覧』に取り上げられている事例が、奥田が言うところの「コミュニティ計画の時代」の成果であるとすれば、それ以降のハードウエアを伴って居住環境の改善に向かったのが、七〇年代後半の「まちづくり」であった。そして第一世代を特徴づけたのが、「住環境改善型まちづくり」と「歴史的環境保全のまちづくり」である。前者の典型な例は、神戸市長田区真野地区、世田谷区太子堂二・三丁目地区、墨田区京島地区など、後者は、中山道の妻籠宿(長野県南木曽町)や今井町(奈良県橿原市)などのよく知られる事例を生んだ。これらの事例についてはこれまで繰り返し紹介され、分析もされているので、ここでは、第一世代のモデルたるゆえんだけを簡単に述べたい。

まちづくりの第一世代を代表するまちづくり運動は、神戸市真野地区におけるものである。公害反対運動などの抵抗運動から始まり、「真野まちづくり推進会」というまちづくりを担う組織を立ち上げ、まちづくりの実践と理論的方法とともに組み立てていた都立大学から宮西悠司という人材をプランナーとして受け入れ、「住民主体・行政参加のまちづくりとはこういうものだ」ということを示しつづけたのである。そして、様々な研究者・専門家を糾合して、自己変革を遂げながら、第二世代、第三世代のまちづくりのシーンでも走りつづけている。

これに対して、東京では、自治体行政、意気に燃える行政職員と協力しながら、また専門家が強く参画してモデル的な取り組みを地域社会とともに進めていった。世田谷区太子堂地区は、世田谷区の自治体行政のまちづくりモデルとして住民主導の居住環境の修復・改善を志向する活動が、息の長い活動として続けられた例といえよう。まちづくり協議会をまちづくり条例により認定して、自治制度に位置づけて世田谷まちづくり公社と協働するなど、整然とした地域まちづくりであった。

さらに、墨田区京島地区は、国の住環境整備モデル地区の第一号として、それまでの改造型の計画から大きく舵を切り、地元組織の代表を糾合したまちづくり協議会を組織して、地元に京島まちづくりセンターを置き、意欲と経験を持った専門家が張りつき、まさに「まちづくり」のモデルとして進められたまちづくりである。既存の木造密集市街地の文脈を、物的環境においても、また住商工混在という社会的環境も尊重しながら改善する地区整備計画を協議会で決定し、それを「まちづくりニュース」で全戸に配布して周知し、地域が自ら合意して決定し、行政はモデル事業に取り組むという、理念的な方法を実現した。

木造密集市街地とは対極にある町並み保存運動は、環境破壊に対する住民運動と軌を同じくして生まれ、伝統的な町並みと生活の価値を認識している住民と外部の専門家の協力により取り組まれていった。特に中山道妻籠宿の活動は先進的で、全世帯が参加する「妻籠を愛する会」ができ、七一年には「妻籠宿を守る住民憲章」が制定され、その中には「売らない」「貸さない」「こわさない」という三原則が盛られて、高い理念がうたわれている（木原啓吉「歴史的町並み保存と地域の再生——長野県南木曽町妻籠 ジュリスト増刊総合特集『全国まちづくり集覧』九号、一九七七年）。

これらの事例はいずれもまちづくりの胎動期に生み出された理念と方法を、みごとに体現しているものと言えよう。当時、最先端の取り組みとして専門家も住民組織のリーダーも、そして行政職員も、大きなエネルギーをかけて進められたのである。

「もうひとつのまちづくり」の模索
——既存のまちと集落から学ぶ

まちづくりの第一世代はこのように、一定の成果を上げた。しかし一方でもっと自由に、もっと住民やユーザーの気持ちや願望を、さらには集団の創造性を発揮できる場としてのまちづくりが模索される。このような動きに何よりも大きな影響を与えたのは、クリストファー・アレグザンダーの『パタン・ランゲージ』であった。既存の社会と場所の文脈から価値あるパタンを発見してそれを自由に組み立てるという方法は日本の専門家の思考方法と通底するものがあり、刺激的であった。場所をパタンとして視覚化しセミラチスの構造として表現し、建築と都市をそのような構造として再構成しようとする方法は、まちづくり設計・計画法としての可能性を開いた。

一方で、農村計画、集落計画を地元に密着して行っていた東京工業大青木志郎研究室、早稲田大学吉阪研究室らの農村計画の人脈からは、結や町普請などの伝統を受け継ぎ集落点検や生活改善活動などをとおして、生業《なりわい》と生活と精神的な空間が統合された場としての集落づくりを主体的に進める方法が確立されていた。その方法を、都市でのまちづくりに導入する具体策が模索され、東京都世田谷区のまちづくり活動などで、一部で実践されつつあった。その手がかりになったのが、アメリカでの一九七〇年前後にわが国のまちづくりと同じ社会状況から生み出された、次に述べるような方法である。

——住民参加の深化とワークショップの方法

この時期、アメリカのプラグマティズムの教育理論を元にした集団創造、あるいはランドスケープデザイナーであるローレンス・ハルプリンや、住民参加のコミュニティデザインの方法を実践するロビン・ムーア、ヘンリー・サノフ、ランディ・ヘスターらの、アメリカのコミュニティデザインで用いられていたワークショップの手法が、まちづくり関係者の関心を集めるようになる。さらには、社会学者のシェリー・アーンスタインの「市民参加の梯子《はしご》」の理論が紹介され、より深い本質的な参加の方法の必要性が認識される。パタン・ランゲージが理論的には精密でインパクトがあっても、方法が限定され教義のような面で敬遠されがちなのに対して、これらのコミュニティデザインの方法は、アメリカ的なデモクラシーを体現しているようで、受け入れやすかった*9。

カリフォルニア州立大学バークレー校に環境デザイン学部ができ、CDC(Community Design Center)運動の先駆となり、弱者の代弁をする「アドボカシープランニング」の実践的な方法として「コミュニティデザイン」が、『SD』(一九七七年一二月号)の特集として編まれ、様々な事例と方法が紹介され、まちづくりの方法に刺激を与えたのである。これらが本格展開するのがまちづくりの第二世代である。

——メカニズムの解明と都市形態学・文脈的方法の理論化

まちづくりは市街地形成の文脈に対応した自然なプロセスでまちが変容しながら漸進的に質を高めることが前提にある。こうした前提での研究と理論化が進められて、それに沿った方法論研究も展開され、もう一つのまちづくりが構想されるのである。歴史的市街地の保全理論の裏づけとして市街地形成メカニズムの文脈的な解明に取り組んだのがイタリアのタイポロジー理論であり、陣内秀信の『イタリア都市再生の論理』(SD選書、鹿島出版会、一九七八)がその理論と実践をわかりやすく紹介している。一方で、建築史分野、都市計画分野で建築市街地の変遷過程の研究が、属人的に権利関係の変遷と空間的変容の関係のメカニズムを解明する取り組みとして進められた。こうして、非計画的とか有機的とかと抽象的に表現されていた既成市街地が、その歴史的社会的文脈との関係で合理的で価値ある「まち」として再発見され、このような理論的根拠をもとにしたまちづくりの方法が模索されたのである。

激動を走り抜けたまちづくりの第二世代——モデルと実験の第二世代

——参加のデザインの形成

第一世代が時代の変わり目でより地域に密着した都市・地域づくりの方法として「まちづくり」を生みだしたのに対して、八〇年代半ばにはまた逆の意味で、大きな時代の転換を迎える。それは、いわゆる中曽根民活路線といわれるもので、民間の経済活動に公共部門が担っていたものを移管し、大幅な規制緩和を行う、新自由主義のマーケット至上主義と呼応した政策への転換である。七〇年代は、様々な見直しが一種の社会的合意として進み、都市計画とまちづくりは協調して新しい時代を進める、そのための法制度も整えられるという時期であった。しかし、この民活・規制緩和の時代は、石田頼房によれば反計画の時代であり、まちづくりはこのような時代に、地域社会が自ら自律的に生活環境を創造する役割を担うのである。よくも悪くも経済的には資金も潤沢にあった時代であったから、全体的にはバブル経済に踊る狂騒の時代でありながら、まちづくりの第二世代は、都市計画が規制緩和に向かい、バブル経済を牽引する都市開発がグローバル経済で正当化されるなか、もう一つの選択肢として進行していったのである。

まちづくりの第一世代が、神戸市真野地区のような着実な成果を上げる一方で、整然とした組織で地区といえども小学校区程度のまとまりのある範囲において代表者による協議機関で計画の合意を取りつけ、行政と協力してまちづくり事業に取り組むということは、先進事例がすばらしいのは理解できても、実際に取り組もうとすると、あまりにも「重い」。もっと、身近な問題に関心を持つ人たちで、テーマや目標を絞ってまちづくりを進める方法もあるのではないか、それぞれの課題の解決やテーマを、より深化させるまちづくりの取り組みが模索された。こうした、まちづくりの第二世代という概念を、一九九五年に刊行された『住み続けるための新まちづくり手法』（鹿島出版会）で、筆者は初めて使った。本書は、上尾市仲町愛宕地区での共同建替えの連鎖によって、住環境の改善を成し遂げたまちづくりを掘り下げて分析し、解説したもので、高さ制限を伴う地区計画により適正なサイズの集合住宅を借り上げ公営住宅なども含めて、すべての人の居住継続を実現し、連続するコモンスペースを生み出した画期的な事業であった。この事業は、京島地区と同様に住環境整備モデル事業を適用したが、まちづくり協議会のような組織はつくらず共同建替えの単位ごとに地権者と協議して事業化を進め、相互に調整を図るという方法で柔軟に住環境と社会的問題の解決を図ろうとしたものである。ターゲットを絞って成果を出していくことを目標として、その協議の過程では、私たち佐藤研究室が二〇〇分の一の模型を使った「建替えデザインゲーム」でまちづくりのシナリオと空間像を検討するワークショップを進め、共同建替えの計画への橋渡しをした。さらに連続するコモン空間なども模型を用いたデザインワークショップで共有イメージを形成するなど、居住環境整備のまちづくりとしての、第二世代の方向づけをしたプロジェクトであった。

もう一つの第二世代のまちづくりの先端を切ったのが、墨田区一寺言問の防災まちづくりである。これも、手こぎ井戸を模した防災用水を路地の広場に置いた路地尊や雨水を貯める天水尊など、地域主体のソフトの活動から始めて、ハード主体の京島の防災まちづくりを横目で見ながら、それとは一線を画した活動を展開した。そして、後には路地やそこに残る長屋や工場を表現の場とする「アートロジー」や、まちでの演劇活動の延長で開店した「こぐまカフェ」など、外部からアーティストやデザイナー、表現者が加わり、「木造密集市街地の居住環境改善」という第一世代の正統派のまちづくりとは異なる文脈のまちづくりを展開するのである。

——多様に展開したテーマ型まちづくり

これらはほんの一例で、歴史的町並み保全、商店街のモール化や福祉のまちづくり、あるいは静岡県三島市の源兵衛川の環境復元、さらには世田谷区での冒険遊び場づくりなど、多様なまちづくりのテーマが地域からわき上がり、住民主体の個性的な活動を展開しながら成果を上げてきたのが第二世代の特質である。

この時代のまちづくりは百花繚乱で、まちづくりがポジティブなイメージで社会に浸透していった時期でもある。一方で二章一節で内田が指摘するようなまちづくりの両義性、何でもまちづくりになっていった時期でもある。そして、バブル経済が進行してどんどん再開発が進んだ時期を経て、バブルの崩壊を目の前にして、まちづくりが問い直され、まちづくりの転換を含めて、新たな模索が始まる第三世代を迎えるのであった。

——街区改善プログラム

さて、筆者は、一九七〇年代の後半に、木造密集市街地において高密化がもたらす弊害が顕著になるなか、居住環境の改善の選択肢が、高層高密再開発と低層密集の修復しかない現状で、第三の選択肢を示す必要を研究していた。埼玉県の川口市の住商工併存の木造密集市街地で、建物の老朽化が進み、しかも無接道敷地が街区の奥に多数存在して建替えが進行しないなどの問題を抱える本町・金山町地区を対象に、行政職員との共同研究を進めていた。この地区は典型的な木造密集市街地で、防災面から見ても大きな問題を抱えていた地域を対象に、埼玉県のシンクタンクであった社会総合研究所を事務局として、当時の早稲田大学の戸沼幸市研究室と、埼玉県庁、川口市役所で研究会をつくって、「まちづくり」の理念を体現し、具体的に物的環境の改善に結びつける実践的な方法を検討した。そして結論として生まれたのが「街区改善プログラム」という方法である。

建築基準法の「八六条認定」を街区全体で行い、その全体像を実現するために時間のずれや一時的な空間の不整合は認めて、柔軟な方法で共同化事業を組み合わせながら街区環境の改善を図ろうというプログラム的な方法である[*10]。これは後に、一団地建築物設計制度、連担建築物設計制度としてその趣旨は実現するが、個別敷地から街区単位での時間のずれは認めるが、集合敷地での整合性を担保するため街区単位での住環境基準や敷地を越えた進行のマネジメントに対応する計画論が必要とされた。

この当時、研究を統括する委員会の席で、「誰が事業を実行するのか」という質問があり、確かに方法論としてはあり得てもこのような持続的に多くの関係者を巻き込みながら事業を推進する主体が見当たらないし、制度的あるいは事業の資金を確保する仕組みなど、越えなければならない壁が当時は多くあった。

しかしこの研究がもとになって、前述の上尾市仲町愛宕地区の共同建替えの連鎖プロジェクトにつながり、それ以前には当時、デッドロックに乗り上げた感があった墨田区の京島まちづくりでも同様の提案を行い、近隣街区整備制度としてあらかじめ街区単位程度の計画を認定される段階的な整備でも不燃化助成などが受けられることとなり、京島で初めての民間主導の小規模再開発に結びついていた。

私自身は、このような方法を地元が主体となって組み立てて、事前確定ではない、時間の経過とともに選択肢の合意を得ながらプログラム的に進めて行くのが次なるまちづくり、少なくとも住環境を改善するまちづくりの中核に必要と思っていた。しかしいずれにしても、このような持続的な物的環境の改善を伴うまちづくりを、個別に事業化することを進めつつ、これらを編集して全体像を描きだす制度と社会的な仕組みと方法論が、このような方法がなんとか実現した段階で必要とされていたのである。

一九九〇年代に入り、バブル経済の破綻が現実になった頃、まちづくりが始まって四半世紀が経過した時点での第二世代でまちづくりは脚光を浴び、参加のデザインなどのまちづくりは各地で盛り上がっていた。しかし、バブル経済に多少なりとも翻弄され、まちづくりの実質的な成果が遅々たるものであることを自己反省するとともに、この時期はまちづくりの本格展開にためのビジョンが模索されていた時期でもあった。

まちづくりの第二世代を超えて

まちづくりの第二世代は、まちづくりの本質を様々な実践をとおして顕在化したと言えよう。多様な不連続な自律的な動きが組み立てられ、一つ一つは不完全でも次々に様々な動きが重ねられ、全体としての持続性や活力を維持し続ける有機体のような動きである。複雑系、フラクタル、ホロニックなど現代思想のたどり着いた価値観であり、また、仏教哲学にも通じるわが国の精神風土とも重なり合う*11。そのような可能性を切り開いたのがまちづくりの第二世代である。

——私的体験としてのまちづくりの転換点、まちづくりシンポジウムと早稲田メイヤーズ会議

こうした中で、私自身と早稲田大学都市計画グループは、仕切り直して理論的に再出発するために、一九九三年に大学に寄付講座「現代都市・地域論」を三年間にわたり開講し、これまでの成果を学生に還元しつつ、共同研究に取り組む体制を整えた。同時に、「早稲田まちづくりシンポジウム＋メイヤーズ会議」を毎年七月に二日間にわたり開催しはじめている。さらにこの年には、日本建築学会の大会で「参加型まちづくりの展望」と題するシンポジウムを開催し、この頃の先進事例を学術的にも総括した。多くの参加者を得て熱気ある、また厳しい議論も交わされた。さらには、林泰義、延藤安弘らによる「わくわくワークショップ」が高知市などで開催され、社会現象とも言える盛り上がりを見せ、参加のまちづくりの展開力が見えてきていたのがこの年であった。こうしてまちづくりの第一世代から第二世代への展開によって、新たなまちづくりの展望が切り開かれようとしていたのである。

——阪神・淡路大震災の復興から

時を同じくして、上尾市仲町愛宕地区の共同建て替えの

三段階目の連鎖事業が完成して、街区改善プログラムの実践事例ができ上がり、この事業の全体像をまとめた『住み続けるための新まちづくり手法』の原稿執筆や編集にとりかかりつつあった一九九五年一月に阪神・淡路大震災が起きたのである。まだら状の被害を受けた被災地の復興にこの手法は有効と出版を急いで、同書はこの年の一一月に出版された。

さて、阪神・淡路大震災は過酷な災害であったが、まちづくりに一筋の光明をもたらしたともいえる。それまで神戸市では、まちづくり条例によって、住区レベルでのまちづくりの取り組みが、専門家、地域社会、そして行政を巻き込んで行われていた。その取り組み、すなわち事前のまちづくりの実践が、たとえ目に見える成果は小さくても、被災時の防災や相互支援や復旧・復興まちづくりをとおして、蓄積された効用が絶大であることが認識されたのである。

私の研究室は縁あって神戸市長田区野田北部地区に震災の年の三月から関わり、ほぼ二年間常駐体制で調査や復興支援に取り組んだ。ここで体験したことは、まちづくり協議会(震災のその日に野田北部復興まちづくり協議会に衣替えしたが)を中心としたまちづくりの新たな地平であった。すなわち、復興まちづくりのなかで物的な復興のみならず、この過程で生まれてくる多様なまちづくり主体を糾合して全体としての地域運営を担うまちづくりの姿が見えてきたのであった[*12]。野田北部の復興まちづくりはベストプラクティスとして知られているが、復興まちづくりを行っている他地域でも同様にまちづくり協議会を主体として進められ、様々な主体が生成関与して、福祉や防犯、公共空間の維持管理などを含めて、地域運営という面的、時間的な広がりをもって進められる姿である。

そして、この復興まちづくりでの経験を踏まえて、特定非営利活動法人法などにより、多様な組織形態の法人がまちづくりに参画することが可能になった。こうして、多主体が地域で連携して、行政も専門家も協働する地域運営のまちづくりの時代が始まったのである。

——都市景観の全体像への接近

第二世代のまちづくりが進展して個別のまちづくりはそれぞれ成果を上げてきたが、それらが連携して全体像をいかにつくりだすかが次の課題になる。一九九二年に都市計画法の改正で都市計画マスタープラン(市町村の都市計画に関する基本的な方針)の作成が制度化され、住民参加が義務づけられると、その全体像を共有するための理論研究が必要になる。そして、町並み形成のまちづくりが伝統的建造物群保存地区制度の定着とともに、都市全体の都市景観をターゲットとした「都市景観形成モデル都市」が一九八八年に制度化されるなど、都市景観や地域全体の風景計画が次のターゲットとなる。私は、鶴岡市が最初の二〇都市の一つに指定されたこともありこの作業に参画し、周辺の山々への眺望の組み立てなど[*13]、現在の都市でも尊重すべき城下町都市の構成原理の解読を続け、また、山形県最上地域で広域市町村圏を対象にした最上エコポリス構想（本書第四章一節参照）を計画・提案した。こうして、まちづくりの全体像を組み立てる根拠としての都市景観の実体が見えてきたのである。

――まちづくりの第一四半世紀（第一世代と第二世代）は何を達成したのか

一九九八年七月、青森県弘前市で都市社会学会のシンポジウムが開催され、私は基調報告の機会を得た。私自身、阪神・淡路大震災の震災復興すなわち神戸市野田北部地区や鶴岡での体験をもとに、「地域運営を基盤とした第三世代のまちづくり」のイメージが開けてきた時期であった。このシンポジウムには、まさにまちづくりの第一世代「理念と運動の第一世代」を牽引した都市社会学者が勢ぞろいしていた。高橋勇悦学会長をはじめ、奥田道大、倉沢進ら、私がまちづくりに関わる際のまさにイデオローグたちである。ここで、「都市社会学者が離れてしまった課題を建築学者が延々やって成果を出しているのがわかった」という発言がありし印象的であったが、バブルが崩壊して、もう一度まちづくりを議論しようとしていた時代の気分が、田中重好（当時・弘前大学、現・名古屋大学教授）よる討論の総括から的確に伝わってくるので、それを紹介しつつまちづくりの四半世紀が達成したものを考えてみたい。以下は私の基調講演のまとめである[*14]。

我が国においても、地域社会の固有性と自律性に依拠するまちづくり、すなわち都市の文脈を解読して、それを尊重するまちづくりの実践が進められた。このとき、物的空間的な文脈だけでなく社会的な文脈を読み解くことが主要な課題であったことは言うまでもない。

日本の都市の主要な類型である城下町を起源とする城下町都市は、固有の強い文脈を構城している事例が多く、これをベースにした新しい都市づくりの萌芽が見え始めている。

さらに、大都市圏における地域社会の主体性と参加を基盤とした改善型まちづくりへの取り組みは、現代都市コミュニティの文脈を再構成しつつある。自らの居住空間を自らの財産をかけて再構成する共同建替えの連鎖が「下町型路地コミュニティ」とは異なる、都市に協働で住む都市空間のイメージを提示した。そして、多様な住居の自律的な供給により「地域内循環居住」と呼ぶにふさわしい居住様式に支えられる都市コミュニティの可能性が見えてきている。

このような時代状況において、都市の文脈に依拠する新しいまちづくりの方法は、現代都市社会のビジョンとも密接に関係して構築されるであろう。

ここでいう、下町型路地コミュニティとは、建築学者などによるロマンチックで非現実的な論議であり、新たな方法とイメージが可能になっていると上尾市仲町愛宕地区での共同建替えの連鎖を念頭に語ったのである。さて、この時に問題となったのは「都市の文脈」である。これに対して以下のような討論がなされた。

佐藤氏から基調報告とシンポジウムを通して「都市の文脈」の問題が提起された。それは、次のような点であった。

都市の歴史的に積み重ねられた文脈を読み解き、それを現代のまちづくりにどう生かしてゆけるのかを考えることが大切である。それは、場所性を大切にしてまちをつくっていくことであり、北原啓司氏の言葉で言えば「まち育て」である。

佐藤氏の追加説明で、文脈とは「すでにそこにあるもの」だけでなく、「運動の過程で浮かび上がってくるもの」でもあると指摘された。「都市やまちの文脈を読み解く」ということが、静態的な文脈だけではなく、まちづくりの運動をとおして、「存在していても消えそうになった」、あるいは「地域住民に自覚されていなかった」文脈が、まちづくりのなかで、もう一度再生してくる。

こうしたまちづくりへの文脈からのアプローチに対して、奥田道大氏から、都市計画がこんなユートピアを語っていていいのかという反論がなされた。なぜ、ユートピア的なのかと言えば、バブル期、まちづくりや地区計画がすべて、経済の論理の前に流されてしまった。そのとき、まさにまちの文脈などを無視した都市再開発が進んできた。

このとき、私自身はそれぞれのコミュニティが独自に育んでいる「都市の文脈」に力を感じていて、それらの組み合わせによる総体としての都市の文脈の存在を感じていた時期である。この時期は、阪神・淡路大震災の復興まちづくりが、文脈の力によるまちづくりの効用を明らかにしていたのである。

そして、筆者は、都市住宅学会誌の論説に「七つの都市像」を書き、それを改稿して「二一世紀の都市計画の枠組みと都市像の生成」（蓑原敬編著『都市計画の挑戦』学芸出版社、二〇〇〇）にまとめた。すなわち、バブルの崩壊により弱体化した不動産開発型都市建設から、「都市の文脈」のもとで（とはいっても「下町型路地コミュニティ」ではなく、地域の力で生み出され文脈化された場所と地域社会）、固有の地域像とその組み立てにより、編集するものとしての都市像が構築されるというイメージである。この段階は、まちづくりのビジョンとしての「到達点」であり、そのような実践が現実に現れ始めていた。社会的な文脈と場所の文脈とが呼応しながら、まちの姿の集積としての、都市像が現れてきたのである。「東京・まちのすがたの提案」で描いた像が現実になってきたともいえよう。

まちづくりの第三世代――阪神・淡路大震災以降の地域運営と市民事業によるまちづくり

――地方都市の中心市街地での取り組み

阪神・淡路大震災の野田北部地区での復興まちづくりがようやく見え始めた一九九六年の秋、阪神・淡路大震災に注力していて、第四章で取り上げている山形県鶴岡市に久しぶりに訪れ、小さなショックを受けた。それは、被災地での商店街が空き家だらけになっている状況と鶴岡の商店街の姿がなんら変わらないように見えたからである。市役所や商店街の方たちといろいろと話をして、本格的に研究室として関わることを決断した。そのためには、野田北部で常駐体制を取ったように、やはり現場にきっちり拠点を据えなければということで、アトリエ「コアラ」（Community Architecture Laboratory）を、城下町時代からの中心である銀座商店街の空き店舗に開設し、いわゆる中心市街地の再生に参画したのである。

一九九八年の七月には雑誌『造景』で「地方都市・中心市街地の再生」という特集を組み、それぞれの都市で取り組み始めた計画と事業を解読して、また有効と思われる手法を提案した。同時に早稲田まちづくりシンポジウムもこのテーマで開催し、一〇〇〇人を超える参加者であふれ返る盛況ぶりであった。ちょうどこの年は参議院選挙があり、地方へのてこ入れという意味もあって、中心市街地活性化法が制定され、国も本格的に取り組むようになったまさにそのときであった。

中心市街地の再生とは、持続的に商業や生業《なりわい》、あるいは文化活動も含めて、総体としての地域運営そのものである。ＴＭＯ（タウンマネジメント組織）なども設立され、先行事例も出始めていた。地方での人材資源が結集して、様々な組織を立ち上げ、自らのまちを再生しようと模索した。

多くの地方都市、なかでも県庁所在地以外の地方の中小都市では、圏域での人口減少や高齢化の影響をまともに受けて厳しい状況ではあるが、本書で紹介されている事例のように、様々な取り組みから単なる活性化ということ以上の成果も見えはじめている。

先行して取り組まれていた滋賀県長浜市黒壁の例を筆頭に、地方都市の中心市街地の再生を地元の商業者や市民が自ら主体として担い、まちづくり会社などの組織を立ち上げ、地域運営・地域経営を担うまちづくりを目指したのである。

言うまでもなくこのような変曲点を社会に自覚させたのが、阪神・淡路大震災後の復興まちづくりであった。そして、中心市街地の再生と同様に、持続的に地域を運営するまちづくりに展開したのである。そして、この経験は、巨大地震での被災が想定される木造密集市街地のまちづくりへも波及したのである。そして本書の第四章に様々な事例が紹介されているが、これらも含めてまさに多様なまちづくりが各地で展開している。そのほとんどは、地域運営をベースに地域固有の課題に対して包括的な解を、地域総参加のまちづくりで得ようとしているのである。このように、第二世代の多様な実践を基礎に、これらを地区まちづくりに結集してきたのがまちづくりの第三世代「地域運営のまちづくり」である。

――まちづくりの第三世代の現在

すなわちまちづくりの第三世代とは、第一世代で形成された理念をもとに、第二世代での多様な主体によるモデル的な実践を束ねて、多主体が協働して進める地域運営に乗り出す世代であると言える。ただし、各地でこのような整然とした歴史を経ているわけでもないし、そのようなことが必要とされているわけでもない。一挙にあるいは並列的にこのようなまちづくりを実践する例は今、各地に見られる。

いずれにしても、各地のまちづくりをつぶさに分析すれば、多主体協働の地域運営という動向は、たとえば、地方都市の中心市街地などでは特に顕著である。また、木造密集市街地や町並み保全に関しても、多様な主体が生まれ、まちづくりに多くの組織が関わりを持つようになっている。第三世代のまちづくりが一般にどこでも本格展開しているとは言い難いが、少なくともまちづくりを自覚的に進めている地域においては、地域運営という方法に舵が切られたことは間違いない。

この第三世代は、小中学校区や商店街程度、あるいは中小都市の中心部程度の広がりでのまちづくりの到達点と言えよう。そして現在まではその萌芽期であり、以下に述べる到達点や残された課題は、この第三世代を成熟させるためのものである。そして、二章や終章に述べるまちづくりの今後の展開イメージも、第三世代を基礎にしたものであり、それを次の世代と呼ぶのか、世代論を超えたまちづくりの展開ととらえるかは読者に委ねたい。

まちづくりの半世紀——その到達点

これまで述べてきたように、一九七〇年代初頭に生まれでたまちづくりはその後様々な経験と試行錯誤を経て、制度と仕組み、計画方法とまちづくり技術の発展を遂げて今日に至っている。当初に期待された役割や成果が十分上がっているとは言い切れないが、今日の時代の転換点で、地域福祉や地方における再生、地域創成などの担い手として、大きな期待が寄せられていることも確かである。二〇二〇年は東京オリンピックがあり、東日本大震災からほぼ一〇年を経ることで、今のまちづくりの流れの総仕上げの時期であろう。二〇二〇年のまちづくりの半世紀を見通したとき、まちづくりの成果は、以下の三点が到達点と言えよう。

個々のまちづくりの相互編集による全体像の現れ

まちづくりの成果を踏まえて、法定都市計画にも大きな変化があった。たとえば市民参加による都市計画マスタープランづくりが制度化されたことである[*15]。これにより都市計画の全体像の議論に様々なまちづくり団体が関与することとなり、個別のまちづくりを全体として都市計画に編集する役割を担っている[*16]。そして、このような全体像に基づく個々のまちづくりの展開という道筋も、上からのマスタープランではなく、相互の連携により進める可能性も見えてきている。こうして、水平と垂直の相互編集プロセスにより、まちづくりの織りなす都市・地域像と自律的な個々のまちづくりの領域が、ホロニックな関係で併存する全体像が見えてきている。

まちづくりの多様な主体形成——地域協働の体制へ

各地で様々な経験や蓄積を経て、多様な活動組織が生まれ、さらにそれらをなんらかの形で連携・統合し、総体としてのまちづくりを運営する体制が見えてきている。特に、まちづくり協議会などがプラットフォームとなり、多様な主体の活動を支援、調整する場となる有機的な体制が一般化した。これは、災害などの緊急時の復興に際しては、ピラミッド構造の司令塔になり、また、平時に戻れば水平的ネットワークの核となり、多主体による自律的な地域社会運営の核になったりプラットフォームになったりするのであろう。こうした地域社会を地域協働の体制で運営しまちづくりの成果を上げるというモデルが形成されている。

また、筆者が長く関わっている東京都新宿区における「地区協議会」は、地区連合町会、区の特別出張所の範囲と同一で、伝統的な自治会・町内会と共存しつつ並列的な関係で両輪の一つとして地域を運営する主体となっている。それぞれの自治体により地域会議、公民館、コミュニティセンターなど、名称は様々であるが、これらを基盤にまちづくりの多様な主体形成と地域協働の体制が現れてきている。

多様な社会の変化に対応するまちづくりの方式の開発

神戸市真野地区などに見られるように高度経済成長の余波での住環境の悪化に対する抵抗から自立的なまちづくり運動が生み出されて以来、この半世紀のまちづくりの歴史は、極めて多様なまちづくりの方式を生み出している。第二世代のまちづくりでは、地域社会の関与と参画による多様な方法で成果を上げてきたし、第三世代はこれらの成果を統合しようとした。そして様々な主体を生みだして、広範な手法や制度を生み出している。本書の饗庭論文(第二章二節)が指摘するように市場主義の都市再生と地方中小都市のまちなかのまちづくりは二つの道に分かれようとしているようにも見えるし、その境界は曖昧になっているようにも見える。それほどまちづくりは多様な方法と制度・仕組みを包含して、様々な方式による可能性が見えてきている。

——何が達成できていないのか、まちづくりの未達の領域

一方で、到達点を整理すればさらにその先の課題も明らかになり、達成できていない事柄も様々に存在し、ここでは、以下の三点にまとめてみた。

質の高い姿かたちと場所の生成(場所のガバナンス)

まちづくりは地域の総参加で共創のプロセスを経て、多様性に満ちた人間的なまちと、それらと支え合う地域社会を生み出すはずであった。しかし、こうして共創されるはずの場所の質、特に景観的な質は、歴史的町並みなどを根拠とする明確なガイドが存在するところは別として、誇れる質が保たれているとは言い難い。真正の価値を共創できているか、目標を地域社会で共有されているのか、まちづくりの文化を反映した歴史的ストックを生んでいるか、バラバラな個性が不連続統一により、美的かつ文化的な価値を生み出しているか、問い直す必要があろう。

そしてまたこれらが集積して領域を広げたときに、相互に連携し浸透する動きは見えているものの、それがより広がりのある場で高い質を生み出す仕組みや技術、さらには社会制度には至っていない*17。

包括的な効用の生成と評価のフィードバック（実践のガバナンス）

この半世紀のまちづくりは試行錯誤と実験、モデル形成の歴史であったともいえる。そのため、自己評価をきちんとしてきたかというとそうでもない。まちづくりは終わりのないプロセスであり、途中の評価は気にしないできた。しかし、B／C《ビー・バイ・シー》コスト便益評価がいわれるように、公共からの投資か、あるいは地域社会からの投資（資金・汗・活動量）かにかかわらず、内外からの評価を明確にすることは当然必要である。しかし、評価軸の設定も含めて、まちづくりの本質を客観的に説得力のある形で評価する方法は開発されていない。個々の目標に対応した評価指標が設定されて、達成度などを評価することはあっても、まちづくりとしての総合的な評価はなされていない。

数値的な客観評価とは別に、第三章で述べている、アクションリサーチの方法なども含めて、評価と見直し、再調整などのサイクルを機能させるなど、合理的かつ包括的にまちづくりの効用を評価する方法と仕組みが必要である。

さらには、まちづくりの活動の成果は個別の生活圏を超えたところに現実には至り、そのことが活動のもう一つの目標になっている。まちなかまちづくりが中山間地と連携したり、多地域居住の接点をつくりだしたりするなかで、その効用を顕在化させ、まちづくりの成果として果実を示し、フィードバックさせる方法も未開拓である。

まちづくりの制度化（まちづくりのガバナンス）

内田論文が述べているように、何でも「まちづくり」となってしまっている現状は、まちづくりが多面性をもって社会的に受け入れられて理念や方法を一般化した側面がある一方で、真正のまちづくりが目指してきたものが雲散霧消しかねない。すぐれたまちづくりの有名事例を生み出してはきて、波及する道筋は機能しているが、冷静に見れば大きな問題を抱える大海にバラバラに浮かぶ小舟である。だから、好きな人たち、できる地域だけがまちづくりをやればそれでよいという考え方もあろうが、社会の期待は（そして研究者も）その突出した成果は波及すると思いがちだ。しかしそのために必要なのはそれらを一歩進めて制度化し、全面展開することである。一部の自治体で「まちづくり条例」や「自治基本条例」などまちづくりを支える条例や制度は大都市圏では広まりつつあるが、多くは物的計画のルール化に関するものなど内容は限定的で、まちづくりの包括的な内容を含む段階には至っていない。地方議会で制定する動きは衰退している。

一方で、法や条例に基づかないまちづくり活動も、担い手の高齢化と団塊世代の本格的な地域への参入の遅れから、危機的な状況にある。しかし、高齢化と地域福祉、間近に迫る、首都直下、東海・東南海・南海地震、頻発する大規模災害への懸念は、地域社会にもう一度活を入れるきっかけになっている。たとえば新宿区で取り組んでいる事前復興まちづくり・協働復興模擬訓練などでは、地域のリーダーたちの意識覚醒が見られる。

しかしこのようなことをてこにして、まちづくりの求心力を強め、広く人材の参入や活動の生成を促すまちづくりの制度化には至っていない[*18]。

さて、第二章以降は、それぞれの筆者がここで述べた達成したものと未達のものを、共有しながら、まちづくりの理論化と再定義、さらには実践と成果を論じたものである。

*1——たとえば、渡辺俊一「『まちづくり定義』の論理構造」『都市計画論文集』四六巻三号、日本都市計画学会、二〇一一年一一月

*2——この年には、田中角栄の日本列島改造論が、自由民主党の総裁選挙の一週間前に発表されている。列島の隅々に開発の利益を行き渡らせるビジョンであり、すなわち総理大臣を目指す政策要綱でありもっとも影響力のあったものの一つである。

*3——21世紀関西グループ『「21世紀の日本」国土と国民生活の未来像の設計（構想編）』（一九七一、内閣官房審議室）。ここでは、日本列島は一四五の自治生活圏に区切られ、自己完結的に組み立てられており、京都学派の範疇に無理に押し込むことは適当でないかもしれないが、西田幾多郎から今西錦司に行き着く「棲み分けの理論」「共棲の思想」を色濃く感じさせる。

*4——そしてこの頃、一方で、自治体の総合計画を受託して推進するために設立された、首都圏総合計画研究所がまちづくりの基礎となる調査活動を進めるようになっていた。すなわち、総合計画から地区レベルの計画へとシフトして行っていたのである。

*5——広原盛行『日本型コミュニティ政策』（晃洋書房、二〇一一）では、これに関わった社会学者などの言説を分析し、結果としてその実態を批判的に総括しているが、長い目で見た場合、コミュニティ協議会自身のその後の内部変革も含めて、現在のまちづくりの基盤となっている例も多い。例えば四章で詳述している鶴岡の例で言えば、このモデルを取り入れて小学校区を単位としてコミュニティ協議会が、自治会やＰＴＡ等、各種の地域団体を束ね、公民館をコミュニティーセンターへと転換させるなどの施策を進めた。このことは、市民の自主的活動を「コミュニティ」に統合したとも言えるが、地域運営の主体を形成したとも言える。しかし、地域のリーダー層や行政が真摯に取り組んではいたであろうが、多様な住民が参加するような態勢には至らず、これを打破してあらゆる層が参加できるように、後述するように、多様な主体が独自に活動するまちづくりの第二世代への展開が必要であったし、その実績を経た多主体協働の地域運営が必要とされたとも言える。

*6——埼玉自治体問題研究所イタリアＣｄＱ研究会『地区住民評議会——イタリアの文献・参加・自治体改革』自治体研究社（一九八二）

*7——習志野市の事例については佐藤滋『まちづくりの方法』（前出）一七頁に紹介してある。

*8——このような組織については、特集「まちづくり入門」（『都市住宅』一九七五年二月号、鹿島出版会）にまとめられている。

*9——このような活動がアメリカでのワークショップの影響を受け入れながら後に世田谷区での住民参加のまちづくり活動や世田谷まちづくりセンターに結びついて、第二世代のまちづくりの牽引車となる経緯については木下斉「ワークショップ——住民主体のまちづくりの方法論」（学芸出版社、二〇〇七）に詳しい。

*10——佐藤滋『密度を尺度とした居住環境計画の方法論に関する基礎的研究—竹レベルの居住環境整備規準の設定と運用に関して—』（学位論文、一九八二）に、詳しい。

*11——『スモールイズビューティフル』の著者シューマッハーは仏教哲学に強い影響を受けた著書も多い。このようなことを外国人の目から論じた著書は多いが、『日本の都市から学ぶこと——西洋から見た日本の都市デザイン』（バリー・シェルトン著、片木篤訳、鹿島出版会、二〇一四）はまちづくりに関しては言及していないが、そのもととなる日本のまちや都市空間に関して、現代思想との共通性に関して明快に論じている。

*12——佐藤滋、真野洋介、饗庭伸『復興まちづくりの時代—震災から誕生した次世代戦略（造景双書）』（建築資料研究社、二〇〇六）に、阪神・淡路大震災の復興まちづくりとそのプロセスに関して、さらにそこから生まれた次世代のまちづくりのイメージに関して詳述してある。

*13——佐藤滋ほか『新版 図説城下町都市』（鹿島出版会、二〇一五）に詳しい。

*14——以下「第16回日本都市社会学会大会報告要旨」（一九九八年七月二五日〜二六日、於弘前大学）『日本都市社会学会年報一七』（一九九九）（https://www.jstage.jst.go.jp/article/jpasurban1983/1999/17/1999_17_191/_pdf）よりの引用。

*15——これに関しては様々な批判もあり、岩見良太郎『場のまちづくり理論—現代都市計画批判』（日本経済評論社、二〇一二）では、図象テクストの詳細な分析から、「期待を裏切った」としているが、広範な参加とその中から先進的な取り組みを生み出すきっかけになったことは評価すべきであろう。

*16——鶴岡のマスタープランに関する饗庭伸の論文「まちづくりを支えるマスタープラン」（『まちづくりの科学』鹿島出版会、一九九九）は、鶴岡市での都市計画マスタープランの形成プロセスに直接関わりながら新しい編集型の都市計画マスタープランの姿を描き出した。

*17——都市計画制度はまちづくりの成果を取り込みながら成熟してきた。近年、協議型など、まさに現代のまちづくりの成果を織り込む「新都市計画法」の議論が成就しないのも、この事のイメージが希薄であることも要因である。

*18——たとえば、新宿区の事前復興を見据えた協働復興模擬訓練では情報タブレットを用いてまちづくり方法を集積させる対話型の地理情報システムの開発を進めているが、このような仕組みが広がれば、多様な人材への魅力発信とそれによる参入も促すことになろう。

第2章

まちづくりを再び定義する

2-1 まちづくりの国際的潮流と「価値」

Naomi Uchida
内田奈芳美

「まちづくり」とは?

「まちづくりは地域の『価値』をつくりあげてきた」という一文があったとして、この文の意味するところは、受け取る立場によって異なるだろう。というのも、その場合に「価値」の評価の力点をどこに置くかで、それぞれにとってのまちづくりの意味は異なるからだ。そして結局のところ、まちづくりとはなにか、その定義に関する議論はこれまでも論じられてきたが、二〇〇〇年以降、概念の浸透と連動して曖昧さを増してきている。一九八〇年代ころからの世田谷や横浜市における市民の手によるまちづくりを学び、そういった活動をまちづくりの源流としてとらえている筆者からすると、近年の「まちづくり」という言葉の使用範囲の広がりには違和感を覚える。この違和感の背景としては、近年広がりつつある二つの両義性があるのではないかと考えている*1。

第一の両義性として、まちづくりという言葉が近年資本主義の主流派とオルタナティブの両方の価値を表現する役割を果たしていることが挙げられる。たとえば大手不動産会社によるタワーマンションの開発においてもまちづくりという言葉は使われている*2。一方で、環境保護のための住民活動や、コミュニティ問題を自分たちで議論する活動など「オルタナティブ」を求める活動ももちろんまちづくりである。

第二の両義性として、国レベルの政策と小さな生活単位における出来事の両極のスケールで、まちづくりが好んで用いられているということである。国レベルでいえば、たとえば国土強靱化でも防災「まちづくり」という言葉を使う。一方で、自分の「まち」の単位における活動、たとえば町内会の活動もまちづくりと呼ばれている。

第三の両義性として、まち「づくり」におけるつくる／つくらないの議論がある。これは「つくらない」まちづくりの例として、「コトおこし」ということが以前から指摘されている[文献2]。この中では見える（tangible）／見えない（intangible）まちづくりの両方が「不即不離で働くのがまちづくり」[*3]と論じている。そういった両輪としての物理的につくる／つくらないの議論から、近年は施設整備を前提としないまちづくりとして、コミュニティデザイン[*4]という物理的につくらない（結局は空間をつくることにもつながっているのだが）デザインへの提唱が注目されてきた。

こういった両義性が生じるのは、「まち」という言葉の柔らかさにいろいろな意味が隠されているからである。「地域主義の思想」では、まちづくりという用語法について『まち』という土着の日本語が用いられていること」[*5]は地域主義のあらわれであると論じている。この地域からのわき上がる活動を示していた「大和言葉としてのとしての柔らか」[*1]さが、都市計画・施設整備・建設、といった堅い言葉をブレークダウンし、まちづくりは汎用性の高い言葉として用いられるようになった。その結果、「まちづくり」の意味が曖昧さを増すなかで、今ではまちは小さな一地域を示すだけでなく、地理的空間でもあれば、概念的空間でもあるようにもなってきた。「まちとはどこか」というとき、行為の対象によって思い浮かべる像は自在に変化するのである。つまりは単なる言葉の問題かもしれないが、力のある主体が「まちづくり」という言葉を用いることで、何かを隠していないだろうかという疑念が生まれることもあるだろう。そうすると、よりよい場所をつくろうとして始めたまちづくりが、まちづくりへの理解が異なることによって曖昧な位置づけになるかもしれない。たとえば「一緒にまちづくりをしましょう」と呼びかけたとしても、行政、開発業者、地権者、住民、商店主、ＮＰＯ、コンサルタントなどはその呼びかけから、異なる意味を読み取る。それぞれがまちづくりに対して期待する価値やイメージのズレがある場合には、多くは無力感に襲われる結末が待っているかもしれない。したがって、現場での地域協働の実践においてはやはり、まちづくりから生み出したい価値をある程度共有する必要があり、それはどのように各主体によって違うのかを、明確にしてから対話と議論の場に臨むべきであると考える。そういった極端なズレを生じさせないために、以下に現代のまちづくりを、それぞれが最終的につくりだしたいと考える価値によって分類し、整理してみたい。

現代的なまちづくりの潮流

前述したような目的を持って、特にまちづくりという言葉が浸透した後の現代的なまちづくりだと呼べそうなものの全体像をとらえてみることとする。まちなみ保全・住民参加・住環境整備のまちづくりなどは、一九七〇年代から実績が積み上げられ、まちづくりの代表例としてすでに蓄積されてる。ここでは、それらのまちづくりの歴史に支えられながら、変化する課題に対応して生まれてきた現代的なまちづくりと呼べそうなものについて分類するものである。大きく分けて、次の四つに分類した。

1　対資本力としてのまちづくり

不動産市場におけるグローバルな金融資本の参入と、産業構造の変化による中間層の縮小から、資本力に対抗することの意味が変化しつつある。それは、まちづくりの担い手であった中間層（ミドルクラス）が、都市に住み続けられなくなるという現象である。ただし日本では不動産価格の上昇は特定の場所・物件に限られ、国家戦略特区など特定の場所を金融商品化するための規制緩和が行われてきた。まちづくりは、こういった資本力の両極化について、新しい役割をもちつつある。

図1　不動産開発が急ピッチで進むサンフランシスコ

対資本力1　ジェントリフィケーションという課題

これは大きな資本力のうねりに対抗する政策提言を行う、ロビーイング的なまちづくりの存在である。たとえばアメリカでは急激に高騰する住宅価格とジェントリフィケーション（都市の居住地域を再開発して高級化、中間層による低所得者の追い出しにつながる現象）に悩まされる都市において、住宅政策に対する提言と、議論の場を設けることで世論を喚起する動きがある。ＩＴ関連事業者の流入により住宅価格が上昇し続けるサンフランシスコ図1におけるＳＰＵＲ（サンフランシスコ湾地域計画調査組織：サンフランシスコのベイエリアにおける都市課題に取り組むＮＰＯ、http://www.spur.org/）などがそういった動きである。低所得者層向け住宅を支援する動きは、コミュニティ開発会社（ＣＤＣ：Community Development Corporation）などが以前から存在しており、ＣＤＣは都市の荒廃を背景とした運動体を基盤に形成され、低所得者住宅の建設などに尽力していた[*6]。しかし近年の動きとして、先進国の産業構造の変化から中間層が減少しているなか、所得階層の両極化が進み、結果的に中間層までもが大都市に住めないという都市問題を抱えている実態があり、これはスーパー（超）ジェントリフィケーション[*7]とも呼ばれている。こういった言葉が生まれるような新自由主義的経済のなかでの、階層の両極化が生んだ課題解決を活動の目的とした、まちづくりの動きが生まれてきている。これはまちづくりとしては従来からの「住環境整備」の延長上にあるが、その対象が階層の両極化と不動産市場への金融資本の流入とともに変化してきたものである。このようなまちづくりで形成される価値は、不動産市場への投機圧力にさらされる都市に住み・営む権利であり、それを求める層が中間層にまで広がっている。

対資本力2　「らしさ」強調のまちづくり

一方、対資本力のまちづくりとして、人口減少と中古住宅の流通形態の違いなどから、日本ではそれほど目立ってジェントリフィケーションが議論されていない。日本では住宅地での追い出しに対する運動というよりも、商業地や観光地において、不動産的価値が高い、もしくは高まりつつある地域の価値を守るための動き（神楽坂や銀座、金沢など）がまちづくりとして行われていることが、対資本力としての動きである。これらの地域の共通したキーワードとして、「らしさ」が挙げられている。金沢では「金沢らしさ」[*8]に関

図2　金沢「らしさ」が残る住宅地

する議論がコミュニティで進められ図2、銀座では銀座ルールの判断基準として「銀座らしさ」[*9]が強調された。これは、近年ことさらにその場所「らしさ」を強調する言説が増加しているのは、実はこれまでの都市が特徴づけてきた「らしさ」が危機な状況にあることを示している[*10]。こういった伝統的な「らしさ」を持つ都市がその特性保全に奮闘する一方で、都市間競争の激化するなか「創造都市」という言葉でも表される、「らしさ」を強調し、現代につくりだそうとするまちづくりの動きも目立ってきた。こういった動きのなかで特に広まったのが、越後妻有アートトリエンナーレ(二〇〇〇〜)などを代表とする現代アートを活用したまちづくりである。その「場所」にあることに意味を持つとする「サイト・スペシフィック」なアートの誕生は、場所の価値を重んじるまちづくりとの相性もよく、地域にとっても差別化のための戦略として、また、外部から若く創造性がある人的資源を呼び込む手段として、アートによるまちづくりは二一世紀に入ってから広く受け入れられてきた。結果として、特に二〇一〇年以降は差別化が困難なほど、様々な地域で行われるようになり、サイト・〝スペシフィック〟なはずが、むしろ普遍性を持った方法論が繰り返されるようになった。これらの「らしさ」強調のまちづくりは、都市の国際的競争力を高めるという名のもとでの規制緩和がもたらすものへの危機感と、新たな成長産業としての観光産業への傾倒などが背景としてあると考えられる。このようなまちづくりで形成される価値は、「らしさ」という地域固有の価値の継続と構築である。

2　領域をひらくまちづくり

「領域」とは社会的関係に基づいて形成される範囲であり、自治体などの境界を超えて形成されるものである。領域は、イタリア語の表現を借りれば「テリトリオ」として「様々な広さ、質、量のものを含んで」[*11]存在しているような、包含的概念としてとらえられる。物理的・非物理的両面から、まちづくりは次のような領域を形成し、ひらく存在となった。

領域1　経済領域をつくる

開発の圧力が強くない地域では、まちづくりが主流経済とは異なる経済領域を形成している事例が増加しており、以下のような四つの傾向がある。

第一の動きは、資本主義の「跡継ぎ」[*12]とされている、シェアエコノミーに基づくものである。この事例として、ゲストハウス、シェアオフィス、土地の一時利用などが挙げられる。これらの流れは、比較的小規模な資本力で空間を変え、人の動きをつくることを可能にした。たとえば地方都市におけるゲストハウスの開設は、地方の「まちへ帰る」ための手段となり、まちなかの建物のリノベーションの起爆剤となった。これらは「まちへ帰る」物語と連動して交流人口をひきつける拠点となり、インターネットで資金調達を行う仕組みであるクラウドファンディングなどと結びついて、物語自体が資金調達の手段ともなった。

第二に、「まちへ帰る」手段の広がりとして、新たな生き方を模索するタイプのまちづくりがある。これは、しごとづくりと連動しており、ほとんどの場合は地方都市における「小商い」を通した地域とのつながりの物語である[*13]。このような動きを広井は「コミュニティ経済」[*14]と呼んだが、こういった試みは生業とコミュニティがつながることでまちの再生につながり、社会のセーフティネットともなることを指摘している。ここで形成される価値は、個人化した価値、すなわち社会への貢献や自分の生活や安心という価値であり、主流経済における疲弊の中で、こういった個人的な選択肢に対して共感が静かに広がっていった。

第三に、不動産的価値の低減をまちづくりに転換する動きがあった。これは、前述した第一、第二の動きを後押しする経済的手法であるといえる。著名な事例として、北九州市からはじまったリノベーションスクールなどの空き家・空きビル再生などの事例があるが、日本における事例は、上物としてのストックの豊かさが必ずしも不動産価値に反映されないというシステムによるところが大きい。また、これは古典的なセオリーに基づいた必然的まちづくりであるともいえる。ジェイン・ジェイコブズが古い建物が安価に活用できることの重要性を論じた[*15]ように、不動産的価値の低下は市民がまちをつくる可能性を高める。ロフトのような場所に住まう新しい中間層[*16]のような動きは以前から論じられていたように、不動産価値の低減は、アーティスト・イン・レジデンスといった一時的にアーティストなど地域活性化の担い手を住まわせる上でも活用され、前述したようなアートによるまちづくりを後押しする要素となった。

しかし、近年の変化として、特に小都市では古い建物のリノベーションが終わっても不動産が高値で取り引きされることにはつながらないという傾向がある[*17]。それは、ジェントリフィケーションの罠に陥ることなく、場所の価値を高めることを可能としているが、都市間のギャップが激しくなるなかで、都市の規模によってはハードの再生と連動して人口や投資が増加せず、需要を喚起できない現状を示しているともいえる。

第四に、筆者も参加した研究会で議論され、出版された「まちづくり市民事業」[文献9]も経済領域を形成するまちづくりの一つであると考える。まちづくり市民事業とは「地域社会に立脚した市民による協働の組織により、地域の資源と需要を顕在化することにより進められる自律したまちづくり事業の総体」[*18]であると定義される。すなわち、地域内の人的資本などを駆使して、利益追求型の企業が参入しにくい地域課題について住民自らが事業を興し、まちづくりを持続的に進めていくことである。こういった住民自らの活動は、利益を過度に追求せずとも、そこから生まれるリターンは小さな経済領域を形成する。身近な課題解決型のまちづくりである。

こういった動きから形成される価値は、資本主義経済の主流とは異なる物語と小規模資本から生み出された価値であり、従来型の不動産価値とは離れたところに存在するものである。

領域2　脱・地理的領域

まちづくりによって形成されるもう一つの領域として、一見矛盾した表現のようだが、脱・地理的領域がある。これまでのまちづくりでは、町内会、商店会など地理的近接性に基づく伝統的地縁組織が数多く担ってきた。しかし、都市計画ではＥＵ各国に主に見られる、行政的区画をまたいだネットワークを形成するシティリージョン（都市地域）という議論が論じられ、オフィシャルな立場においても行政区画による地理的領域と現実の活動とのギャップを調整する動きがあった。このようななかで、まちづくりにおいても従来の領域を超えた動きが現れてきている。本書でも登場する事例として、庭園生活圏（二五〇頁参照）という概念、および東日本大震災後の避難生活における町外コミュニティの動き（二六一頁参照）などは、自治体の地理的領域を超えたまちづくりの動きである。また、二〇二五年までに約九〇〇の自治体が人口減少により消滅の可能性があるとされた「地方消滅」[文献10]に対する反論として、交流人口による地域の活性化の可能性[*19]への指摘も行われてきた。これは、人口が減少するなかで、自治体の地理的範囲内での定住人口の増加という視点を超えて、地理的領域を超えた交流のなかからまちづくりが行われていく可能性を示す。このように近年のまちづくりが形成する地理的領域は「脱・地理的領域」を含み、地縁コミュニティをベースとしながらも、空間的近接性という価値とは異なるところに存在する「ネットワーク・コミュニティ」をつくりだす。こういった動きから形成される価値は、ネットワークとしての人的資本の価値であり、地理的近接性だけに左右されない動的なものである。

3 「ゲリラ的」まちづくり

そしてさらに「動的」なまちづくりとして、不意を突くような行動によって実行される「ゲリラ的」まちづくりがある。ゲリラ的とは、時限的、突発的な行動で、一点突破することを目指したまちづくりだが、たとえば都市部における路上を仮設的に変化させるポケットパークや歩行者ゾーンの形成、そして都市内の空き地でヨガを行うなど、空間を自由に、かつ一時的に活用する「タクティカル・アーバニズム」[*20]と呼ばれるものが生まれてきた。東アジア、特に台湾・韓国でもコミュニティを自分なりに変えてみようとする試みとして、手作りのデザインを身近な公共空間に埋め込んだりしながら、住民が自ら都市のカスタマイズを試みる動きがある[文献12]。もう少し時代を前にさかのぼれば、「グリーン・ゲリラ」[*21]という、フェンス越しに植物の種を空き地に投げ込んでポケットパークを勝手につくりだすような運動もニューヨークで一九七〇年代から続いており、それらは都市の荒廃に対抗した、文字どおり「ゲリラ的」なまちづくりである。同様の動きは縮退する都市での異端な手法として続き、たとえば中心部に空き地や空き家の散在する米・デトロイト[図3]のハイデルバーグ・プロジェクトでは、現代の「ゲリラ的」まちづくりといえる手法を見ることができる。このプロジェクトは、アーティストが自分の実家に隣接した空き地に様々なものを持ち込んでアート空間とし、その結果として治安の安定に貢献したものである。

これらは、まちづくりの主体と土地の権利関係からいえば、自分の所有する土地ではないわけだから、そこでその行為を行うことについての正統性がない。これは公共の空間、

図3 ― 米・デトロイトでは空き地や空き家にゲリラ的介入も生まれている

もしくは他人の土地を自由に使っているような「ゲリラ的」状況である。こういったゲリラ的動きはこれまでのまちづくりの利害関係者の範疇からは逸脱したものであり、かつこれらのまちづくりは、資本主義の基本である土地の私有に対する挑戦でもある。

ここで形成される価値は、都市における権利の行使、コミュニティ感覚の醸成に加え、私有財産を超えた土地の共有価値といえるものである。

4 行政と民間のあいだ

まちづくりにおいて、行政と民間、非営利組織の役割分担と協力関係のあり方はこれまでも議論の中心となってきた。しかし、前述したゲリラ的まちづくりのように、たとえば公共空間＝行政の管理という前提からは意識が変化しはじめている。近年の例として、ビジネス・インプルーブメント・ディストリクト（BID）や都市再生整備推進法人などが担い手となった公共空間の民間団体による管理・運営だけでなく、アメリカでは本来公共事業で行うプロジェクトの資金源の民間化*22も起きている。これまでは「協働」というキーワードが、行政と民間の役割と対等な関係性について考える上でのまちづくりにおける長年の論点であったが、近頃は「公民連携」「官民連携」という言葉がまちづくりの文脈の中で頻繁に用いられるようになってきた。しかし公共性が高く、本来ならば行政が行うべき意味での「まちづくり」を民間企業や住民が行うという段階は何を意味するのだろうか。「まちづくり」という言葉に含まれる「協働」のニュアンスが、そういったときに生じる様々な疑問を覆い隠しているようにも見える。

第一に公共性が高いものを行う場合の選択、意思決定という課題がある。住民参加のまちづくり、といっていたときにはあくまで行政の意思決定における「関与」であったのだが、今はお金もやりたいことも実行する主体も民間であるという場合に、金銭的なメリット以外のところで一体誰がそれを決める正統性を持つのだろうか。

第二に、当事者主義・受益者負担ということの強調である。受益者負担の議論は厳しい財政運営の現実から必要なことではあるのだろうが、それが過度に「効率的なやり方だ」として喧伝されると、まちづくりとは誰のために行うのか、そのあり方を変えてしまうかもしれない。ここで形成される価値は、まちをよくしようと努力する人々の選択可能性の拡大ということが挙げられる一方で、その「価値」は特定の主体における「価値」がまちづくりという言葉を用いて実現されるようなこともある。

まちづくりはどんな「価値」をつくりだすのか

ここまで、現代的なまちづくりの潮流が形成している価値について考えてきた。まちづくりはさらにこれからどのような価値をつくりだしていくのだろうか。現在のまちづくりの潮流を踏まえ、これからまちづくりを形成して行く上で基盤となる価値は、以下のようになるのではないかと考える。

1 主流の資本主義とは異なる価値

金銭的な価値、不動産的価値とは離れたところで価値を形成するまちづくりがこれまで以上に増加しているといえる。それは、物語を背景にもった小規模資本から生まれた価値でもあるし、土地の私有制の原則を超えた価値でもあり、地域の固有価値の保全でもある。これまで、まちづくりはベビーブーマーなど、都市に生まれた中間層が共同体を形成し、支えてきたといわれている[*23]。しかし、新自由主義経済のなかでは近年中間層とされる人々も減少しつつあり、世代の交代とともに共同体が縮小するなかでまちづくりの担い手の減少も危惧されてきた。しかし現実には既存の共同体が縮小するなかでも、次の主体が別の価値をつくるための動きを始めていた。新しい担い手として登場したのは、アメリカで言えば一九八〇年代以降に生まれたミレニアルズと呼ばれる世代と、日本で言えば同世代のデジタル・ネイティブ世代とも呼ばれるシェアすることを好む「所有しない」人々であり、ヒップスター[*24]と呼ばれる価値観を持つ人々であり、ヒップスター的価値観に共感する人々である。これまでの「所有している」人々が自分たちの持っているものである住環境や権利を守るためのまちづくりを行っていたとすると、この新しい担い手たちはあえて「所有しない」なかで、これからどのようになにをつくり上げ、共有していくべきかという問題意識を持って、まちづくりという言葉を武器に地域と関係性を持ちながら登場してきた。

2 「選択する」価値

また、まちづくりは都市の中で選択の可能性の拡大という価値をつくりだしてきている。それは、たとえば正面突破ではなく、ゲリラ的になにかを公共空間で行うという価値であったり、議論は分かれるところではあるが「公共」空間のあり方を住民が取捨選択し、決断して担うことだったりする。また、個人化した価値が広まるなかで、「まちへ帰る」手段としての地方都市での起業と地域ネットワークづくりなど、個人の生活としての選択がまちづくりと連動し、結果的に地域を変える力となってきた。

また、アートによるまちづくりやタクティカル・アーバニズムなども、自己表現をするという「選択」であるといえる。これについては社会が「工業段階からポスト産業社会への移行に伴って、人々の価値観は一般に『生存価値』から『自己表現価値』に移行する」[*25]という指摘があり、成熟した社会の中での自己表現がまちづくりのかたちを変えてきたと言える。さらに、コミュニティさえも空間的近接性だけに基づくものではなく、どこに所属するのか「選択」するものとなった。

このようにして、「まちづくり」は主流とはまた別の経済的価値が「選択する」価値と連動し、時流に乗った行為として多くの人に浸透すると考える。そういう意味では、まちづくりは価値を「つくる」というよりも、価値を「表現する」ための手段になったともいえる。そうすると、既存の「まちづくり」主体の目的とはズレが生じる場合もあるだろう。しかし、現代的なまちづくりの担い手と、これまでまちづくりを担ってきた主体の両者にとって、よりよい場所を形成しようということに関しては共有した価値観である。本稿はまちづくりがまた別のニュアンスをもち、成熟した社会と新自由主義の経済のなかでの表現と対抗の手段として、個人的価値を反映したまちづくりの役割は増しているということを現代的まちづくりの分類を通して示したものである。こういった動きはこれまでまちづくりを支えてきたと自負する層も認識することが必要だろう。つくる／つくらないということだけの議論を超えて、地域社会に協働の価値をつくりだしていくということは、まちづくりの役割として変わらないものである。

*1——文献4三頁では、当時のまちづくりという言葉の意味について本稿と同様な指摘があり、「大和言葉の柔らかなニュアンスもあって、まちづくりという言葉は何か優しげなイメージで用いられている」ことが生じており、「口当たりのいい言葉として『まちづくり』が巨大開発や国土計画、政治のスローガンにも用いられている状況を指摘している。

*2——文献1ⅲ頁では、マンション・デベロッパーが広告では「消費者の購買意欲を喚起するため」に周辺のまちなみのイメージを利用しながら、一方でそのマンション自体が広告に掲載した景観を「壊して建てられる」矛盾を指摘している。

*3——文献2八七頁から引用。田村は、『つくる』ことの意味」として、まちづくりの「つくる」には「『シゴトづくり』『クラシづくり』『シクミづくり』『ヒトづくり』などがある」としていた。こういった視点は現代的「まちづくり」のとらえ方の源流である。

*4——山崎亮『コミュニティデザイン』学芸出版社（二〇一一）、『コミュニティデザインの時代』中公新書（二〇一二）に象徴される議論。筆者は「つくらないデザイナー」を宣言しながら、ソフトの仕事の重要性と、それが結果としてハードの仕事とつながり、両輪で連携していった経緯を述べている。

*5——文献3一二三-一二四頁から引用。このなかで筆者は、「都市という翻訳語でなしに、日本の自然と風土で生まれたことば」が「まち」であり、「まちづくり」が関心を集めているのは「地域主義」の深化であると述べている。章のタイトルとして「まちづくりの思想としての地域主義」という言葉が用いられており、対中央、という視点でのまちづくりへの解釈が筆者には見られる。

*6——文献4三一〇頁、平山洋介『コミュニティ・ベースト・ハウジングの台頭とその意味』から。

*7——スーパー（超）ジェントリフィケーションとは、次のジェントリフィケーションの循環として、中間層や高所得者層がスーパーリッチや大資本によって移動させられることである。ただし、この場合は不動産価格の上昇から移動させられる側が利益を得ることもあり、（Luna Glucksberg (Goldsmiths, University of London, UK) "Is this displacement? Pushing the boundaries of super-gentrification in London's Alpha Territory" RGS-IBG Annual International Conference 2016参照）この論文のようにその場合はそれを「立ち退きさせられた犠牲者」と呼ぶかは疑問であるとの論もある。しかし、すでに早い段階で所有している層はなにかしらの利益をえるかもしれないが、そうでない中間層はやはり困難な状況にある。ここでは不動産市場に早く参入できたかどうか、世代間の問題も大きい。

*8——山出保＋金沢まち・ひと会議『金沢らしさとは何か』北國新聞社（二〇一五）筆者は本書の議論と編集に関わった。筆頭著者の山出氏は前金沢市長であり、金沢の文化的まちづくりを長年先導してきた人物である。コミュニティは二〇一五年の新幹線開通後の金沢の変質を危惧し、山出氏とこういった議論を進めたという背景がある。

*9——竹沢えり子『銀座にはなぜ超高層ビルがないのか　まちがつくった地域のルール』平凡社（二〇一三）の中で、デザインルールにおける「銀座らしさ」という判断基準を示している。

*10——文献5二四九頁参照。鷲田は京都市が京都らしさをめぐる「審議会」を開くとなって、京都らしさの定義を始めるとなったときに、「ああ、いよいよ京都の終わりが始まったとおもった」と悲しんでいる。「らしさ」の議論は本来は守るべき価値観を議論するためのものであると考えるが、この本のなかで鷲田が指摘しているとおり、ある種必死にチャームポイントを探すための議論に陥る可能性もある。

*11——『建築雑誌』（日本建築学会）二〇一五年五月号「特集・都市史から領域史へ」伊藤毅「領域史への視点、領域史への方法」六頁から引用。このなかで伊藤はイタリア語のテリトリオは英語のテリトリーなどと異なる意味を持つとして、その意味には「領土だけでなく」「いろいろな地理条件を含めて広がっている」ものが含まれており、地理的にも「一定の行政区画を指すわけではなく、共同体によって定義された場所の集合体である」（六頁）と解説している。

*12——文献6kindle版参照。資本主義の跡継ぎとして「協働型《コラボレーティブ》コモンズで展開される共有型経済《シェアリングエコノミー》（第一章第一項第一段落）の可能性について論じている。資本主義の衰退に関する議論は数多く出ているが、それらの中ではシェア・エコノミーは跡継ぎと言うよりも、資本主義のオルタナティブとして取り上げられている。しかし、本書は「限界費用《マージナルコスト》」であるサービスの追加提供のための費用が無料になりつつあり、そうなれば「資本主義の命脈とも言える利益が枯渇する」（第一章第一項第七段落）としており、資本主義の根幹を揺るがすかもしれない共有型経済の可能性を示している。

*13——平川克美『小商いのすすめ』ミシマ社（二〇一二）や渡邉格『田舎のパン屋が見つけた「腐る経済」』講談社（二〇一三）、西村佳哲『いま、地方で生きると言うこと』ミシマ社（二〇一一）など、近年の脱成長主義や利益を過度に追求しないビジネスのあり方、そしてそういったものを実現するための地方都市での生活について綴った書籍が共感を得ている。

*14——文献7kindle版、第一章第五項第四段落

*15——文献8第一〇章「古い建物の必要性」参照。このジェイコブズの議論は、古い建物

を歴史的価値から守るための理論武装として用いられることもあるが、ジェイコブズは本書のなかで、古い建物は賃借料が少なくてすむことから、用途の多様性を保つ上で重要であると説いた。古い建物であれば、固定費も安くなり、リスクを小さくしてなにかを行うことが可能である。

*16——Sharon Zukin, *Loft Living: Culture and Capital in Urban Change*, Rutgers Univ Pr (1989) など。筆者のズーキン教授自身が中間層として、ニューヨークのロフトを改良して住みはじめた。

*17——内田奈芳美・敷田麻実「『官製』ジェントリフィケーションとそのジレンマ」『都市計画学会学術研究論文』（二〇一六）から。アメリカの小さな都市で空き家を修繕するプログラムが実行され、地域改善は進んだが、不動産価格の高額な取り引きにはつながらなかった事例について論じている。

*18——文献9 一三頁引用

*19——文献11kindle版参照。特に農作業における「空間を超えた」家族の役割としての「他出した跡継ぎ層の役割」（第一章第二項・第三段落）や、「誇りの空洞化」を防ぐための「都市農村交流の意義」と「地域づくりの交流循環」（第Ⅱ章第四項第四段落）、そして交流の段階を超えた「田園回帰傾向」（第Ⅴ章）について、データから論じている。家族としての広域連携→都市と農村の交流→移住といった、関係性の拡大と、人口動態の実際の変化傾向について、まだ数字としては小さなものではあるが、今後のトレンドとして増加していくものである。

*20——タクティカル・アーバニズムとは公的な計画による変化の前に都市に小さな仕掛けを試す「戦略的（タクティカル）」なものであり、特徴としては以下のウェブページのＰＤＦの一頁による定義によると、地域のアイディアを地域で試すものであり、ローリスクでハイリターンな、短期間で行うものである。https://issuu.com/streetplanscollaborative/docs/tactical_urbanism_vol_2_final?backgroundColor=

*21——http://www.greenguerillas.org/参照

*22——https://www.ioby.org/など。このサイトでは交差点改良・バイクレーンの整備など公共空間整備へのクラウド・ファンディングが行われている。

*23——ロバート・パットナム『孤独なボウリング—米国コミュニティの崩壊と再生』柏書房（二〇〇六）では社会関係資本の衰退について、世代が入れ替わったことがもっとも大きな原因であるとしている（三四六頁）。パットナムはテレビ世代に入れ替わったことを社会関係資本衰退の大きな要因の一つとしているが、時間と金銭面でのプレッシャーや企業の非ローカル化も市民参加の低下にある程度影響があるとしている。

*24——文献13kindle版参照。「ヒップスター」は多少ネガティブなニュアンスを持ちながらも、「『新しいアメリカ人』のスペック」（第一章第一項）として、サードウェーブコーヒー、個人経営の店、iPhoneなどを好む人々であり、日本でもこういった「ヒップ」な生活を好む層は確実に存在している。より広まっている言葉で言えば「クリエイティブ・クラス」（リチャード・フロリダ）が近いかもしれないが、ただ、クリエイティブ・クラスは人的資本としての見方であり、同じような嗜好をもっていたとしても、ヒップスターは競争社会のなかでの人的資本というよりも、個人的ライフスタイルの選択であるといえる。

*25——参考文献9二五一頁ロナルド・イングルハートによる経済水準ごとの世界の価値マップに関する記述から引用。二四八頁には、価値マップが掲載されており、高所得の国ほど生存価値を超えて自己表現価値をより重んじるようになり、かつ伝統的価値よりも世俗・合理的価値を重んじるようになることがマップで示されている。日本は高所得グループの中では、スウェーデンなどと比較すると相対的には自己評価価値を重んじていないが、それでも全体としては自己評価価値と世俗・合理的価値を重んじるグループに属する。

参考文献

1——蓑原敬・宮台真司著・代官山ステキなまちづくり協議会 監修『まちづくりの哲学』ミネルヴァ書房（二〇一六）
2——田村明『まちづくりの実践』岩波書店（一九九九）
3——玉野井芳郎『地域主義の思想』農山漁村文化協会（一九七九）
4——佐藤滋編著『まちづくりの科学』鹿島出版会（一九九九）
5——鷲田清一『京都の平熱』講談社（二〇〇七）
6——ジェレミー・リフキン著、柴田裕之訳『限界費用ゼロ社会』ＮＨＫ出版（二〇一五）
7——広井良典『創造的福祉社会』筑摩書房（二〇一一）
8——ジェイン・ジェイコブズ著、山形浩生訳『アメリカ大都市の死と生』鹿島出版会（二〇一〇）
9——佐藤滋編著『まちづくり市民事業』学芸出版社（二〇一一）
10——増田寛也編『地方消滅——東京一極集中が招く人口急減』中公新書（二〇一四）
11——小田切徳美『農山村は消滅しない』岩波書店（二〇一四）
12——饗庭伸編著『自分にあわせてまちを変えてみる力』萌文社（二〇一五）
13——佐久間裕美子『ヒップな生活革命』朝日出版社（二〇一四）
14——橋本努『経済倫理＝あなたは、なに主義？』講談社（二〇〇八）

2-2 まちづくりの広がりと展望

Shin Aiba
饗庭 伸

戦後の日本では人口が急増し、それに合わせて経済も成長し、都市も成長した。「まちづくり」とは、こういった急速な成長に対して、人間らしさ、きめの細かさ、生活の豊かさといった点からの対抗的な活動である。一方で、まちづくりという言葉は戦後に生まれた言葉であり、それも成長期の言葉であることに変わりなく、「成長」のカウンターカルチャーではなく、サブカルチャーであるとの見方もできる。では、日本の社会がこれから「成長」から「非成長」、あるいは「反成長」へと転換していくときに、まちづくりはどのようになっていくのだろうか。成長とともに消え去っていくのか、サブカルチャーからメインカルチャーへと転換していくのか。本稿はそのための、「成長期の総括」と今後の展望を提供することを目的としている。

経済成長・コミュニティ・市民

成長期の日本において、まちづくりはどのように位置づけられるだろうか。

図1は東京駅の近く、日本で一番地価の高いところであるが、日本のなかで最もお金がつぎ込まれてつくられたこの街の風景は、たとえばムガル帝国の皇帝が富と権力に任せてつくったタージ・マハールに比べると、明らかに美しさに欠け乱雑である。同じ程度、あるいはそれ以上の富をつぎ込んでつくられているのに、なぜこの風景は美しくないのだろうか。

この風景は、戦後の日本の社会において、土地が細分化され、個人同士の土地の交換を市場に組み込んだかたちで経

図1 ― 東京都心の風景

済成長が行われたことによって生み出された。一人の富と権力によってつくられた風景ではなく、多数の富の交換によってつくられた風景である。この風景は乱雑で美しくないかもしれない。しかし、この経済成長の仕組みは、素晴らしいことに、富を極端に偏らせることなく、人口の増加に合わせて都市を拡大し、都市の隅々まで、そこそこ良好な性能をもった空間で埋め尽くすことに成功した。

まちづくりもこの仕組みに組み込まれるかたちで生み出されたものであり、そこそこ良好な都市をつくることに貢献した。都市に流れ込む人々の時間と空間の交換、空間と空間の交換を通じて都市はつくられたが、まちづくりは、放っておくとバラバラに動いてしまう個々の交換の動きを、望ましい方向に少しだけ整えたのである。

「少しだけ整える」ことに方向性を与えたのが、「コミュニティ」という言葉である。日本の都市は国内の農村部から都市部への比較的単純な人口移動のみで形成された。そしてあちこちの地方の人々が集まった都市において、彼らが地域に定着し、協力して暮らしていくための手がかりとして使われたのが、コミュニティという言葉である。社会学の世界では古くから使われていた言葉であるが、日本では一九六九年に自治省(現・総務省)が通称「コミュニティレポート」と呼ばれる報告書を発表したことを契機に、普通の人々が使う言葉となった[*1]。そして、そのレポートが「コミュニティは素晴らしいもの」「コミュニティはつくれるもの」という、やや単純でやや誤解のある認識を全国に定着させてしまい、多くの人々がそれを信じて様々な活動をし、都市空間だけでなく、ソフトの上でもそれなりに豊かな地域社会ができることになった。戦後に急速に形成された日本の地域社会をつないでいるものは、宗教でもなく、血縁でもなく、コミュニティという言葉なのである。

そして、そのコミュニティを構成しているのが、「市民」と定義づけられた人々である。松下圭一[*2]によって「私的・公的な自治活動をなしうる自発的人間型」と定義されたこの言葉も、やや理念が先立った言葉であり、それは「私たちは市民である」「市民にならなくてはならない」というやや背伸びをした自負と、すべての人が「市民」であることを前提とした政策を組み立てることとつながっていった。

つまり、経済成長の仕組みをしっかりと使いながら、「コミュニティ」と「市民」という二つの仮説的な言葉を根拠にして丁寧に都市をつくりあげたのが「まちづくり」である。冒頭に述べたように、この言葉は急速な成長に対する対抗的なニュアンスを持っていたが、それでも成長期の言葉であることには変わりない。そのことを念頭に、そこにどのような方法が発展していったのかを次に見てみよう。

都市計画とまちづくり

「都市計画」と対比しながら、まちづくりの方法の特徴を際立たせてみよう。

「都市計画とまちづくりとは何か」と問われたら、筆者は「他人の土地にみんなのためになるような提案をして実現すること」と答える。そして、都市計画とまちづくりの違いは、この定義の主語と、それを実現する方法の違いである。

都市計画の主語は政府であり、まちづくりの主語は市民である。都市計画は強権的な方法を持つが、まちづくりは市民同士の合意と納得をベースとした丁寧な方法を持つ。それぞれの方法をもって「みんなのためになる」こと、つまり公共性のあることを実現するのである。誰がどのように実現するのかということを除けば、都市計画も「他人の土地にみんなのためになるような提案をして実現すること」には変わりはない。住宅地をつぶして道路をつくる行政は、利己的なわけではない。彼らは「みんな」のために仕事をしているのであり、しばしば彼らが糾弾されるのは、彼らの「みんな」が、糾弾する側の「みんな」とずれていたり、それを実現する方法が乱暴だったりするからである。

まちづくりは一九七〇年前後から取り組みが始まった。高度経済成長のひずみが出てきた、成長が落ち着いたなど、いろいろな引き金はあるが、別の見方をすれば、人口の爆発的な増加に対して、スピード感を持って、おおざっぱに「他人の土地にみんなのためになる提案をして実現する」ために使われたのが都市計画であり、それに対して、丁寧さを持ったまちづくりが可能な地域から少しずつ取って代わってきた、という見方もできる。その地域は、コミュニティを目指して、意思形成や事業を担うことができる「市民」が出現した地域であり、経済成長のなかでコミュニティへと資源を投入することができるようになった地域である。こういった地域は一九六〇年代の終わり頃には局所的であったが、成長がスローダウンし、それを急いで制御する必要性が低くなるにつれ、まちづくりはあちこちで、同時多発的にその領域を広げ、都市計画に取って代わってきた。

3　まちづくりの方法と手法

では、都市計画とまちづくりの方法の違いはどこにあるのだろうか。都市計画の乱暴ともいえる強引な方法は、「都市計画に協力しないと土地を強制的に収用できる」という土地収用の権力と関連づけられていることで、その実行力が担保されている。人々はその力を恐れて、都市計画に従うのである。一方のまちづくりには、そのような権力はない。権力の代わりに頼りにされるのは、その場所に住む人たちの「納得や合意」であり、まちづくりの方法はその納得や合意をつくりだす方法として発達してきた。

ではその納得や合意をつくりだすために何が必要なのか、人々が納得や合意をするために必要な根拠を、筆者は「合理性」と呼び、それには三つの種類があると考えている。

図2―ワークショップの風景

一つめは科学的知見や美的な感覚を根拠とする「計画の合理性」、二つめは地域や市民の意思を根拠とする「主体の合理性」、三つめは政治と決定の手続きを根拠とする「決め方の合理性」である。図2は筆者が行ったあるまちでの街路デザインのワークショップであるが、この場で様々な課題を解決するよい案がつくられたこと、参加者の気持ちが高まり街路が地域で愛される存在になりそうなこと、多様な層の住民と街路のステークホルダーが参加できていること、こうした三つの理由があって、結果が合意されている。「いい計画ができたなあ」という理由の根拠にあるのが「計画の合理性」、「街路を自分の場所として使う仲間ができたなあ」という理由の根拠にあるのが「主体の合理性」、「公正なプロセスで計画することができたなあ」という理由の根拠にあるのが「決め方の合理性」である。どのような状況であっても、人々はこの三つの合理性の組み合わせで納得や合意をする。そして、この合理性の生成をサポートするのがまちづくりの方法である。まちづくりの歴史のなかでどのような方法が追求されてきたのか見ていこう。

決め方の合理性を生成する方法

ワークショップやまちづくり協議会といった手法がこれにあたるが、個々の手法に入る前に、まちづくりが位置づけられる、自治体ごとの「ガバナンスの仕組み」の整理から入りたい。この「ガバナンスの仕組み」は、図3のような四つのモデルに分類することができる*3。

一つめは、多元化した地域において個別のセクターが等しく意見を表明し、議論できるようなプロセスを中心につくられる「多元主義重視モデル」である。プロセスを豊富化し、多くの人々が意見を表明する機会を充実させていく手法であり、新都市計画法における公聴会などの手続きの充実から都市計画の提案権の創設まで、制度化が常に進んできた。一方で、都市計画法に基づく公聴会や都市計画提案が必ずしもうまく機能していないことからわかるように、その制度は十分には使いこなされていない*4。

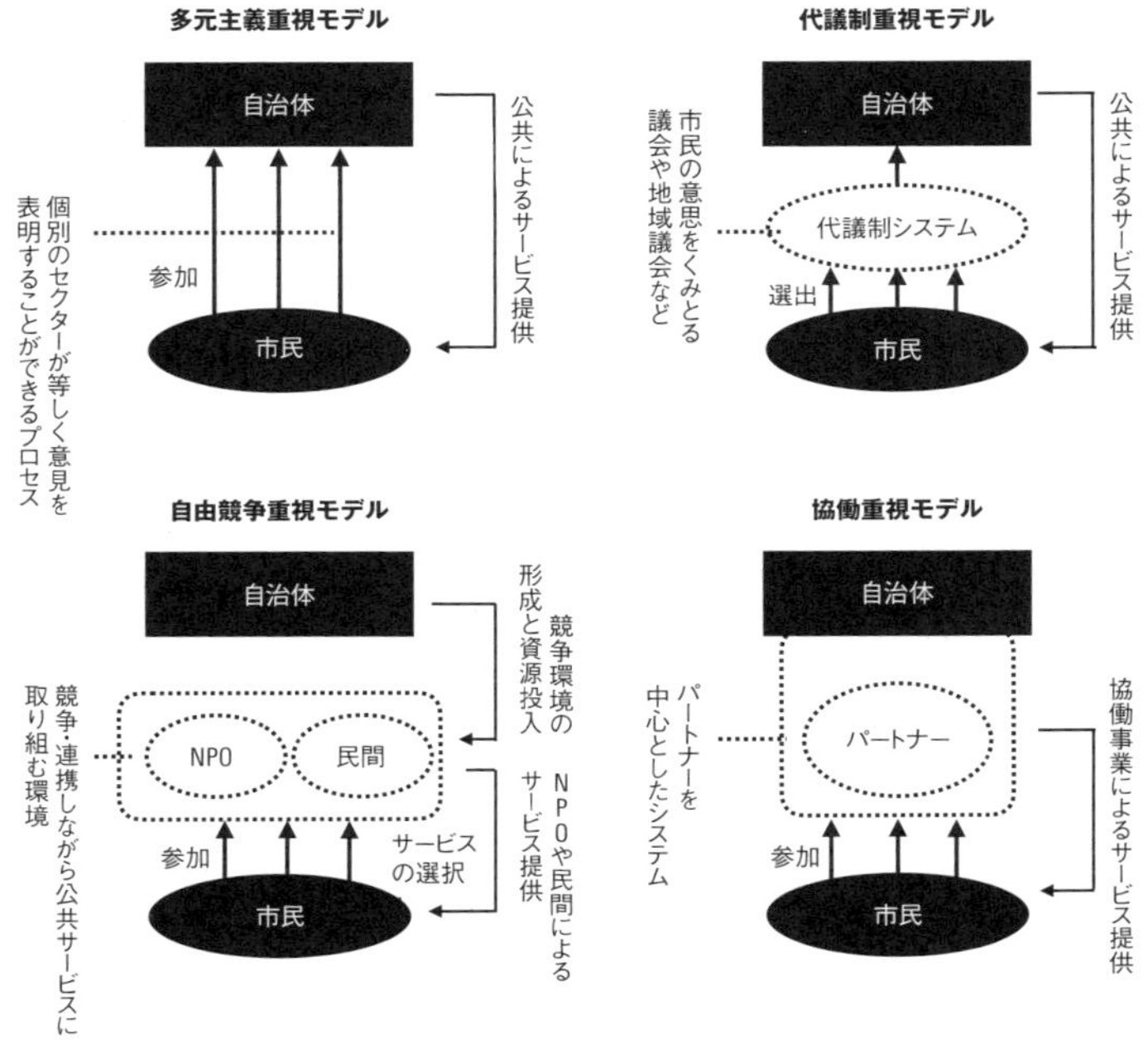

図3 ガバナンスの仕組みの四つのモデル

二つめは、地域は代議制システム（議会）により代表されると考え、そのシステムを充実させる「代議制システム重視モデル」である。イタリアのボローニャの「区民評議会」の仕組みがわが国に伝えられ、各地の取り組みとして結実した*5。しかし、この取り組みも全国に広がることはなかった*6。その最大の原因は自治体議会との関係が制度として整理できなかったことである。この仕組みを機能させるには、議会との関係整理が必須であるが、わが国では議会との関係がよじれたまま手法が導入され、やがてこの手法も退潮していくことになる。

これら二つのモデルは、ガバナンスの仕組みの中心に手続きや議会を置くものであるが、それぞれ低調であり実験の位置づけを出ないものも多い。結果的にまちづくりは、次に挙げる二つのモデルのもとで発達し、そこに様々な手法がつくりだされることになった。

三つめは、地域の中に戦略的に政府のパートナーを見つけ、あるいは育成し、計画の作成や事業の実現までを協働で取り組む「協働重視モデル」である。その最初期の取り組みは、東京・町田市の「考えながら歩くまちづくり」（一九七〇年）であり、行政プロジェクトごとにパートナーとなる市民と関係をつくるという、協働型の手法の先駆となる取り組みである*7。住環境整備の分野では豊中市庄内地区、神戸市真野地区、世田谷区の太子堂地区などで「まちづくり協議会」という手法が編み出された*8。地域に行政のパートナーとなる組織を組成し、その組織との協議をベースにして住環境整備、まちづくりを行っていく、という手法である。この手法を都市全体の整備を行うシステムにまで高めたのが足立区や世田谷区や神戸市であり、神戸市では、一九九五年の阪神・淡路大震災後に一〇〇を超えるまちづくり協議会が設立されて復興まちづくりを牽引した。

まちづくり協議会手法は、組織の運営にまで行政が関わるような、やや護送船団方式的な側面がある。そのため、個々の協議会に対する行政の負担が大きくなったこと、地域社会にまちづくり協議会に代わるような多くの主体（それは後のNPOにつながる）が育ったことから、九〇年頃から、市民の組織の主体性を重視し、それに対して行政は側面的に資金や専門的な知見の助言だけを提供する、という「自由競争重視モデル」への切り換えが進む。政府の役割を縮小し、NPOや市場セクターが自由に意思決定をして競争的に事業に取り組めるようなシステムを中心とするモデルである。世田谷のまちづくりファンド（一九九二年）は、市民組織に対して競争的に資金を提供しまちづくりを推進する仕組みであり、以後多くが続くことになった[*9]。このモデルは新自由主義的な枠組みと親和性が高く、都市再生法では、民間企業と並列でNPOなどの「都市計画の提案権」が位置づけられたり、これらのNPOなどを「新しい公共」と名づけて社会の中心に据えようという政策が推進された。

主体の合理性を生成する方法

モデルの中心に主体を置く「協働重視モデル」と「自由競争重視モデル」が選択された結果、主体の育成や支援の手法が並行して発達することになる。七〇年代、八〇年代には自治省を中心にコミュニティ関係の政策が多く展開され、各地にコミュニティセンターなどの拠点がつくられ、そこで生涯学習のプログラムが多く展開するなど、主体の育成や支援の手法が地域に降り注ぐことになる。こうした支援を得て地域に充実した市民層が形成され、それらが九〇年代初頭の市民組織の形成につながる。

やがてそれは法人格を持った市民団体が先駆的に各地で誕生することにつながっていく。そのなかで「アリスセンター」（まちづくり情報センターかながわ、一九八八年）などのちに中間支援組織と呼ばれる「市民の組織を育てる市民の組織」も誕生し、主体のデザインが市民の側の技術としても取り組まれることになる[*10]。こうした状況が一九九八年のNPO法（特定非営利活動促進法）の成立につながり、都市計画を含む行政の側は、まちづくり協議会に代わるまちづくりの担い手としてこういった市民法人を視野に入れるようになるし、市民法人を育成する中間支援組織が二〇〇〇年代に多く設立されることになる。

計画の合理性を生成する方法

このように「決め方の合理性」を二つのモデルから生成する手法と、「主体の合理性」を生成する手法が発達し、「計画の合理性」を生成する手法はそのなかで発展することとなる。

この手法は、当初は狭域の地区を診断し、そこから見いだされる計画基準を追求する手法として、やがて市民や専門家のコミュニケーションのなかから計画基準を確定していく手法として展開していく。

まず地区を単位をした計画基準を追求する手法に大きな影響を与えたのが、松下圭一の「シビルミニマム」の理論である[*11]。そして、それを市民参加の現場、まちづくりの現場に持ち込めるように手法開発を行ったものが、地図上に様々な客観的なデータを示す「地区カルテ」である[*12]。こうした手法は一般化し、以後のGISなどにもつながっていくが、客観的なデータを示すだけではまちづくりが進まないことも早くから指摘されていた。こうしたなかで手法は客観的なデータだけでなく、市民や専門家のコミュニケーションを重視する手法として展開していく。

それらの手法は山形県飯豊町での取り組み（一九七四年）を先駆とする「ワークショップ」と呼ばれる手法である[*13]。外部の専門家の診断から計画の合理性を得る手法ではなく、市民や専門家のコミュニケーションから計画の合理性を獲得しようとする手法である。一九九三年には世田谷まちづくりセンターからその手法を体系的にまとめた『参加のデザイン道具箱』という書籍が発行され、全国にワークショップが展開していく。以後、多くの手法開発が行われたことは衆目の一致するところであろう。

「協働重視モデル」と「自由競争重視モデル」においては、価値観を鋭く対立させるような議論ではなく、全員が発言する、アイデアを出し合うスタイルの議論が重視される。そこでは専門家は科学的な知見を提供する存在ではなく、参加者の内側にある合理性を引き出す役割を期待されることが多い。ワークショップ手法が開発されたのはそのためであるが、一方でこのことは客観的なデータを軽視する、放棄する危険性とも常に隣り合わせである。

まちづくりの到達点

まちづくりの取り組みは一九七〇年代から各地で始まり、四〇年以上の蓄積がある地域もある。様々な「三つの合理性」を生成する手法が試みられ、成功したものは定式化され、部分的には「まちづくり条例」や各種のマスタープランなどで制度化された。様々な地域社会においてそれぞれの手法やそれを使った経験が蓄積されており、新たな課題が生まれると、それらの手法と経験が動員されて三つの合理性が調達され、課題が創造的に解決される。私たちは各地でそのような地域社会を手に入れている。

佐藤滋によると、九〇年代以降のまちづくりは「まちづくりの第三世代」と総括される。筆者の理解では、地域全体を見渡し、様々なタイプの主体や組織がネットワークや体制を組みながら、地域を経営していく、という世代である。六〇年代後半より取り組みをスタートした先駆的な世代が、市民やコミュニティといった言葉を手がかりにまちづくりの方法を組み立て、第二世代ではより具体のプロジェクトの実現化を目指したより実践的な方法が指向された。これらの取り組みを包摂し、ここまで整理したような手法を駆使して、より総合的な広がりを持ってまちづくりに取り組んでいくのが、第三世代であろうか。そこには、公正なプロセスで公的な意思決定ができる仕組み＝決め方の合理性を生成する仕組みがあり、頼りがいのあるまちづくりの組織と、それを支えるネットワーク＝主体の合理性を生成する仕組みがあり、地域性を反映した計画の基準やマスタープランと、計画をしっかりと議論して答えを出すことができる協議の仕組み＝計画の合理性を生成する仕組みがある。

地域に合理性を生成するまちづくりの手法が蓄積され、実質的な「納得や合意」が生み出される環境ができることにより、土地収用の権力に頼った「都市計画」にまちづくりが取って代わることになる。こうした地域を少しずつ増やしていけば、都市計画の権利が万人の権利として再構成され、そこに都市計画の民主主義が実現する。このことが「まちづくりの到達点」といえるだろう。

まちづくりと都市再生

では、これからまちづくりはどうなっていくのか。大きな流れのなかにもう一度まちづくりを位置づけて、相対化してみよう。

まちづくりを都市計画のカウンターカルチャー、あるいはサブカルチャーとしてとらえるのならば、都市計画にはもう一つのカウンターカルチャー、サブカルチャーがある。いわば、まちづくりとは兄弟のような関係のそれは、特定街区制度(一九六一年)をルーツとして二〇〇〇年頃に確立された「都市再生」の流れであり、新自由主義経済のなかでの空間整備の方法として急速に発達してきた*14。まちづくりが「市民」や「コミュニティ」といった言葉を手がかりに、市民や住民がつくりだした制度を使って空間や環境をつくりだすものであることに対して、都市再生が使うものは民間企業や金融機関がつくりだした制度である。まちづくりと同様、特定の条件が整ったところに限定し、都市計画を書き換えるように空間や環境をつくりだす。戦後の都市成長の流れのなかで、市民やコミュニティと同様に、民間企業や金融の仕組みも成長したのである。

兄弟とはいえ、まちづくりと都市再生がつくりだす空間、環境、その方法は正反対といってもよく、そしてそれはしばしば同じ空間のなかで対立を起こす。「まちづくりの到達点」とは全く別の到達点が、一つの都市の中に制度として存在している、ということである。兄弟がどのように育ったのか、近代の時間軸のなかにおいて概観してみる図4。わが国の近代化は、明治維新（一八六八年）とともにスタートした。近代化は封建的な制度を解体し、変化し続ける制度へと組み替える動きと整理できるので、そこで起きたことは制度の流動化である。そして人口が増加することに伴う都市空間の拡大と、拡大過程における都市空間の流動化をともなっている。しかし、江戸が内戦に巻き込まれることなく東京になったことに象徴されるように、近代化は近世の空間の上にまず展開された。都市空間が本格的に流動化し、それをコントロールするための都市計画技術が発展するのは都市計画法（一九一九年）の直後に発生した関東大震災（一九二三年）であり、以後そこで蓄積された経験が近代都市計画を大きくドライブさせる。そして急激な人口増と都市拡大に対抗して荒っぽく機能した近代都市計画を、丁寧なものに書き換えるべく発達したのが都市再生（一九六一年〜）であり、まちづくり（一九六九年〜）であった。都市再生は市場が発達させた制度を、まちづくりはコミュニティが発達させた制度をそれぞれの根拠とし、都市のなかでそれぞれの領域を増やしてきたのである。図4のように制度と空間の流動化の二つの軸のなかにそれぞれを置いてみると、都市再生はより空間の流動性を高める方向への、まちづくりはより空間の流動性を安定させる方向への指向を持っている。二つがしばしば対立をする原因はここにある。

図4 — 近代都市計画とまちづくりと都市再生

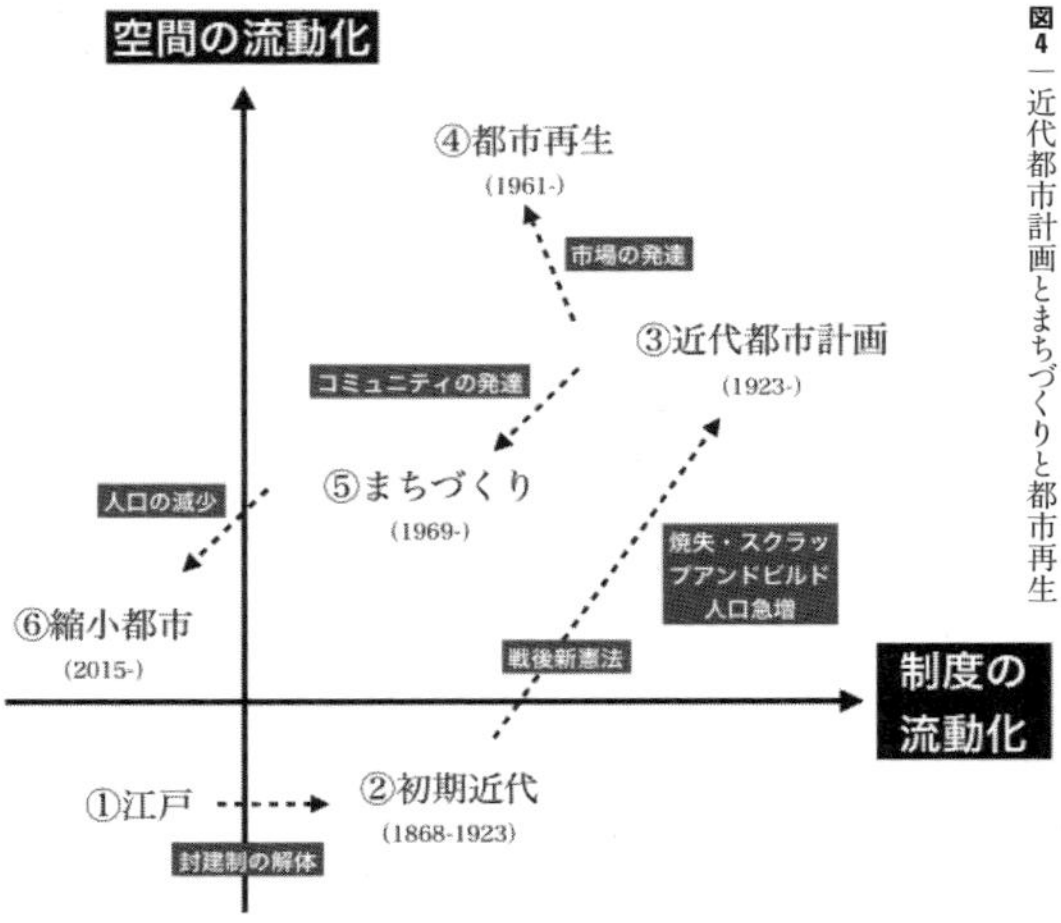

　そして、図4のなかにあるもう一つの流れ、人口減少に

よって空間の流動性と、制度の流動性のそれぞれが図らずとも低くなっていく、という問題について最後に考えよう。

人口減少時代のまちづくり

人口減少社会がスタートしてしまった。成長がスローダウンしたこの時代こそ「まちづくりの時代だ」と言いたくなるところであるが、事態はそれほど単純ではない。なぜならば、まちづくりは経済成長期に局所的に人材と資源が調達できたところから起きたものであり、その人材と資源も経済成長の果実である。そして、これから起きてくるのは、政府＝都市計画にせよ、市民＝まちづくりにせよ、資源の全体量の減少だからである。

そして、資源の全体量の減少とともに、問題の総量自体も減少する。かつての市街地再開発や土地区画整理など、空間を増やすことを目的とした都市計画やまちづくりの背景には「増加する人口に対する空間の不足」という問題があった。しかし現在は、たとえば、アイデアに満ちた若い起業者が現れたときに、彼にはプロトタイプを開発するためのガレージがあるし、親戚が住んでいた空き家がたくさんあるし、安価で借りることができる空き店舗がある。たとえば「ここ余っているのだったら机おいてもいい？」「邪魔にならなきゃいいよ」という、個々のちょっとしたやりとりには、都市計画もまちづくりも必要ない。空間を調整せずとも、人々はたやすく空間を獲得することができるのである。つまり問題の総量自体の減少が意味することは、それを調整する制度が不要であるということであり、合理性を獲得し、多くの人々の納得と合意を調達するまちづくりや都市再生を実践せずとも、人々の欲求は達成されていくのである。

まちづくり未満

資源の全体量の減少と、問題の総量の減少は、歩みを全く同じにするものではないので、局所的に資源が集中するところ、問題が発生するところがあるだろう。たとえば大都市の都心では新しい開発が起こり続けているし、大きな災害に見舞われた被災地にはまだまだまちづくりが必要である。つまり、これから起きてくることは、局所的な都市再生とまちづくりと、それ以外の全体的なところで起きる「まちづくり未満の状況」である。そこでは何が起きるのだろうか。

筆者はあちこちで空き家を使った「まちづくり未満の取

り組み」に取り組んでいる。そこでの経験をもとに考えていくと、三つの合理性のうち、重視されるのは「主体の合理性」であり、相対的にほかの二つの合理性は軽視される。空間を使いたいのは誰か、それをつくるためのコストは誰が負担をするのか、そしてそのコストはどう回収されるのか、こうしたことが重視され、これらの条件をクリアする「誰か」を中心に据えて組み立てられるものがまちづくり未満の取り組みである。その「誰か」が「市民の代表」であるかどうか＝決め方の合理性の生成は重視されず、きちんと事業を成立させる能力があるかどうかが重視される。計画の内容も、広域の不特定多数の受益者とせず、具体的な受益者を想定したもの、たとえば、「誰かが使うかもしれない巨大ホール」ではなく、「確実に使う人が見えているライブハウス」になる。計画の内容が個別的、小規模になり、計画の合理性が軽視されることになる。

こうしたまちづくり未満の取り組みは、小さな心地よい空間をたくさん都市の中に出現させるが、一方で長期的な展望に欠けるし、広域的な公共性にも欠ける。このことは、長期的、広域的な課題を解決する力を、地域社会が失ってしまうかもしれないことを意味している。たとえば、五〇年前に計画された都市を分断する都市計画道路の問題を解決できる手法や経験を、「まちづくり未満の取り組み」を通じて地域社会に蓄積することはできないだろう。

いずれにせよ、私たちは十分な公共性や合理性がなくても動かしやすい社会を手に入れている。そこに必要なのは、不十分な公共性を認定する方法、つまり公共性の根拠となる「正しい計画」「正しい手続き」「正しい主体」のプライオリティと、それに裏打ちされた手軽な公共性の調達方法である。「まちづくり」でつくられたように熟議や協議を前提とした方法ではない手法を磨き上げることが望まれるのである。

人口減少に都市を適応させる

日本の社会が「成長」から「非成長」あるいは「反成長」へと転換していくときに「まちづくり」はどのようになっていくか、ということが本稿の最初に立てた問いであった。この問いに対する答えは、「局所的な「都市再生」と「まちづくり」と、それ以外の全体的なところで起きる「まちづくり未満の状況」」が出現するということである。本稿ではその中で「まちづくり」に出来ることと出来ないこと、「まちづくり未満の状況」で出来ることと出来ないことを整理したつもりである。

日本の都市は、ほぼ共通して人口の増加と都市の拡大を経験してきた。人口と都市が常に同じような動態をとれば、常に人口に対して適切な都市空間があるということになり問題は発生しないが、現実の人口と都市には常にギャップがあり、そこに様々な問題が発生する。その問題解決への取り組みが都市計画やまちづくりである。そのギャップを図式化してみると図5、日本の都市は状態1から状態3への移行を遂げ、人口減少社会においては、状態3から状態1へ移行する。移行期にはバランスが悪い状態＝過密や過疎が発生することがあり、その状況を混乱なくマネジメントすることがまちづくりの役割である。その時に、「まちづくり」と「まちづくり未満」をうまく組み合わせ、問題を顕在化させることなく、人口減少に合わせて都市空間を適応させることが求められている。

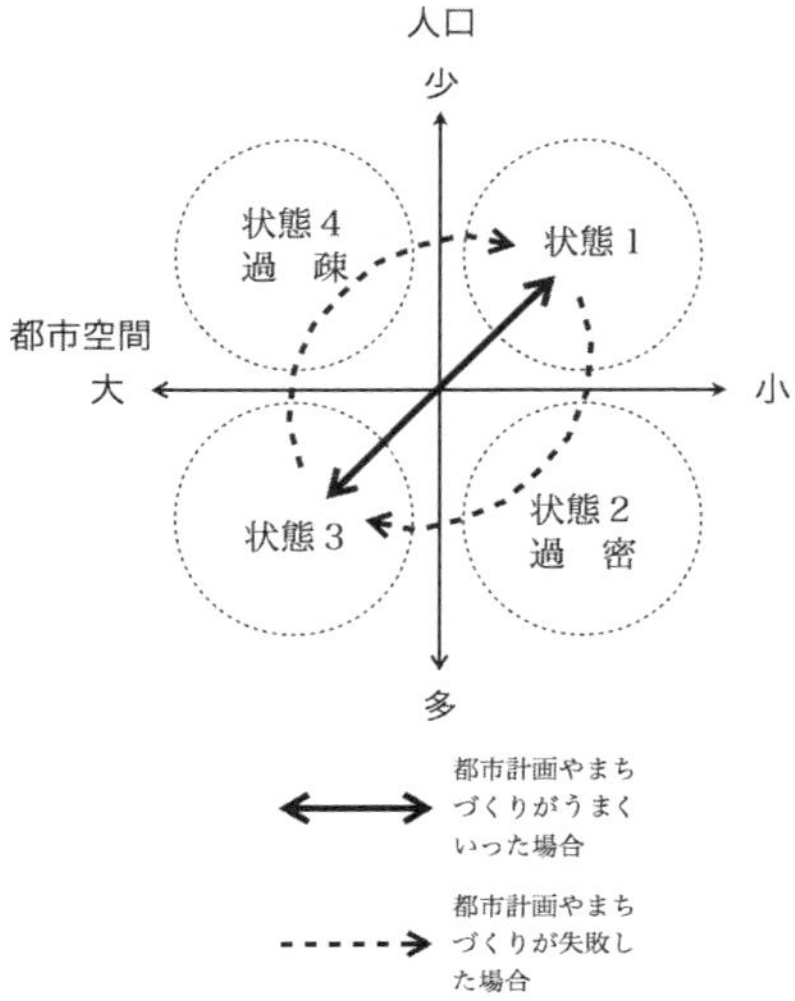

図5　人口と都市空間のギャップ

＊1——広原（二〇一一）は、コミュニティという都市社会学の用語が政策の用語になった過程を詳細に分析し、この言葉が都市社会学者の主導で政策の言葉に採用されたのではなく、当初より自治省が政策の言葉として提案し、それに都市社会学者が追従していった過程を明らかにしている。また、それに先立って発表された、革新自治体である東京都美濃部都政の「広場と青空の東京構想」の影響を強く受けていることを指摘している。

＊2——松下圭一（一九九四）に再録。

＊3——ガバナンスのシステムの類型については、饗庭・佐藤（二〇〇五）を引用した。

＊4——都市計画の提案制度の運用実績については林崎（二〇〇七）を参照した。

＊5——先進的にこの仕組みが取り入れられたのは埼玉県三郷市であり、以後広く知られる取り組みとして、東京都中野区の住区協議会、住民協議会制度（東京都三鷹市）、住区住民会議（東京都目黒区）などがある。

＊6——わが国における住区協議会等の取り組みと到達点については名和田（一九九八）の論考に詳しい。

＊7——町田市の取り組みは町田市長期計画策定特別委員会（一九七三）に詳しく、その取り組みを論じたものとしては奥田道大（一九八三）がある。

＊8——大戸他（一九九九）は、まちづくり協議会や住区協議会等（文献タイトルは『まちづくり協議会』であるが、本稿と用語の定義が異なり、広い意味で「まちづくり

協議会』の用語を用いている）のデザインの具体の方法を、設立の段階、運営の段階、地域との関係の取り方、計画作りの段階、計画を提案したあとの段階、などに体系化したものである。

＊9——内田・佐藤（二〇〇六）に詳しい

＊10——アリスセンターの取り組みについては、饗庭ほか（二〇〇四）を参照した。

＊11——ナショナルミニマムをもじった和製英語で、市民の「生活権」を確保するために自治体ごとに定められる「政策公準」を指す。一九六〇年代に松下（一九七一）らが提唱した考え方である。

＊12——川名吉エ門らが中心となって開発が進められた。「都市計画図集」→「生活環境図集」→「地区（コミュニティ）カルテ」へと発展しており、本稿ではこれら一連の取り組みを「地区カルテ」と総称する。取り組みの全体像は森村（一九九八）に、具体の方法は川名・高見沢（一九七四）に詳しい。

＊13——先駆的な取り組みとして山形県飯豊町の総合計画作成の取り組み（藤本（一九八四））や神戸市神出町（牛野（一九七八））、道場町（宮西（一九七八））などが挙げられる。

＊14——こうした都市再生の試みも「まちづくり」と自称することがあるが、本稿では峻別するために「都市再生」と呼ぶ。また、都市再生特別措置法に基づく都市再生地区制度を使ったものではなく、特別な区域を定め都市計画の規制緩和を引き出すものを指す。

参考文献

1——広原盛明『日本型コミュニティ政策：東京・横浜・武蔵野の経験』晃洋書房（二〇一一）

2——松下圭一『戦後政治の歴史と思想』筑摩書房（一九九四）

3——佐藤滋、饗庭伸他『地域協働の科学——まちの連携をマネジメントする』成文堂（二〇〇五）

4——名和田是彦『コミュニティの法理論』創文社（一九九八）

5——林崎豊、藤井さやか、有田智一、大村謙二郎「住民発意による都市計画提案制度の運用実態と活用促進に向けた研究」『都市計画論文集』四二（三）、二二九-二三四頁（二〇〇七）

6——町田市長期計画策定特別委員会「考えながら歩くまちづくりへの提言」（一九七三）

7——奥田道大『都市コミュニティの理論』東京大学出版会（一九八三）

8——大戸徹、鳥山千尋、吉川仁『まちづくり協議会読本』学芸出版社（一九九九）

9——内田奈芳美・佐藤滋「地域協働型社会に向けた市・区による提案公募型まちづくり助成制度の発展経緯とその現状評価」『日本建築学会計画系論文集』六〇六号（二〇〇六）一一五-一二二頁

10——饗庭伸他「かながわの市民社会をつくる——アリスセンター」『まちづくり』二巻、学芸出版社（二〇〇四・四）八四-九一頁

11——松下圭一『シビルミニマムの思想』東京大学出版会（一九七一）

12——森村道美『マスタープランと地区環境整備』学芸出版社（一九九八）

13——川名吉エ門、高見沢邦郎『コミュニティ計画』C.P.I（一九七四）

14——藤本信義「手づくりのまち・いいでの10年」青木志郎編『農村計画論』四四九-四七五頁、農山漁村文化協会（一九八四）

15——牛野正「住民主体による地域づくり計画の展開過程」『日本都市計画学会学術研究論文集』第一三号（一九七八）一四五-一五〇頁

16——宮西悠司「住民主体による地区計画づくり」『都市計画と居住環境・川名吉エ門先生退官記念論文集』東京都立大学都市計画研究室（一九七八）三七-五一頁

2-3 ローカルイニシアティブからアセンブルへ

真野洋介
Yosuke Mano

都市が都市であり続けることに、誰が責任と自負を持つのか？　地域の持続可能性を担うのは誰か？

その自負とプライドだけでは何も進まないが、その原点となる新たな空気を自発的意思によってつくることが、もうひとつのまちづくりの出発点である。自発的意思とは、現在各地で生まれつつある、街に暮らすことを実感したり、地域での自分の存在を確認できる居場所を自らの手でつくったり、場に積極的に関わる指向のことである。

もうひとつのまちづくりによって地域で何をつくり生み出すことができるのか。まずは、あれこれ御託を並べるより、ひとつの目に見える変化を目指したアクションを起こすことを考える。外的な力で地域に大きな波を起こすのではなく、多様な意思を持つプレイヤーが集まり、多数の小さな動きが内外の応答や協調によって持続的に生まれる社会的環境をつくりだす。その環境が地域の新たなイニシアチブ、すなわち「ローカルイニシアティブ」を形成する。

本稿では、近年まちづくりが獲得しつつある、「ローカルイニシアティブ」が、地方における旧市街の再構築を通じて形成される過程とその環境変容について、この一〇年、各地で得た経験をもとに述べる。佐藤原稿で述べられている「領域としての地域」について、本稿では「もうひとつのまちづくりのフィールド」と読み替えて論じる。

まちづくりは変化しているか

まちづくりはこれまで、人々の生活空間や環境の構築と、それを獲得するための動的過程を主に指してきたが、近年では「つくる」領域のなかに、場や経験の共有や個人の価値観の投影などが含まれるようになってきた。かつてのように、まちづくりを掲げた組織や特定の市民団体が行う運動と、そこでの集団的経験の蓄積による、かっこ書きの「まちづくり」だけがまちづくりではなくなったのである。

まちづくりという言葉そのものは市民権を得る一方で、その通俗的な響きや対象の不確かさのために、その使用が忌避されたり、ある種のアレルギーや嫌悪感を伴って語られたりする。まちづくりは、内容の陳腐化や創造性の劣化による安定を好む性質をもっており、まちづくりの枠組みに組み込もうとする力が、地域の持続可能性やクリエイティビティを低下させるというジレンマが生じている*1。

このような状況のもとでは、まちづくりとは呼ばれないさまざまな活動や、まちづくりと呼ぶことをあえて避けているような活動も含めて、まちづくりかどうかを第三者が定義、判別したり、既存のまちづくりの枠組みに組み込んでいったりすることが重要なのではなく、個人の感覚や経験、日常的対話など、地域で起こる様々な場面や、そこから派生する多数の事柄の時間的集積を包括的にとらえ、それが地域のイニシアティブを形成していくような、多層的な関係世界の集積としての地域と、そのマネジメントのあり方を考えていくことが重要である。

メインストリームとオルタナティブを超えて

もうひとつのまちづくりとは、「メインストリーム」と「オルタナティブ」に分離した世界の確立ではなく、既存の枠組み・限界への挑戦や多様なアプローチ、新たな道の模索などを経て到達する、本質的な環境(フィールド)獲得運動である。

これまで、まちづくりは運動の組織化や公共化、パートナーシップの体制化、行政や市場セクターとの連動と摩擦などを繰り返しながら、その運動は大衆化され、計画は集約され、その成果は地域の政策に組み込まれていくプロセスをたどってきた。このような経緯のもと、各地で進められるまちづくりは、大きなひとかたまりの流れとしてとらえられることが多かった。言い換えれば、望ましい、もしくはよりよい一本道があるという前提のもとで、どのようにステークホルダーの様々な利害の対立や齟齬を乗り越え、メインストリームのうねりをつくりだすかということに終始していた。そこには組織の強いミッションと、粘り強い相互調整や協議が前提とされており、進めれば進めるほどダイナミズムを失う構造を持っていた。こうした多主体協働とプロジェクトパートナーシップにもとづく「ひとつの流れ」を前提としたプロセスにおいては、階段状のステージアップのプロセスや、らせん状の合意形成プロセス、時間軸に沿った主体間関係を示すフロー図などのモデルが用いられた*2。しかしながら、これらの流れは、中心軸の先のゴールが明快な場合や、参加と合意形成のフィールドが一つに集約される場合にのみ有効であり、フィールドの外側にある多様な世界や時間軸には対応できない。このような、外側にある領域を考えたマネジメントのあり方を考える必要がある。

シナリオにおける主体と時間軸

九〇年代以降、大都市圏や歴史都市を中心に取り組まれてきたまちづくりでは、長く住み続ける住民や商売を続ける事業主、所有権者等を地域の中心主体として考え、二〇年程度を一つのスパンとする一世代の時間軸を想定し、シナリオが描かれていた。その一方で、近年各地域が直面している住民の高齢化や、土地・建物、事業の継承、二つ以上の世代間をブリッジすることなどには対応できていないことが多かった。また、それまでの実績の積み重ねの延長上に次のシナリオを描く、演繹的なシナリオ・プランニングが採用されることがほとんどであった。

このシナリオでは、停滞、もしくは衰退傾向にある地域においては、まちづくりの中心的な主体を担う当事者は減少する一方で、残された人々にとっては、地域運営はますます大きな負荷となっていく。そのため、逆境からの転換を過度に強調する、もしくは、ゆるやかな衰退を前提にソフトランディングを図る、逆「漸進」の思考に覆いつくされる。このようなシナリオでは、新たな「本質的環境としての地域」を獲得するための転機をつくることはできない。

都市拡大と更新の時代においては、ラディカルなスクラップアンドビルドに対抗するための思想として、「漸進」(インクリメンタル)は大きな意味を持っていた。また、都市の急激な変化と連続性の分断を回避するための文脈(コンテクスト)の解読は一つの重要な手がかりであった。停滞する都市の環境下では、既存の実績やトレンドに沿わせるだけの「漸進」は意味を失っており、機会喪失の上に失策を重ねるような、もしくはできない理由を積み重ね、投資や支出を抑え続ける、障壁としての漸進思考になってしまっている。また、文脈を保全・継承することで、地域にどのようなインパクトが生じるのかイメージされていなかった。

こうした、漸進を前提とした流れとはいったん切り離し、フラットなスタートラインを新たに設定し、その「新たな始まり」を起点とした別の仮想的平面(フィールド)を起こし、そのフィールドで地域に転機をもたらす「もうひとつのまちづくり」を組み立てていくことを考える。

フィールドが持つ二つの意味

ここで提起するフィールドには二つの意味があると考えている。

一つは、まちづくりを、運動の過程や環境をつくりだす行為としてのみとらえるのではなく、地域の持続を継続的に考え、支える土壌として見て、まちに関わる人々や組織の総体が、ポジティブにはたらく環境としてフィールドを位置づける。この環境は、そのすべてが目に見えるものではないため、「クラウド」的な面を持っているといえる。

もう一つは、新しくはじめ、まだ見ぬ世界を切り開くためのフィールドである。これは手つかずの未開の地、白紙(タブラ・ラサ)、余白などのイメージが伴い、何が生まれるかわからない未知の状況を起こしたい、転機をつくりたいと思う空気を投影したものである。これらは、既存の取り組みの蓄積や関係層と区別し、距離を置いたところに出発点がある場合が多く、都市の新たな方向性と環境を「自らの手と感覚でつくる」という意識を共有するためにも、既定の関係や流れから自由なフィールドを意図的に浮かび上がらせることが必要となる。そのためこのフィールドは、最初は新しい考えや動きを起こしたい人だけに浮かび上がる仮想のものであるが、一定の人の共感や認知を得て、はじめて現実のものとして認識されるようになる。

リフレクターとしての地域 ——積極的につくられていく場所としての都市

このようなフィールドを想起し、まちづくりを考え直す時、都市・地域をどのようにとらえることができるだろうか?

パッツィ・ヒーリーは、「都市は単に、多様な関係の網の目が共存する場所ではない。それは、物理的に造られ、また、複数の多様な連携の網の目が絶え間なく流れていくような、人々の想像力によって積極的に創られていく場所である」文献4と述べ、様々なはたらきかけにより、積極的につくられる場所として都市をとらえている。

このように、多様な意思を反映し、様々な場所と場所をめぐる関係が想像力の発現とともに生成され、積極的につくられていく環境を構築することを「ローカルイニシアティブ」の形成ととらえる。

ローカルイニシアティブの新たなはじまり

ローカルイニシアティブが動きはじめるきっかけはなんであろうか。その原点は、自分の意思が反映される場所を探すことにあると考えている。この背景には既存の体制や方法への失望と怒りなど、現状への反動や社会システムへの疑問などがある一方、ただそうなってほしいと願う、誠実な希求がある。

これらを経て、個人の活動や主体的選択が生まれる。ここでは、自分たちの活動をこれまでの流れの延長に位置づけず、別の可能性を模索する運動であることが表明される。掲げられるテーマやメッセージについても、一定の価値観やスタイルの共有を目指しながらも、自由度、かつ抽象性の高いものが示されており、多様な参画スタイルや活動につなげていくことが可能なフレームが示されている。

二〇〇七年に個人でブログを立ち上げ、「通称ガウディハウス」という一軒のお気に入りの空き家を買い取ることから活動を始めた「NPO法人尾道空き家再生プロジェクト」の豊田雅子氏は、ブログ『尾道の空き家、再生します』において、「尾道らしい風景が日々失われつつある」なかで、自分の活動がこれから目指していくことについて「尾道らしさの第一の要素である古い建物を一つでも多く残し、その里親を探す」と記している。それが、その後NPO法人の設立とともに氏が掲げる「尾道スタイル」の再生を通じた、本当の豊かさを取り戻すための運動につながっていく。

尾道での経験を踏まえて、東日本大震災後、立ち上げに参画した宮城県石巻市の「石巻2.0」松村豪太氏もまちに対する漠然とした日々の思いから震災後の活動につなげた一人である。NPO法人石巻スポーツ振興サポートセンターのマネージャーをしていた氏は、団体のブログ「爆心地から～がんばっぺ石巻～」で、泥かきのボランティア活動を通じて、被災後も動き続けるまちの日々を発信していた。ここでは「誰もが自分事として主体的に考え活動していた状況」が記されており、そこから既存の動きとは異なるアプローチで活動する運動体、石巻2.0が立ち上がった。石巻2.0はその後「自由闊達な石巻人のDNAで全く新しい石巻を草の根的につくる」「世界で一番面白い街をつくろう」を掲げて多様なプロジェクトと場の形成を進めていった。その中心には、人が気軽に集まり、語れる場所を自らの手でつくるDIYの発想があった。

さらに、二〇一三年から活動に参画した富山県高岡市の「高岡まちっこプロジェクト」は、二〇一二年に有志の若手経営者たちによって立ち上げられ、シェアハウスの開設や数々のワークショップを実践していた。この組織の目標も「高岡まちっこ」という、少なくなりつつある中心市街地の若い来街者や居住者、すなわち「まちで生きる若者」を育てていくというものであった。

以上のように、各地で起きているまちづくりの新たな始まりは、個人のまちに対するシンプルな感覚と発想からスタートしているが、意思が発現し、はじまりが目に見えるまでには、まちに対するそれぞれの観察と日々の生活感覚の蓄積がある。このような地域の時間と生活感覚の蓄積のなかから、地域に対する新しい視野が浮かび上がる。

リニューアル、リノベーションからアセンブルへ

新たな視野獲得の先に、場所を起点として、変化した地域に対してどのように作用させていくのか。

かつての都市更新(Urban Renewal)は、高度成長期以降、都市が拡大するなかで、地域における経済活動や製造業、居住環境の変容の結果、現われてきた都市の衰退(Urban decline)を解決するために採用された考え方である。拠点的な開発地区を街区レベルの単位で設定し、公共・民間セクターからの集中的な投資により施設や土地利用の高度化を図りながら、オープンスペースやインフラを含む複合的な都市空間を構築してきた。更新のつど、その規模は増大し、様々なスケールの木造建物群は、スケールの統一された堅牢な構造の建築群へと置き換えられていった。このような更新の手法は、以後半世紀の間、都市整備、中心市街地活性化、都市再生、地方創生と名称を変えながらも、一貫して面的なビルト・エンバイロメントの構築を目指してきた。

その一方で、時代の変化とともに更新は停滞し、各時代に更新されたビルト・エンバイロメントが一定の時間の経過とともに劣化することでその価値を失い、リスクとコストを意識する存在に転じている。二〇〇〇年以降、さまざまな事例と手法が生み出され、注目を集めたリノベーションや都市再生の手法も、こうしたビルト・エンバイロメントの劣化に対して、短期で転化する手段として用いられてきた面

がある。これらの手法は、市街地において年々減少する公共・民間投資を代替する役割を担うものではないし、建物リノベーションのために事業を起こし、スキームを構築するという逆の発想を生みやすい。

また、機能的更新と建物の物的サイクルからのみで、都市を考え、動かしていくことに大きな齟齬が生じている。都市機能と市街地の縮小を適正に誘導するという発想も、面的なビルト・エンバイロメントの構築をコンパクトに行うという点で同様の発想である。現在の都市で最初に更新が求められているのは、それぞれの関心と関係がダイレクトに応答し、ポジティブに作用する社会的環境である。

歴史的なルーツはあっても、時間の経過とともに変化している。保全と更新という二極で環境を線引きし、それぞれの地区を面的に整備することから、各時代につくられ、それぞれが時間の経過とともに変化したものを一体的なものとして認識し、個々の場所から社会的環境に適合した環境に再生することが求められているのである。環境再生をめぐる呼称には、価値観と立場が表現される。建築行為としての「リノベーション」、使い方としての「リユース」[文献3]、自らの手で環境を築く「セルフビルド」などがこれまで掲げられてきたが、様々な環境をとらえ、分解し、素材を磨き、アイデアや感覚を投影しながら組み合わせ、再び組み立てていく「アセンブル」が、ローカルイニシアティブ形成の原動力となる。

ローカルアセンブル
地域の資源や社会的つながりを、場所を通じて組成する

場所の再生を皮切りに、様々な関係性や物事が派生し、地域と生活、居住環境の関係が再構築され、地域で暮らすことの意味と可能性を広げる。そのためには、個人に内在するまちへの感覚と小さなビジョンから、個のクリエイティビティを発揮し、その成果をどのようにして地域の空間に定着させるかが重要である。

SNSやメガ電子モールに代表されるように、ネットワーク、サービスの結合と拡散の流れはとどまることを知らない。消費社会や情報世界のなかで、システム上にはローカリティの余地は残っていないかもしれない。しかし現実の地域の空間は、グローバリズムや消費社会、情報世界などの影響だけでなく、意識と関心を持つ個々人が手を加える余地と余白となる空間と機能を多く残しており、そこに地域を自らの手で組み立てるアセンブルの可能性がある。

そのように考えると、都市の再構築とは、これまで行われてきた、全体空間の形態的誘導ではなく、地域性(ローカリティ)と場所(プレイス)を再び組み立て直し、新たな網の目を組成していくことであるといえる*3。また、建造環境(ビルト・エンバイロメント)と社会関係資本(ソーシャルキャピタル)の両面から地域を編み直し、再び組み立てることであるといえよう。そこでは、これまでのまちづくりが目標像の空間単位とし切り出してきた「街区」ではなく、文化・社会的環境と物的環境の結合体である近隣(ネイバーフッド)や界隈、また地理的近接を超えた場所同士の関係をつくりだすことなどが「もうひとつのまちづくり」のビジョンとなりうる。

それぞれに組み立てられるものの背後には、特定の関心層が存在し、素材としての資源が点在している。そこでは、空間、人、材料、資金、信頼関係、アクティビティ、機能、催しなど、それぞれの素材が、土地や建物という器を媒介として組み立てられる。最初は「空間」と「催し」の組み合わせから始まる場合もあるし、「信頼関係」と「アクティビティ」の組み合わせだけで始まる場合もある。新築や更新による環境整備に至る過程とは異なる、環境の組み立て方が見えてきている。

ローカルアセンブルと「系(ライン)」

先に述べたように、二〇〇〇年前後から、建築の価値転換や再生手法として建築家や不動産事業者、アーティストたちにより各地で展開されてきた、オルタナティブ運動としての「リノベーション」が展開されていた。先に述べた、もう一つのまちづくりのパイオニアたちは、このムーブメントを横目に見ながら、その流れにただ乗るのではなく、地域独自の文化創出とアイデンティティの獲得に向け、自らの手で環境をとらえ、アイデアを投影し、環境をリメイクできる対象として、様々な時代の建物や空き地などを浮かび上がらせた。

ソーシャルビジネスやリノベーションのプロジェクトにおいては、形態的イメージやビジネスモデルが先行しているが、各地で起きている空き家や空き地を対象とした多数の動きの背景には、リノベーションやソーシャルデザインという特別な概念ではなく、共感と共有(share, join)が運動を広げていくDIYや「Maker」のムーブメント文献9に近いものがあると考えている。このようなムーブメントは、点から線、線から面という面的拡大の方向性ではなく、多数の小さな運動や場所が様々な経路でつながり、いろいろな「系(ライン)」が分岐して広がっていく環境としてとらえるべきである。観光資源や社会関係資本が集積している地域では、既存の集積のなかにどう新しいラインを絡めていくか、もしくは、その集積とは別のラインをどう起こしていくか、を考えていかなくてはならない。

このようなローカルイニシアティブの形成過程を支える根となる「系(ライン)」においては、それぞれの場所は、自らの環境獲得の足がかりであり、地域にはたらきかける動的な結節点としての拠点となる。その拠点をどう開き、ダイナミックな資源の交換や交流を生み出していくか、また、様々な場所の構築を手がかりとしてまちを持続的に動かす力を、内外の応答によってどのように組み立てていくかが問われている。

ローカルアセンブルの背景にある、小さな願いと確かな流動

このような旧市街における場所の形成を起点としたローカルアセンブルの背景には、東日本大震災前後から、少しずつ変化してきた若い世代の価値とスタイル、コミュニティについての感覚の変化などがあると考えている。そこには、小さいけれどシンプルで誠実な願いが、継続的な流動を生み出している。合わせて、SNSなどに見られる関心層と関係層の拡散と応答、交流を通じた主体への転化がある。

二〇一一年、東日本大震災後に発生した東京電力福島第一原発事故は、身近な人との関わりやコミュニティ、住まいと家族などを再考する契機となり、多くの移住者やターンズ(Uターン、Iターン者など)を動かした。特に中部から西日本にかけてうねりをつくりだした。一方、東北では被災後次々とボランティアの波が生まれ、一年が経過した後も現地に滞在し、さらには移住者へと転化する人々も増えている。これらの移住者たちは支援先で、様々なホストに受け入れられ、地域とのつながりを構築し、新たなコミュニティを生成している。

旧市街の解体と再構築

このようなローカルアセンブルの手がかりを、なぜ旧市街に求めるのか?

――「地区」の形骸化と旧市街の解体

明治以降の近代化と戦災という、二つの都市の分岐点の経験を通じてかたちづくられたわが国のローカルな都市空間において、旧市街再構築の波は、高度成長期以降も、何度

も訪れている。そこでは都市更新や再開発が時代ごとに進められる一方、非戦災市街地や城下町都市を中心に、歴史的環境の保全と再生への関心と運動も進んだ。しかし、どちらのアプローチも都市の旧市街全体の再構築に至った例は少なく、双方が陣取り合戦のようにまちの一部に地区という特定の空間領域を築くにとどまっている。

その一方で、一九六〇年以降、経済活動と都市機能の拡散に伴い宅地開発とスプロールによる住環境の郊外化が進み、モータリゼーションが延びきった生活圏域をつくりだした。高い密度と固有の空間形態、産業集積などを持ち、一体的な環境を維持してきた旧市街は役割を急速に失い、関心の低下や形骸化によって結合力を失い、空き家と空き地を多く抱える疎らな環境に分解された。この疎らな環境では、「町丁」や「近隣地区」という伝統的なまちづくりのスケールが機能しなくなる一方で、政策や事業の対象地区として設定される「中心市街地」はより拡大し、計画はますます実効性を失う方向に向かっている。

こうした地区における政策と計画では、機能・立地の集約と拠点性の強化が強調され、巨大な「空の箱」が形成され、失われた機能や空の床に対する「穴埋め」が延々と行われている。計画の効果を測る指標についても、人数や金額、回数など、表層的な数字の集合となっている。そこには、起業の風土や職住一体、歴史・文化など、これまで旧市街が保ってきた複合的な社会資産とネットワークを再構築するという視点が欠如しており、都市の持続を脅かす状況を生み出している。

まちづくりがこれまで主な対象としてきた市街地は、面、もしくは環境が連続するかたまりとしてとらえられてきた。これらの物的環境には一定の類型(タイポロジー)や変容のパターンがあり、その解読を踏まえて、暮らしに最適なスケールや密度、集合の形態を導き出し、環境を望ましいかたちに整備・誘導していくという暗黙のルールが存在した。一方、歴史的建造物や建造環境には不変の価値があるという前提で様式や意匠を復元し、都市の文脈の継承と保全が進められてきた。伝統的建造物群保存地区のごく一部を除き、多くの都市では、これらの環境に対しても、社会背景と人々の認識の変化によってその価値は下落し、負の資産となっている。こうした認識のずれによる役割の解体と、ネガティブな動的平衡が起きているのが旧市街である。

——シェアされない旧市街の転機

以上のように、戦前、戦後を通じてかたちを変えながら、経済・社会的圏域を拡大してきた旧市街は、高度成長期から一九八〇年代までを一つのピークとして、文化・経済が複合的に集積する空間から、徐々に単一用途の空間に分解され、機能集約や補填を繰り返すなかで、その存在意義は薄れ、近年では、目的地から外れる場所となっていった。

しかし、こうした傾向も、東日本大震災を一つの契機として、大きな転機を迎えることとなった。大きな被害を被りながらも、かろうじてまちが残った宮城県石巻市の旧市街では、地元市民や企業に地域の空間としてシェアされなくなり始めていた場所が、復興支援のために訪れた大量のボランティアや支援団体の受け口として、また、広域に分散する被災エリアに人的・物的資源を送るハブとして機能しはじめたのである。尾道や高岡では、若い世代の暮らしやすまい、新しいツーリズムを考える様々な運動や場所の形成が旧市街の転機をつくっている。

このように、衰退の波を受けながらも、どうにか残存したまちの資源が貴重な初期ストックとして再び稼働し、シェアされないことで衰退しかけていたまちの空間が内外の人々や組織によって再びシェアされる場所に変わろうとしているのである。政治、経済、文化など、社会的に持続可能かを考える上で、人や資源の流動・流入を橋渡しする場所として高いポテンシャルを持っている旧市街の「シェアされる場所」としての可能性は十分残されており、持続可能なストックや社会的資源の蓄積とともに、まちづくりの起点としての役割を再考することが求められている。

──パイオニアにとっての旧市街の意味

私がこれまで目撃し、関わってきた、まちづくりの「新たなはじまり」は、言葉は違えどいずれも旧市街や中心街に対するアイデンティティの確立を目指した運動である。ここで対象とされる旧市街は、二つの意味を持っている。一つは、個人の様々な都市観やアイデアをもとに、地域のアイデンティティを投影する器としての旧市街であり、もう一つは参画するメンバーが思い思いのイメージで、まちを再びアセンブルするための素材や下地としての旧市街である。それは、それぞれの時代のガラクタや骨董品が詰まった宝箱のような地域資源の塊（パブリックリソース）である。

さらには、旧市街を一つのオープンなプラットフォームとみなし、多様な知恵と人材、企業などを巻き込むことによって前線をつくりだし、地域が持つ普遍的課題解決のフィールドを広げていくコンテストグラウンド（挑戦的環境）と見ることができる。ここでは、旧市街はコンパクトシティという物的な形態としてではなく、コミュニケーションや資源の流動の多様性を保つ動態的な環境としてとらえられる。

近年の新たな取り組みの集積によって旧市街で生まれてきた様々な動きは一時的なものが多く、「災害ユートピア」に代表されるような短期間に固有の非日常的な創造環境を見いだし、それぞれのプロジェクトを体現しているにすぎないかもしれない。しかしながら、このようなテンポラリーな状況への参画は、地域の再生だけでなく、長い目で都市の持続を担う、意識の変化した「未来の市民」を生み出す最初の一歩であると考えている。

それは一見ばらばらでちぐはぐに見えながらも、先に述べた「系」ごとに意味を持ち、系統立ててつながっている複合的な集合体(アッセンブラージュ)(第二章七節参照)である。その先にある地域の革新には、この「アッセンブラージュ」の生成から、居住と生業、文化体験が複雑に編み込まれていくような系とプロセスを時間とともに獲得することが求められる。これはゾーニングや特区のような、先行的に線を引いて切り出した地区ではなく、生活、経済活動、社会資本の投資などを系統立てて行える環境を構築することで、新たな地域性を生み出すという考え方である。

指向されるエリアと地域の再考

——公共政策や公共事業の対象としてのエリアと地域

このような考え方のもとで対象となる「地域」、また、そのなかでさらに特化された「エリア」とは何か?

一九九〇年代に提唱された「新地域主義(New Regionalism)」における地域とは、アメリカでは郊外化と都市圏の拡大が進み、成長管理を行う計画の対象となる広域都市圏の範囲であった文献10。一方、二〇〇〇年以降、民間主導で進められてきた「エリアマネジメント」においては、高層ビルや業務地区で構成され、街区やメインストリートで連接する都市空間を一体の資産とみなし、運用する区域を指している。

このような大都市圏における「地域」や「エリア」に対して、地方都市では、地域は自然環境と生活圏が一体となった、ふるさととして認知される圏域である一方、公共政策の対象としてのエリアは、衰退や停滞が続き、社会的課題を多く抱えた中心市街地や、景観・自然環境を保全する区域など、特定の政策に限定されるかたちで出現する。これらのエリアは、事業や公共的な投資を行うための人為的な区域設定でもある。なかでも、政令指定都市や中核市に届かない規模の都市では、財政や経済活動の面で、計画のなかで指定される「事業地区」は断片的なものになる。広範囲な地域設定とともに立派な全体計画を立てるほど、具体的な施策やエリアベースの事業との乖離が浮かび上がってくる。

さらには、このような政策においては、狭義の都市再生組織*4やエリアマネジメント組織のように、国や地方自治体、企業連合から「お墨付き」を得ることが重視され、民間や非営利セクター、市民などを含めた「総体としての地域」に幅広く関わりを持つプロセスを形成することは困難を極めている。ここでのエリアは、特定の主体が想定しうる、もしくは、ごく限定的な利害関係が生成した、ご都合主義的なエリアであったといえる。

ビジネスや投資の環境として再構築すべき地区を意味する「エリア」

一方、個々の活動が場所の形成と運営を通じて指向するエリアが存在し、さまざまな事業を起こし、持続的な投資と経営が行える環境としてのエリアという認識が、近年多くの地域で生まれてきた。「まちづくりデッドライン」文献6においてこのようなエリアは、「因果関係の連鎖を整理し、まちを支える仕組みを理解した上で、事業を継続的に営み、まちの経済に関わっていく人材層の厚みを形成するエリア」とし、「自分たちが最終的に守り抜きたいエリア」と表現されている。

個人や場所の形成を通じたエリアとは、手がかりをつかむための場所の範囲、もしくは自らを取り巻く小さな世界の単位である。それは感覚や価値をシェアするための範囲であり、広い範囲のネットワークに接続するための拠点である。他と切り分け、他から切り離すための設定ではない。しかし、アイデンティティをつかみとるために、あえて差異化を図る場合もある。強く意識しなければ、「エリア」は定まった境界として出てこない。

以上のように、公共政策としての計画が指向するエリアと、個々の活動が場所の形成・運営を通じて指向するエリア、開発単位のエリア、多様な活動範囲が描くエリアが混在しているのが、地域とエリアをめぐる現状である。そのため、全体や理念先行でエリアを設定したり、最大公約数的な統合をしたりするのではなく、様々なレベルの環境の組成から、フレキシブルな地域を組み立てる方法が求められる。

レイヤーモデルによる多層的環境の理解と新たな次元

場所の形成とエリアが重層する環境をどのように理解す

るか。

個人の感覚や経験、日常的対話など、地域で起こる様々な場面や、そこから派生する多数の事柄の時間的集積を包括的にとらえ、多様な場所を形成する柔軟なフィールドのイメージを描くためにはどのようにしたらよいだろうか。

このような環境を理解する上で、地域を認識する構造が従来とは大きく異なると仮定する。その構造は、都市計画や行政施策の対象区域としての地区、広域という一定のスケールによって区分された階層構造ではなく、ソーシャルネットワークを通じた関心層、関係層を背後に持つ、個人や特定の場所を中心に、活動の場や交流によって積み重ねられた、マルチスケールの圏域が一体のものとしてイメージされていると考えられる図1。ここでの「地域」は、創造の場を中心にした界隈と、それぞれの活動範囲や参加範囲(関心層)、交流や情報発信・取得の対象となる圏域(交流・情報圏)の三つの層が重なったエリアでとらえられる。

このような認識のもとで、新たな計画や政策対象のために設定する「エリア」は、界隈や活動区域が重なる領域を意図的に切り出し、意識や関心を編集する役割を担っている。そのため、この設定は、参加者や参加主体の認知を得られなければ、議論や計画策定プロセスのモチベーションを高めることができない恐れがある。

このエリア設定をもとにした新たな関係層の構築には、①駅や公共施設の周辺、水辺空間、公園・緑地、商業地など、

図1　レイヤーモデルによる多層的環境のイメージ

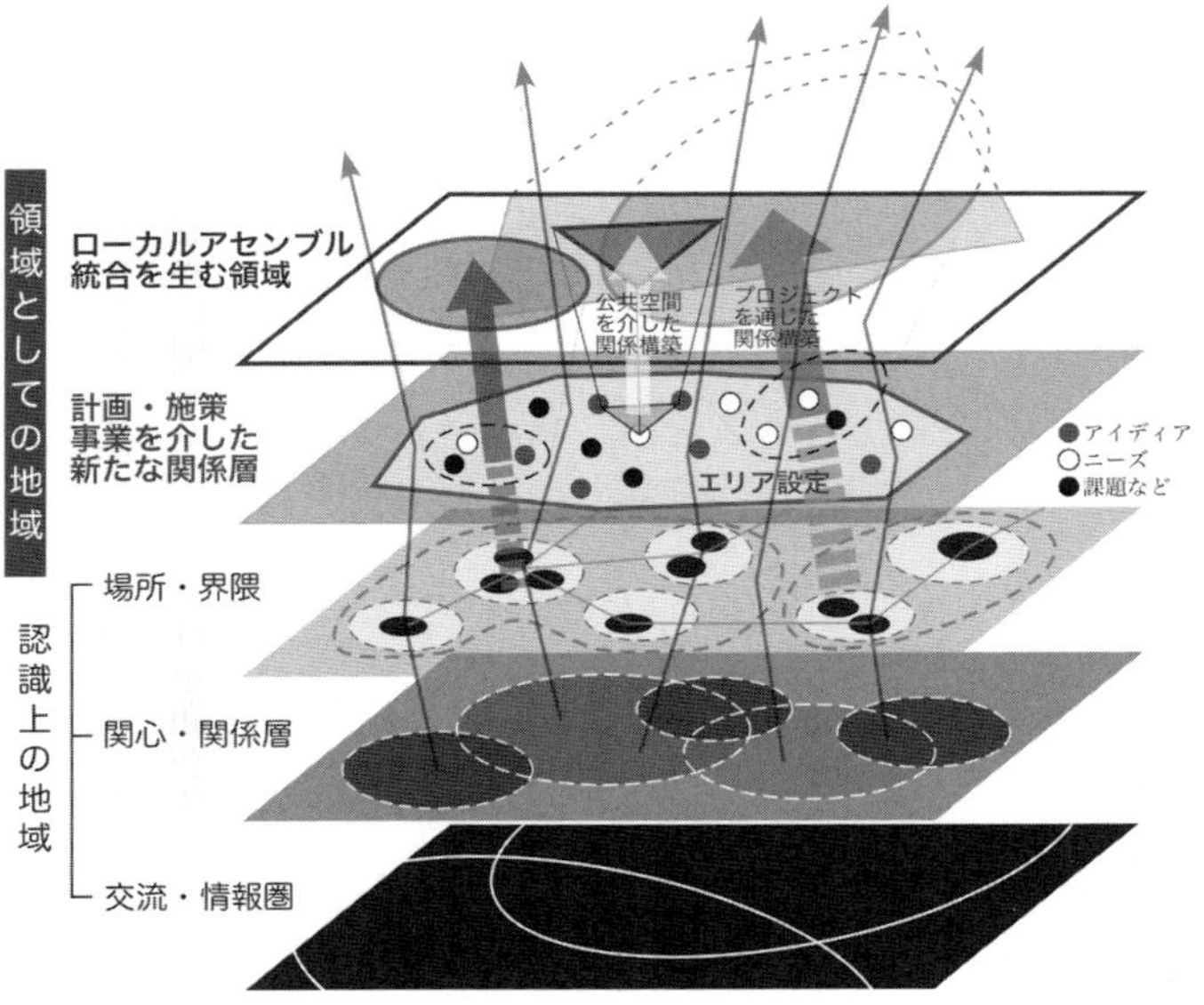

一定範囲の公共的空間を介して関係を持ちながら、参加主体の個々の活動展開や運営にフィードバックできること、②投資や支援、パートナーシップなどが具体的な成果として展望できること、が不可欠である。

また、この関係層は、以下二つの役割を持つ。

①「日常性」「暮らし」などを投影する創造性の基礎的土台(根底)としての役割

②特定の「場所」を介したつながりや活動領域を連接する役割

もうひとつのまちづくりの未来

以上のように、ローカルイニシアティブの形成を目指した、もうひとつのまちづくりについて、現場での実践と場所、活動主体の洞察を通して考えてきた。

改めて考えてみると、もうひとつのまちづくりとは、これまでの流れに対する疑問と、オルタナティブなアプローチから始まったが、そのまちでどう暮らすか、どう生きるか、そのためにどんな豊かさを都市に求め、築き上げていくかという、根源的な問いに対する応答を模索しつづける運動であるといえる。

場所を通じた多数の「系」が派生したまちは、ローカルイニシアティブを牽引するまちづくり会社やNPO法人など、強力な地区再生体(Area-Based Initiatives)を形成する文献4かもしれないし、多数の有望なチームの連携によるゆるやかな連合体(アライアンス)を形成するかもしれない。しかしこれらの形態や体制が発揮する力も大事であるが、特定の場所の価値と意義に関心を寄せ、それを顕在化し、機会創出とエンパワメントにつなげていくプロセスが脈々と派生する環境を保持することが最も重要なことである。また、安定を望む多数のプレイヤーと、不安定だが、チャレンジングな世界を望む少数のプレイヤーが混在するフィールドにおいて、新たなはじまりが導き出すプロセスの先に、望ましい均衡はありうるのかという大きな命題も残されている。

一方、ローカルアセンブルは、ひとりの人と仕事、事業、一つひとつの土地・建物など、属人、属地の最小単位に立ち戻り、特定の場所の価値を意義に関心を寄せながら、イメージや構想をあたためていくことから始まる。

場所の形成と場を通じた経験の蓄積は、様々な媒体を経て、関心層や交流層と応答し、場所を通した関係に転化する。場所を通した関係は近隣地区や中心街などのエリアを指向することで、そのエリアに新たな関係性をもたらす種となる。場所と場所、場所と既存の活動は互いを認識することで、相互に影響し合い、従来の近接性を超えた関係をつくりだす。その関係が外に向けて発信され、伝播することで、地域の大きなプレイヤーである、行政や住民組織、地元経済界などとの協働プロジェクトやパートナーシップ形成につながっていく。

関係世界を映し出す媒体としての都市を考えるとき、場所の形成を通じて、交流圏の拡大やコミュニティの質の向上を目指した動きが活発化し、それが機会創出や自らのエンパワメントにつながる。それは場所の形成を通じた社会的プロセスの獲得であり、暮らしに関わる環境総体としての地域を再認識させる。このような堂々めぐりに見える循環を繰り返す世界に絶えず向き合っていくことが、私たちが今対峙している、もうひとつのまちづくりの姿である。

＊1――このような状況に対して、まちづくりという言葉を封印し、より純度の高い言葉で置き換えたり、広い概念でとらえ直したりする動きがある。また、まちづくりの正当性を高める動きとして、将来の社会・都市に対する危機感やデザインのセンスに立脚し、今という時期にふさわしい方法や枠組みを再構築しようとする動きも見られる。

＊2――『造景』四号「まちづくりはゲームのように 参加と協働のための技術とプログラム」、建築資料研究社、一九九六

＊3――『エリアリノベーション』(文献7)において、馬場正尊は、エリアリノベーションを軸に都市と再構築することを「工作的都市」と表現している。

＊4――近年の都市再生組織の一例として「都市再生推進法人」がある。これは、都市再生特別措置法に基づく地域のまちづくりを担う法人として市町村が指定するもので、資金や税制の面で支援を受けられる。

参考文献

1――真野洋介「地域創造圏試論」『季刊まちづくり』二九号(二〇一〇)

2――真野洋介「もうひとつのまちづくり――まだないフィールドを立ち上げること」『新建築』八九巻五月(二〇一四)

3――大月ヒロコ『クリエイティブリユース――廃材と循環するモノ・コト・ヒト』millegraph(二〇一三)

4――パッツィー・ヒーリー (村上佳代訳)「Spatial Planningとシティ・リージョン：欧州における発展」『早稲田大学まちづくりシンポジウム資料集』(二〇〇四)

5――パッツィー・ヒーリー著、後藤春彦監訳、村上佳代訳『メイキング・ベター・プレイス 場所の質を問う』鹿島出版会(二〇一五)

6――木下斉、広瀬郁『まちづくりデッドライン』日経BP社(二〇一三)

7――馬場正尊＋Open A『エリアリノベーション:変化の構造とローカライズ』学芸出版社(二〇一六)

8――ジョー・ゲビア「地域の資源を共有する コミュニティを持続させるシェアリング・エコノミーの可能性」『新建築』第九一巻九号(二〇一五)

9――クリス・アンダーソン著、関美和訳『MAKERS――21世紀の産業革命が始まる』NHK出版(二〇一二)

10――Stephen M. Wheeler, *The New Regionalism: Key Characteristics of an Emerging Movement*, Journal of the American Planning Association, Vol. 68, Iss. 3, 2002

2-4 コラボレーティブプランニングとまちづくり

早田 宰
Osamu Soda

コラボレーティブプランニングとは何か

コラボレーティブプランニングとは、一九九〇年代に登場した利害関係者との応答による計画策定アプローチであり、特に市民や関連団体との対話による公共計画や地域計画の意味で使われる。

六〇年代には軍事部門から相手の出方によるゲーム論的な理論が登場し、やがて民生の公共部門（福祉、住宅、環境等）におけるアドボカシー（ポール・ダビドフ）文献1の考え方が提起され、七〇年代になると日本でも住民運動が各地で発生し、オルタナティブの計画が議論、提案された。八〇年代には、小さな政府、新自由主義による市場重視の行政サービス、規制緩和や民間活力を重視したネゴシエーションによる都市開発が展開された。その一方で、条件が不利な地域では、公共・民間の両方から放置された結果、荒廃化が進み、コントラストが明確になった時期でもある。このような不均衡な政策や空間の分布の出現に対して、都市・地域のプランナーたちは、本当の問題は何か、プランナーは実効性と社会的公正を保ちつつどう対処するべきか、誰が計画の本当のクライアントであるのか、根本的な考え方とその実践の一貫性について反省的な実践（ドナルド・アラン・ショーン）文献2を迫られることになったいきさつがあり、コラボレーティブプランニングはまちづくりの現場が直面する課題を超克する論理として、提起された背景がある。

コラボレーティブプランニングの四つの起源

コラボレーティブプランニングは、四つの源流に整理できる[文献3]。

――納得できるコミュニケーションルール

第一は、納得できる社会ルールを定めて運用しようとするアプローチである。ここでは現代社会における個々人の人間疎外感や環境破壊の原因は、近代以降の「理性の道具化」にあり、非人間的な都市化の進行はあきらめの精神がもたらすと批判する立場である。典型的な理論は、ユルゲン・ハーバーマスによる「コラボレーティブな合理性(collaborative rationality)」[文献4]である。利害関係者双方の努力による対話的理性(互いに納得の道筋を求めようとする理性のはたらき)を通して諒解に至ることを重視する。コラボレーティブプランニングという用語が広まる上で、四つの源流のうちでもっとも影響力が大きかった。

ハーバーマスの哲学をベースにした計画者たちは、政策や計画は権力が一方的に市民に押しつける公共性であってはならず、都市の利害関係者である住民個人やインフォーマルなグループが相互に情報共有しながら自発的な行動をおこすことができる公共圏を重視した計画プロセス、ファシリテーション、ネゴシエーション、調停を通じた合意形成などを採用し、市民主体の計画論に大きな革新をもたらした。

その一方で、時間と手間をかけて利害関係者が賛同したといっても、必ずしもよい計画になるとは限らない(マーク・チューダージョーンズ)[文献5]。市民は多様であり、すべてを満足させることはできないし、計画は全体にとって最善に合意されなければならない。そこでコラボレーティブなプランニングの合意形成のあり方やその質を適切に評価する方法が検討されてきた(イネス&ブーハー)[文献6]が代表である。

――多様なステークホルダーの個別ニーズへの対応

第二は、現代社会の市民ニーズの多様化から、計画において多様なステークホルダー(利害関係者)の個別ニーズや利害関心の適切な把握と対応が必要と考えるアプローチである。男女、子ども、若者そして高齢者の居場所づくり、さらにはグローバル化に伴う人種、民族、多文化への深いレベルでの理解が必要となっている。典型的な考え方は、ピーター・L・バーガーとトーマス・ルックマンの「社会構築主義(social constructivism)」[文献7]である。現実とは客観的なものではなく、人それぞれの見方、考え方のフィルターを通して構成されている。人が場所にどんな意味を見いだしているのか、その実存と地域との関係の文脈は、現象学的な分析によってリアルになる。そこでは客観的なデータに加えて、認識のフレーム、ストーリー、言説、実践などが注意深く再解釈される。その上で現象学的な計画論は、認識の再枠組み化、新たな表現を与えることから場所の輪郭をコラボレーティブに描き直そうとする。

――実行力のある実践主体

第三は、コラボレーティブな実践(collaborative action)の主体構築アプローチである。計画はつまるところ実現が最終的な関心事である。計画が不十分であれば実行レベルで軌道修正し、そもそも計画が不在であれば主体の組織化から考える。ベースとなる考え方はデューイのプラグマティズム文献8である。思想は「いかに現実的に効果をもたらすか」(有用性)が本質的に価値を決めるのであり、交流・意見交換・相互協力・問題解決学習などのインタラクティブなプロセスの経験を通じて人間の自発的な成長を促し、環境に対応する適応力を高めて人々に新しい習慣や行動を生み出す。実践主体論としては、ネットワーク組織論のアンセル文献9、社会運動論のシドニー・タロー文献10などが位置づけられる。さらに主体が実践に移しやすい創造的な環境を整えることも視野に入る。社会的なインスティテューションのキャパシティ(第4章 齋藤の論考を参照)はその重要なアプローチである。

――社会システムの相互作用による構造化

第四は、社会秩序における時間、空間の新しい再結合と組織化である。グローバリゼーションによって私たちの情報と活動の範囲は飛躍的に拡大した。インターネットによって時間と空間を意識せずに世界中と自由につながることが可能である。さらには相互作用を通じて社会システムに直接的影響を与えることが可能になった。ベースとなる考え方はアンソニー・ギデンズの構造化理論(Structuration Theory)文献11である。人々は社会システムに働きかけることが可能になると同時に、自らの行為の再回帰的な修正を迫られる。このフィードバックメカニズムをマクロな社会状況で活用し機会を最大限に活用できることがコラボレーティブな能力である。構造化理論による計画論は、ローカルな文脈に埋め込まれている人や空間資源をグローバルな存在へ引き上げ、新たな状況を生み出し、「政治資本」の形成にも影響を及ぼす。必要とされる知識は膨大となり、これらは個人単独による実践は簡単ではないため、社会的ネットワークをつくり、さらに科学技術や職業のエキスパート(専門)システムに依存するようになる。そこでは市民的専門家が「知識資本」

となり、専門家的市民とのコラボレーティブな相互作用によって社会システムを新たに構造化していく。

以上四つの潮流が相関しながら、コラボレーティブプランニングは、複雑化する現代社会において、社会資本、知識資本、政治資本をベースに高い質の合意と革新的戦略を計画に導入し、開かれたコミュニティの協働、学習、合意形成をつうじて認識と実践に新たな変化をもたらしてきたのである。

パッツィ・ヒーリーの理論

パッツィ・ヒーリーは、コラボレーティブプランニングの理論を代表する論者である。とくに複雑な空間戦略にコミュニケイティブな手法を実装する理論[文献12]で高い評価を得た。『コラボレーティブプランニング』[文献13]で、「実行力のある実践主体」と「社会システムの構造化」をつなぐプランニングシステムの再構築を論じた。同じくコラボレーティブプランニングの代表論者であるジュデス・イネスと比べると、イネスが計画の合意形成の問題に焦点を当てているのに対し、ヒーリーは多様な主体の存在とその活力を引きだす社会の環境により深い注意が向けられているように思われる。その志向性は『メイキング・ベター・プレイス』[文献14]において、多様な主体の時間と空間を束ねる計画についての現象学的な考察をさらに深めていることからもうかがえる。

コラボレーティブな計画論をまちづくりへ活かす
――コラボレーティブプランニングとまちづくりの関係

イネスやヒーリーの理論がまちづくりに与えた影響は何であろうか。まちづくりは、社会、経済、環境、文化の共通基盤をつくる営みであり、地域や組織の境界を越えた連携により多様な資源を動員して主体的な実行力を構築し、地域をとりまく外部環境と内部の変化がもたらす課題を場所の力を引き出しながら地域の特性に応じて解決することで、個人が尊重され幸福を追求できる社会を実現するとともに持続可能な未来へ社会変革を促進するためのコミュニケーション、学習、計画、開発、統治および運営の一連のプロセスに関する理念、理論および実践といえるであろう。

このように考えれば、日本語の「まちづくり」は、欧米のプランニングのキーワードでいえば「場所づくり」(place making)に近い。その要素は、場所をベースにしたコミュニケーション(communication)、「学習」(learning)、「計画」(planning)、「開発」(development)、「統治」(governance)および「運営」(management)を含むものである。このなかにあって、コラボレーティブプランニングは、利害関係者との応答による計画が、他の場所づくりの要素や社会全体とどういう関係になるかを論じたものであるといえる。

——科学としての知識基盤を現場に与える

コラボレーティブプランニングが欧米の場所づくり、および日本のまちづくりに与えた影響は以下の二点である。

第一に、コラボレーティブプランニングは、学術理論でありかつ実践の指針となる。この違いは、たとえば医療、都市計画、まちづくりを比較すると明確になる。医療は、医学の知識にもとづいて、医者が現場で治療行為を行う。医者は日々の現場での発見を学会で発表して知をシェアすることで医学を発展させる。この学術と実践のサイクルができているがゆえに医学は科学といわれ、医者は普遍的な信頼を得ている。一方、都市計画は、医学と比べると科学としての度合いが低い(ショーン、一九八四)。その傾向は今なお残っている。現場の経験がアカデミックな検証を踏まえて一般化され、新しい知見が現場の実践を刷新しているかといえば、残念ながら十分とはいえない。さらに日本の「まちづくり」はばらばらで、定義すらあいまいであり、専門職分野としても科学としても社会的に成立するための課題はまだまだ多い。

コラボレーティブプランニングは、欧米において計画論(planning theory)として科学的に確立されており、実践の現場に革新をもたらし、プランナー、政策担当者、市民リーダーたちが共通に依って立つ知識基盤を現場に与えている。それが実践家たちにさらなる進化を生み出している。日本は参考にすべきところが多い。

——関係を豊かにする社会的制度的な環境を整える

まちづくりは、物的な居住環境をつくることから、社会、経済、環境、文化の共通基盤をつくる営みへ広がってきた。計画とは、絵を描くことではなく、社会変革(social change)を生み出す環境づくりである。ヒーリーは、コラボレーティブプランニングの質を高めるには、計画主体もさることながら、協働を支える社会的制度的な環境の整備が重要であると指摘する[文献15]。それは、「知識資源(knowledge resources)」「関係的資源(relational resources)」「動員キャパシティ(mobilization capacity)」の三つから構成される。

「知識資源」は誰にとっても重要であり、客観的、科学的な知識、倫理的な価値観、美的感性などの範囲を広げること、形式知、暗黙知を含めてシェアし、アクセスできるようにすることが重要である。「関係的資源」はその範囲を広げること、とくに多様な利害関係者を巻き込み、社会ネットワーク組織形態(social network morphology)のパターンや濃密さがどうあるべきかについて、権力、社会的公正、行動力のあり方を考慮した上で明らかにすることが重要である。そして、これらの資源「資源の動員キャパシティ」を高めること、特に結び合う機会や受け皿となる場をつくること(運や偶然に委ねない)、それを可能にする社会構造や制度基盤をつくること、アクターがレパートリー(いつでもできるように手がけている領域)をもつこと、変化の局面に応じたチェンジエージェント(変革の主導者と抵抗者を調整して全体を推進する担い手)を起用することである。

日本のまちづくりにおいても緻密な議論を重ねることでその質を高めることができる。

参考文献

1——Davidoff, P. & Reiner, TA. *A Choice Theory of Planning*, Journal of the American Institute of Planners, 28 (2) : (1962) pp103–115

2——Schön, D.A. The Reflective Practitioner: How Professionals Think In Action, Basic Books. (1984)

3——典型的な論考として以下がある。Baptista, I. *Is There a theory of Collaborative Planning We Can Talk About?*, Paper presented at the 46th AESOP Conference "The Dream of a Greater Europe", July 13-17, 2005, Vienna,Austria. (2005)

4——Habermas, J. *The Theory of Communicative Action*: The reason and the Rationalization of Society, Polity Press. (1984)

5——Tewdwr-Jones, M. & Allmendinger, P., *Deconstructing communicative rationality*: a critique of Habermasian collaborative planning, ENVIRONMENT AND PLANNING A (30) 11 (1998) pp.1975-1989

6——Innes, J.E. & Booher, D.E. *Consensus building and complex adaptive systems - A framework for evaluating collaborative planning*, JOURNAL OF THE AMERICAN PLANNING ASSOCIATION, No.65 vol.4, (1999) pp412-423

7——Berger, P. & Luckman, T. *The Social Construction of Reality: A treatise in the Sociology of knowledge*, Penguin Books. (1967)

8——Dewey, J. *Experience and Education*, Kappa Delta Pi. (1938)

9——Ansell, C. *The Networked Polity: Regional Development in Western Europe*, Governance 13 (3) : (2000) pp303-333

10——Tarrow, S. *Power in Movement: Social Movements and Contentious Politics*, Cambridge University Press. (1998)

11——Giddens, A. *The Consequences of Modernity*, Polity Press. (1990)

12——Healey, P. *The communicative turn in planning theory and its implications for spatial strategy formation*, ENVIRONMENT AND PLANNING B-PLANNING & DESIGN, No.23, vol.2, (1996) pp217-234

13——Healey, P. *Collaborative Planning: Shaping Places in Fragmented Societies*, Palgrave MacMillan. (2006)

14——Healey, P. *Making Better Places: The Planning Project in the Twenty-First Century*, Palgrave MacMillan. (2010)、後藤春彦監訳、村上佳代訳『メイキング・ベター・プレイス』鹿島出版会(二〇一五)

15——Healey, P., Magalhaes, C., Madanipour, A. and Pendlebury, J. *Place, Identity and Local Politics: Analysing Initiatives in Deliberative Governance*., Deliberative Policy Analysis, Hajer, M. & Wagenaar, H. ed. Cambridge Press. (2003)

2-5 生態有機まちづくり論

Takashi Ariga
有賀 隆

災害リスク軽減や環境再生などグローバル課題に向き合う

一九九〇年代以降、わが国では地方分権や地域主権の礎となる市民社会の実現と拡充が進み、これと歩みを同じくして、地域社会が主体となる多様な市民まちづくりが様々な形で実践されてきた。自らの意思で地域の将来像を選択していく市民主体のまちづくりが、多様な計画と事業のアプローチを相互に組み立てながら試行錯誤を繰り返してきた時代である。もともとわが国の都市問題は、国土の狭小なエリア（市街化区域は国土面積の約三・八パーセント）に多くの人口と社会・経済活動が集中するいわば人間活動の問題に長らく起因してきた。二〇世紀の高度経済成長以降、都市が成立し機能するための活動が自然環境や生態系システムに対して無視できない大きさの影響を与えはじめていることがその主因であり、自然・生態環境（Natural-ecological Environment）、人工的な物的環境（Built Environment）、社会経済環境（Socio-economic Environment）が相互に持続できる都市の規模や仕組みと、それを実現する社会のガバナンスを築き上げることが急務と認識されている。さらに、大規模地震などの自然災害に極めて脆弱な都市機能や居住地、人々の健康を害する恐れのある環境汚染への懸念、あるいは住民の高齢化と人口減少が招く共同体意識の低下と居住地の空洞化や縮退、さらに農業後継者の不足による近郊農地の蚕食的な放棄など、短期・長期の双方に関わる都市、地域課題が深刻化しつつある。多様な暮らしや働き方を選択することができる現代社会において、都市が自然災害のリスクや生態環境の再生とどのように向き合うのか、その相互関係を見直し地域や市街地の将来像へとフィードバックさせるまちづくりの新たなアプローチが強く求められている。

将来発生が予測される巨大な自然災害のリスクは地形条件や都市・地域の立地、市街地の空間特性や社会条件などによって一様ではない。わが国ならびにアジアの国や地域では、災害リスクのきめ細かな調査研究に基づき多様な地域特性に即した災害を軽減するまちづくりの提示と専門的支援が可能となる。人命被害を可能な限り低減するまちづくりは、超広域で同時に起きる災害リクス地域において、人々の暮らしの再整備を進めることにほかならない。そしてそれは住まいと仕事場の双方の整備を意味するものでもある。防潮堤の建設や安全な高台への移転、また土地の嵩上げのための区画整理事業なども、こうした暮らしの再整備と一体となることで、初めて持続的な地域社会の更新につながる。様々な都市や集落で将来の仕事の創出につながり、次代の住まい方を選択できるような市民主体のまちづくり計画の立案と、その実現のための法制度、担い手組織、事業の財源手法などを開発することが求められている文献1。

人類社会が直面する都市や地域、国境を越えたグローバルな地域問題に立ち向かうには、まず地域に受け継がれた形姿を丹念に描き留めていくまちづくり方法の構築と実践が求められるが、単に既往の先入観や予備知識に惑わされることなく、現場から学ぶことを大切にする「発見的方法」の視点が大切である。「発見的方法」は、多様な社会現象を調査し現在の真相を解明しようとする方法であり、現代まちづくりにおける「地域に根ざした研究と実践」のアプローチとして広く適用されている。現代の市民レベルのまちづくりでは、人間生活を支える社会・経済活動の発展と生態環境との共存可能性を脅かす事象の発見、診断から、その適切な予防と治療、さらに治療の副作用の予測や防止に至る一連の実践的取り組みを進めることが求められる。こうした地域に根ざしたまちづくりのアプローチを「臨床(Prescriptive)まちづくり学」として体系化することが重要である。それとともに、「臨床まちづくり学」を支える基盤として、固有の環境の希少性や脆弱性、また社会的な病理を総合的に考究し、それに対する芸術的・工学的アプローチの有効性・問題点を整理し、普遍的・広域的な視座を提供するために、建築学や造園学、社会科学など諸分野を融合していくまちづくり理論の構築が必要とされている。

より具体的には、人間活動とそれと取り巻く自然環境との永続的な共存を目指して、人間活動と生活圏を取り巻く自然環境、人工（空間）環境、社会環境の相互関係のあり方と、その持続的な関係性を文化・芸術的視点から設計・計画し、機能・科学的視点から構造・施工技術を駆使して、社会のなかに実装するための最適方法を探求することといえる。

集権的な都市計画制度への懐疑的視点と市民主体のまちづくりの拡大

戦後の都市拡大への社会経済ニーズに呼応するように、都市計画はそれ以前の市街地を大規模に改造したり、港湾・工業地域の用途転換を通して新たな商業・住宅開発を誘致してきた。また人口集中に対してはニュータウン整備を通して郊外化の促進や、道路や鉄道など交通インフラと一体となった大規模開発事業を誘導し、都市の形や市街地の環境（ビルト・エンバイロンメント）を改変してきた。とりわけ、大規模な都市再開発事業や市街地整備は、地域社会にジェントリフィケーション（不動産価格などの上昇による経済的弱者層の排斥現象）をもたらし、市場重視の空間利用が優先されるあまりに、それまでの低中所得者の住宅や小規模・零細な商店や事業所の存続を困難にするなどのコミュニティ課題を誘発した。高度経済成長期の行政集権的な開発制度と大規模な事業投資を前提とする都市再開発事業は、その経済的な波及効果が大きいばかりではなく、都市の形態や市街地の空間に過大な変容をもたらした。こうした変容は地域に暮らす住民生活や生業に質的な変化をもたらし、地域社会や近隣コミュニティの持続を困難にする副作用を引き起こしてきたのである。

このような市場主義の都市計画に対する市民の反対運動は大きな社会現象となり、集権的な行政都市計画制度の見直しや、司法による環境影響評価の判例を通して、市民や地域住民が都市計画のプロセスへ権利を反映させる制度へとつながってきたのである。こうしたなかで市民や住民の意見、価値観を反映させるためには、都市計画情報の公開のみならず、都市計画の成果に対する評価と検証を市民・住民との協働で行い、様々な意見を次の計画へフィードバックし合意形成を図るための新たな市民まちづくり技術の開発が求められてきた。

都市デザインを可視化し、市民・関係者が事前評価(アセスメント)する計画技術の開発と実装

一九七〇年代、米国のマサチューセッツ工科大学やカリフォルニア大学バークレー校で試みはじめられた、都市デザインの評価理論と可視化技術の研究開発は、一般市民や地域住民が身の回りの日常的な市街地空間や街路景観の経時的な変化と予測される将来像を三次元の立体模型や動画映像などを通して視覚的に理解することを可能とした点で画期的であった。こうした環境影響評価に用いられたビジュアルシミュレーションの技術は、現実にはまだ存在していない都市空間の将来像を、事前に可視化して評価(アセスメント)することを可能とし、それによって一般市民や地域住民の価値観、意見、ニーズなどを計画やデザインに事前に反映することができる、市民参加型の計画デザインの仕組みにとって基礎となるものであった。まさに、その後のコミュニティベースのまちづくりへと発展していく重要な起点となったのである。カリフォルニア大学バークレー校でドナルド・アップリヤードが開設した環境シミュレーション研究所(Environmental Simulation Laboratory)では、サンフランシスコ市都心部の三次元立体都市模型を常設し、個々に計画提案される様々な規模、形態の建築や都市開発を対象に、それらが周辺市街地環境や都市景観の質に与える影響を、場所ごとの評価・アセスメント指標を用いて評価、検証してきたのである。

都市空間や市街地環境は社会経済の成長や発展に応答して変化し、また同時に、魅力的な都市空間や場のデザインは人々をひきつけ、市街地のにぎわいや景観的な価値を創造する上で重要である。このように、空間や環境の質と人々の暮らしや活動との相互関係を視覚的にもわかりやすく再現するシミュレーションの技術は、地域に根ざす多様なコミュニティベースの都市デザインのプロセスに、様々な意見や考え方を反映しつつ、合意可能な計画目標を描き出す市民対話(パブリックコミュニケーション)技術として極めて重要な役割を果たしている。とりわけ、三方を海岸線で囲まれているサンフランシスコ市のような都市では市街地の面的拡大は望めず、その一方で進化し続ける都市機能や新たな用途を受け入れるためには既存の市街地を改造する手法に頼らざるを得ないわけで、こうしたケースでは地域固有の空間資源や景観価値を喪失しないように、過度な変化や異質な変容を計画的に制御しながら都市空間をマネジメントしていくことが求められている。それまでの大規模な都市

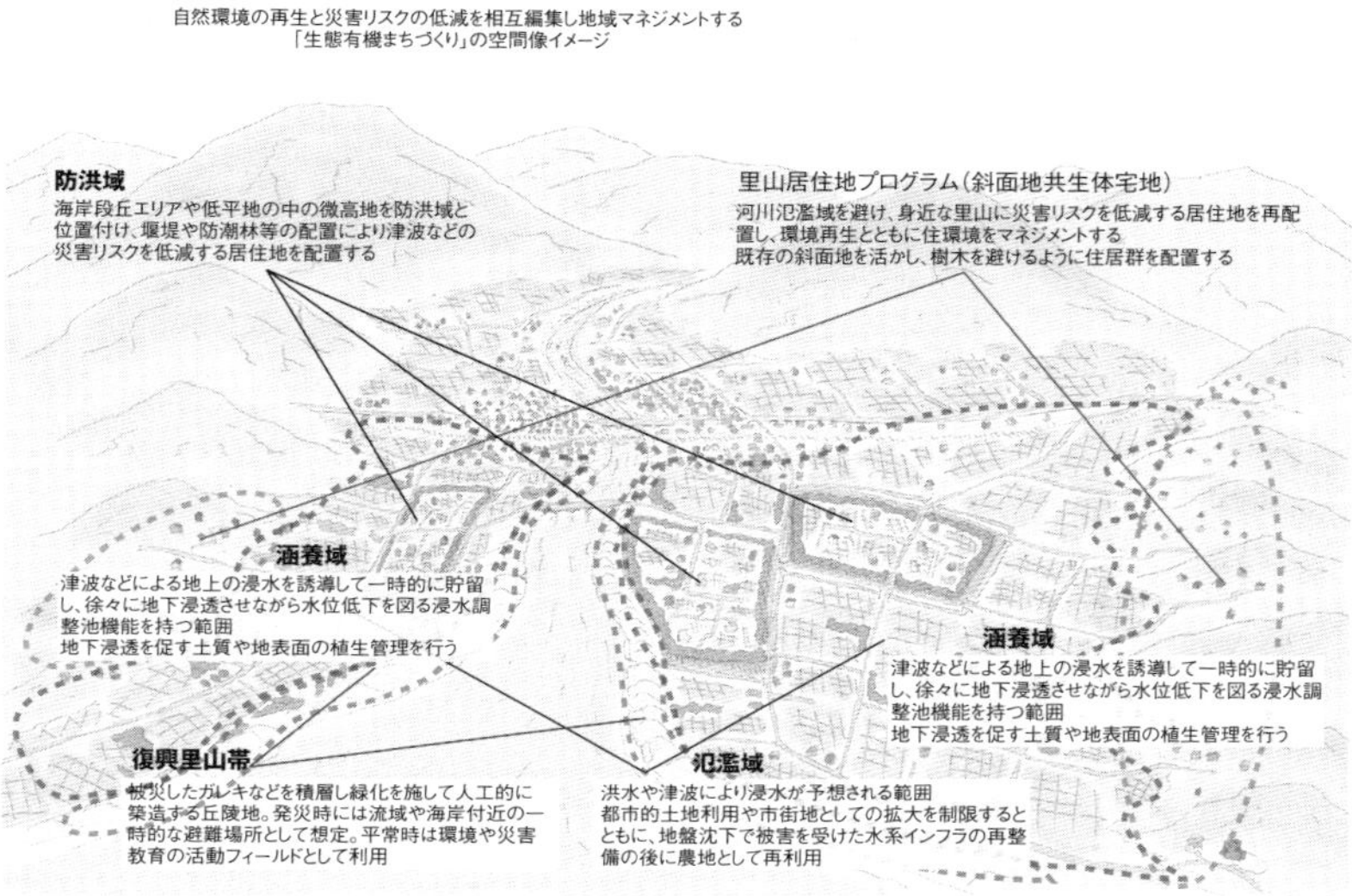
自然環境の再生と災害リスクの低減を相互編集し地域マネジメントする
「生態有機まちづくり」の空間像イメージ
防洪域
海岸段丘エリアや低平地の中の微高地を防洪域と位置付け、堰堤や防潮林等の配置により津波などの災害リスクを低減する居住地を配置する
里山居住地プログラム（斜面地共生体宅地）
河川氾濫域を避け、身近な里山に災害リスクを低減する居住地を再配置し、環境再生とともに住環境をマネジメントする
既存の斜面地を活かし、樹木を避けるように住居群を配置する
涵養域
津波などによる地上の浸水を誘導して一時的に貯留し、徐々に地下浸透させながら水位低下を図る浸水調整池機能を持つ範囲
地下浸透を促す土質や地表面の植生管理を行う
涵養域
津波などによる地上の浸水を誘導して一時的に貯留し、徐々に地下浸透させながら水位低下を図る浸水調整池機能を持つ範囲
地下浸透を促す土質や地表面の植生管理を行う
復興里山帯
被災したガレキなどを積層し緑化を施して人工的に築造する丘陵地。発災時には流域や海岸付近の一時的な避難場所として想定。平常時は環境や災害教育の活動フィールドとして利用
氾濫域
洪水や津波により浸水が予想される範囲
都市的土地利用や市街地としての拡大を制限するとともに、地盤沈下で被害を受けた水系インフラの再整備の後に農地として再利用

図1｜自然環境の再生と災害リスクの低減を相互編集し、地域マネジメントする「生態有機まちづくり」の空間像イメージ（出典：有賀隆「緑水農住圏の創造」『季刊まちづくり』三二号（二〇一一・一〇））

改造やスラムクリアランス型の市街地再開発による空間・機能（モルフォロジー）の激変が、多くの場合、地域に固有の暮らしや生業などのコミュニティの弱体や解体を引き起こし都市社会の多様性を失わせるばかりか、反対に本来公共的な場であるはずの都市空間の私有化や占有化（Privatization, Institutionalization）を誘発することを、都市計画の視覚化の技術を通して問題提起した役割は大きい。

都市計画と生態系・自然環境を多層的につなぐまちづくりのマネジメント

市民社会の時代といわれ様々な価値観が錯綜するとともに、これまでの都市ストックを基に持続可能な環境へとつくりかえていくことが社会的な命題として求められる現代まちづくりでは、計画対象となる環境要素や空間領域を事前確定するよりも、地域の担い手による優れたまちづくりの過程を戦略的に方向付けしていく計画の仕組みと情報化の技術が鍵となってくる。こうしたまちづくりでは、地域全体に関わる自然の環境（水系、緑、景観、地形ほか）や、建物・施設などの空間、そして地域住民や市民一人一人が考えるまちの将来の姿などの社会資源を重層的にとらえ計画指標とし

て視覚化していくことが重要である。まちづくりのマネジメントでは単に計画制度や事業の仕組みを扱うだけではなく、地域住民や市民がまちづくりを日常的な社会活動としてとらえ実践しながら、同時により大きな都市・地域の環境全体へと成果をつなげていくための戦略的なプログラムの相互評価および選択と、そのための包摂的な計画情報のあり方を包含するのが特徴的である。すなわち地域の計画資源や素材を包含的(Inclusive)にとらえ、個々のまちづくりに明確な方向を与えていく動的な過程としてのマネジメントの計画と技術の研究・開発が、各地の実践を通して進められているのである。

まちづくりマネジメント論を巡る学術的論考のなかで、佐藤滋は「まちづくりが問い直す地域マネジメント」[文献2]で、「地域マネジメントとは、一体的な地域の中での様々なまちづくりを組み立て、その関係性をデザインし、都市・地域を統合的にデザインし運営すること」と記している。その場合の地域について、自然生態学的な条件と地域経営・風土・文化が一体となった明確で自律的な地域としての近世の藩制度による範囲を一つの手がかりとしつつ、さらに流域圏や国絵図に画かれた広域の「くに(国)」など、歴史風土あるいは地域への定住の歴史とも関係した文化的意味の範囲としてもとらえている。とくに今日のまちづくりにおける地域の概念は、広域の下に地域、その下に地区といったヒエラルキーを構成する圏域論的な空間範囲では社会の多様な活動に対応できず、物理空間の大きさに関わらず、地域そのものが全体性を持ちまた部分でもある領域と位置づけることが適切であると論じている。

さらに佐藤は、こうした地域マネジメントのミッションの第一に、広い意味での「環境保全」を挙げている。地域における自然生態学的な環境保全のためには大きなビジョンのもとでの統合的な活動が必要なことはいうまでもなく、個々の地域まちづくり活動を「環境」のなかに位置づけ、地域の全体システムとして結びつけることで有効に機能させることができるとも指摘している。環境の視点からの地域マネジメントは不可避の事項であるとしている点は本稿の背景となる考え方とも重なり興味深い。

他方、筆者は「地域マネジメント計画論の展開」[文献3]で、「多層化する地域環境・計画要素とまちづくりの方法論」について都心や既成市街地とその周辺に広がる耕作地、里山、自然地、水系、集落地域が、ともに相互影響しながら広域の地域環境を構成していることはいうまでもないと指摘した上で、これに対応すべき都市計画の方法論やまちづくりの計画体系、またその実践のための計画情報や技術が、複雑系のシステムとして成り立つ地域環境を包括的に計画するまでに到達していないとの課題認識を示している。わが国の都市の特徴を、個々の地区が自律的な空間像と社会的役割を持ち、それらが混在しながら固有の地域環境を形成していると論じた上で、そうした都市空間が短い期間で変容や更新を繰り返すこと、また常に新しい機能を受容し、あるいは社会経済的な価値を創造しつづけるために改変されていることを指摘し、時として個別地区の空間像や環境の質と地域の広域的な環境構造が緊張的な関係、あるいは不調和な関係となることもあり、そうした「激変」や「復元不可な影響」を回避しながら地域が魅力的かつ革新的に成長していくための動的な計画論をマネジメント計画論としてその必要性を明示している。「自然環境・生態系のシステムと都市空間・社会経済活動・市街地パターンとの相互関係を示し、地域環境の戦略的な評価(アセスメント)へと具体化する計画論」の必要性を明らかにするものである。

生態複雑系の地域マネジメントとしての有機的なまちづくりのアプローチ

都市が生態系や自然環境と共生可能な有機的な空間・環境であるべきとの議論は、ぞれぞれの国や地域で異なる方法で都市計画に反映されてきており、各々の地域がローカルアジェンダを策定して具体的な都市施策へ結実させていることは周知の事実である。しかしこうした議論は都市の緑地や水系、また農地や農村といった非都市的な環境と、既存の都市空間とを単に統合的に計画しようとするアプローチとは異なる意味を持つ。それは「階層的な圏域に基づく空間領域(例:広域圏、都市、地域、地区、近隣など)を超えて広がる現代市民の多様な活動と社会的なネットワークの重なり」、を有機的な都市のテリトリーとしてとらえ、これに応答するまちづくりの計画論と方法とを描き出すことを目的としていることによる。こうした新たな計画アプローチの試みにおいては、人間活動と生態的な環境要素のまとまりが重なり合うテリトリーがまちづくりの計画対象や単位として重要であるととらえ、自立的な個々の空間計画や事業を相互に関連づけながら複合的な事業の影響や効果を評価、検証(アセスメント)して、実施前の計画へとフィードバックしていく相互デザインの計画方法を描き出すことが求められる。

有機的なものとは一般的に生命力なしでは人為的に合成できないものと解釈できる。これを踏まえると、固有の生態系や自然環境と都市の空間や人工環境とが空間、機能、景観・視覚、心理・認知などの特性ごとに有機的な相互関係を持続できる都市計画の実現が求められる。こうした相互関係は従来のゾーニングや線引きによる都市と自然との関係を抜本的に変えていく試みである。生態系や自然環境と人間活動、その場である都市空間との相互関係は、いわば生態有機都市の新たな「コモンズ」（共益環境としてのインフラ空間）となるものである。むろん、まだ確定的な計画アプローチや空間設計論を提示しているものではなく、むしろ、この仮説的な議論を通して、生態有機都市の将来像とそのための計画技術を描き出していくことが現代まちづくりの将来にとって必要であろう。

参考文献

1――有賀隆「巨大津波による人命災害を低減するための減災まちづくりの推進」日本建築学会「東日本大震災4周年シンポジウム」第二部「将来対応につなぐ」七一-七四頁

2――佐藤滋「まちづくりから地域マネジメント戦略へ」『季刊まちづくり』二九号（二〇一一・一）一六-二四頁

3――有賀隆「まちづくりから地域マネジメント戦略へ」『季刊まちづくり』二九号（右に同じ）、二〇一一・一、八一-九六頁

2-6 まちづくりとヨーロッパ

Paolo Ceccarelli
パオロ・チェッカレーリ

「コミュニティ」の意味の喪失、協働の危機、そして個人の孤立の広がりは、現代社会において最も重要な課題である。こういった状況が、都市社会のシステムのなかで常態化し、ヨーロッパでも大きな課題となってきた。

まちづくりはこういった課題に対する、日本なりのポジティブな解決法である。社会の価値観に基づく独創的で、比類なきアプローチは、西洋とはまったく異なっている。われわれの参加型プランニング、協働プロジェクトと似ている点はあるにせよ(こういったことはヨーロッパや北米の学者によって研究されてきた)原則や方法論は明らかに異なる。まちづくりが日本以外の社会的文脈のなかで応用されるのが難しいことを見て、われわれ自身のプランニングの実践を批判的に顧みるようになった。ヨーロッパと日本の比較から、都市問題の解決法について、日本のような異なるやり方もあるだろうと考えるようになったのだ。日本のまちづくりは、たとえば西洋では軽視されてきた都市内の要素間の関係性を指摘し、かつ協働による都市づくりのプロセス自体が、最終的な成果物と同等に重要だということも示している(こういったことは協働というもののポジティブな可能性を意識させるものだ)。

一方で、ヨーロッパのプランニングにおけるコミュニティ参加の経験とその失敗は、日本でのまちづくりの実践において将来起こりうる困難な状況を示しているので、それを見逃すわけにはいかない。

そこで、次の三つの事例がそういった課題を考えるために重要であろう。

第一の事例として、まちづくりを行う場合最も興味深いのは歴史的エリアの再生と活性化であろう。これらの政策はヨーロッパの都市生活において重要な要素であると同時に、文化的役割をもちながらも、社会的にも空間的にも衰退した状況にある地域の復興を目的とするものである。しかしこういった再生プロジェクトは地域のコミュニティに将来的に及ぼすであろう効果を過大評価しすぎている。こういった衰退した地域では、不動産は細分化され、困窮度は異なり、公共インフラの質は低く、公共空間はうまく維持されていない。ヨーロッパの都市では、たいがいこういった問題はトップダウン型での改良プロジェクトで解決しようとする。しかし、改良プロジェクトは、物理的な改善面ではうまくいくことが多いが、同時に昔からの住民を追い出すジェントリフィケーションにもつながっている。住民が再生プロジェクトに関われる余地は、本当に限られた、あまり重要でない側面での意思決定に限られる。様々な解決法はすでに行政や民間開発業者によって示されていて、住民はそれに対する意見を表明できるまでだ。より強力で効果的な住民参加がデザインや意思決定の場面で行われるのは、利害の衝突が起きた結果によるものだ。たとえばよそ者がデザインし、開発を強いるプロジェクトへの反対運動が起きれば、強力な住民参加も起きるだろう。参加型の都市計画であれば、多様な主体の協働に基づき、いくつかのパターンをたどる。それがまちづくりである。

ただ、再生プロジェクトが完了しても、いったん空間の物理的な再生が完了すると、また新たな限界や弱点が露呈する。改良後、不動産価格を上昇させるようなトップダウンの再生プロジェクトでは、従前の住民が排除され、地域のマネジメントは住民の手から離れてしまう。プロジェクトのプロセスは、民間業者と行政の手によってマネジメントされるようになるのだ。市民と行政とデベロッパーとの衝突から始まったような地域再生の後のマネジメントは明らかにうまくいっていない。だいたい質の向上にはつながっていないのだ。その結果として、再生した地域はまたすぐに悪い状況に戻ってしまう。

一方で、まちづくりは、長く維持される開発のあり方を教えてくれている。それは、明確な原則や政治的な宣言によって可能になるのではなく、多様なアプローチによって可能になるものである。トップダウン型での解決は、よい結果を生み出さないことが多い。

第二の事例として、自然災害により被害を受けた地域の再生がある。それらの多くは、小さく、孤立した地域であり、再生には多くの主体が関わる意思決定と協働を進める努力が必要となる。協働が進まない場合には、そういった地域は再生されず、永遠に放っておかれることとなる。もっとも、地域コミュニティの価値観や希望をきちんと考慮に入れないで再生された場合でも同じような結果となる。そうすれば、住民は結局どこかに移り住んでしまうからだ。被災後、行政の政策は緊急事態への対応に終始しがちであり、住民の積極的参加や地域再建による長期的影響についてはあまり考えないままで進んでしまう。再生計画は被災対応の行政機関が作成し、地域コミュニティに対しては意思決定プロセスにおける正式な参加の機会を設けることなく、計画を押しつけるものだ。一方で、意思決定に多くの主体を関わらせるのも困難なことではある。コミュニティには年齢も、社会的状況も、経済的状況も異なる人が共存しているからだ。ひどく被害を受けた、孤立した地域を再建することで、将来的にその地域が完全に前のような状況に戻り、経済的にも活発化することは保証できない。高齢の住民の多くはずっと住んでいたその場所に住み続けたいと願うし、一方で若い世代の住民はどこかに移り住み、生活の変化を望むものだ。被災当初は、被災という悲劇を経験することでコミュニティの結束を強くするが、長く続く再建プロセスのなかでコミュニティの不和や分断が再度現れてくるのだ。こういった現象は、被災後の再建のなかでまちづくりを行うのは、どれほど難しいかということを示している。トップダウン型での計画と、現場での断片化した意思決定プロセスの両者に挟まれて、地域が伝統として持っていた協働・協調による行動規範を失ってしまうのだ。

第三の重要な事例として、巨大な都市システムの一部としての開発とマネジメントにおけるまちづくりである。現代の大都市は、利益を異にするグループ間での競争があり、かつ共通点をほとんど持たない、多様な民族によって構成されていることが特徴である。ここでもやはり断片化（とそれに伴う、多くの主体が関わる意思決定の難しさ）しているという事実が、トップダウン型での中央集権的プランニングを正当化するために用いられている。計画を決める際には、利害関係者と長い期間にわたって意見交換したり、和解しがたい争いを生み出したりすることが起きるため、政府と地方自治体はすでにある腹案を持って現れ、計画の最終決定に向けてほんの少しの調整だけですむようにして、事を進めようとする。つまり、参加の機会はすでにガイドラインが決められてしまった後、本当に最後の段階にだけ訪れるのだ。こういった参加型のプランニングの典型的な例として、イタリア・ミラノ市の中心部の公共鉄道跡地の再活用の事例が挙げられる。市は、この敷地を必要な空間的・社会的構造の改善のために用いるはずだった。このプロジェクトは、地域レベルで「まちづくり」のように様々なプロセスをたどるような、ミラノ市はいつもとは全く違うやり方をできたはずだ。しかし、そうはならなかった。対立するアイデアや要求が上がり、交渉プロセスが非常に難しくなってしまったことでトップダウン型での計画アプローチを取ることになってしまった。少しばかり住民の提案も求め、行政に選ばれたアーバンデザイナーやプランナーのチームがそのいくつかのプロジェクトは実行した。住民はただ自分たちの好みを聞かれ、ほんの少しその意見に合わせて調整した上でプロジェクトは完成された。言うまでもなく、このような「参加型プランニング」はとうてい日本でいうところの「まちづくり」とはいえないものだ。

このように事例を見ていくと、ヨーロッパ型のコミュニティとの協働に日本型のまちづくりを応用させるのは難しいようだ。中央集権型政府の歴史、行政の役割の拡大とエリート型社会の文化、そして非常に断片化された社会、こういったものが広く人々を巻き込んで都市をつくることを難しくしている。

同時に、日本における「まちづくり」というものの未来にも疑問が湧いてくる。ヨーロッパにおいて、市民参加のプロセスを実行する上での弱点と困難さは社会構造の多様化によるものである。加えて、ヨーロッパの都市人口には移民が占める割合が大きい。こういった多様な社会と文化構造は、まちづくりのように協働型でバランスを取ったアプローチを進めるのが難しい。

日本は今のところ断片化された社会構造を持っているわけではないようだ。そのことが、日本はヨーロッパより都市住民や農村住民が協働していくのが比較的容易である背景の一つであろう。しかし、このように国際的な人口移動が拡大し、社会的・経済的分断が拡大するなかで、日本の状況にもし変化が訪れたとしたら、参加型のプランニングはどのようになるだろうか？　そういった視点からもさらなるヨーロッパと日本の比較研究をぜひ進めていきたい。

（翻訳：内田奈芳美）

2-7 都市のコモン化とまちづくり

Jeffrey Hou
ジェフリー・ホー

都市のコモン化

民営化や新自由主義の動きを背景として公的な領域の囲い込みが強まる状況に対抗するものとして、都市のコモン化(commoning)は世界中の都市で発現している。ここではコモン化を、以下のように定義する。それは、オルタナティブな空間をつくり、大抵は行政や市場経済の外側に社会的な関係をつくるものである文献3、4、5、7。都市のコモン化はコミュニティの構築、交流、そして都市を支配する秩序のすきまに存在するオルタナティブな経済を支える。特に、近年の都市のコモン化は社会的な空間の新しいかたちや、古くからの規範に相対する触媒の役割となりつつある。

たとえばヘルシンキ、アムステルダム、ベルリン、ヴェネツィア、ナポリでは、様々な社会的主体が都市内の空き地をアートや娯楽、商業、居住の場として変容させている文献8。ダブリンでは上昇する家賃に対抗して、アーティストや住民が空間のシェアの仕組みを構築し、「インデペンデンス・スペース」と呼ばれるものをつくった。そこでは寄付や会費、募金、食事の提供などによって、協働で家賃を支払う仕組みになっている文献1。北米の都市では、空き地や駐車場を「パークレット」(訳注：駐車場を公共空間に変容させること)や期間限定の空間に変容させる動きが広まっている。これは、プレイスメイキングへの欲求が異なるかたちで表出したものだといえる。

近年、ソウル、台北、香港、東京などの東アジアの都市でも様々なかたちの創造的な都市内コモンが広がりをみせている。自主的でコミュニティレベルのものから、行政から補助を受けたものまで、その種類は多様だ。東アジアでの都市のコモン化の出現は、公共空間が事実上なかったところや、行政によって厳しくコントロールされていたところに現れる場合に、特に重要である。こういった都市のコモン化をしかけることは、まちづくりにとっての重要な意味合いをもち、それが社会的な活動と集合体（アッサンブラージュ）形成の後押しとなる。

ソウル（韓国）では、若い世代の収入減と就職難、そして都市での生活費の高さもあって、ビン・ジブ・シェアハウスの事例などが生まれてきている[文献2]。朴元淳《パクウォンスン》が市長に選出された後、ソウル市は二〇一二年に積極的な「シェアリング・シティ」政策を打ち出し、交通・住宅・環境問題にシェア政策で取り組んだ。たとえば「ユース・ゾーン」[図1]（または「無重力ゾーン」）とよばれる社会的な新規事業のための安価な空間を提供し、若者が気軽に集まれる拠点とした。

図1　「ユースゾーン」はソウル市から補助を得て、若い世代がネットワーキングできる空間を提供する

東京でもコモン化の取り組みが行われている。たとえば相互交流や公共空間を活性化するためにカレーライス祭りをいろいろなところで開くカレー・キャラバンや、空き校舎を改修した3331アーツ千代田のような、より確立したものまで様々な試みがある。品川のコワーキング・スペースで、住民の拠点ともなっている「うなぎのねどこ」といった事例もある。これは、東京でよく見るようなほかのコワーキング・スペースとは異なり、地域の商店を巻き込んでおり、「忍者トレーニング」という地域の子供のイベントなどを通して、住民と積極的に協働している。

香港での近年の都市のコモン化の事例には、イギリスから中国への返還以降の大幅な社会的・政治的変化が背景としてある[文献6]。特にいくつかの活動は、普通選挙を求めて二〇一四年に二か月半にわたって市民と学生が道路を占拠した雨傘運動のような反対運動と強く結びついている。たとえば「フィキシング（Fixing）・香港」は道路占拠運動の際に、職人のグループによって路上に「学習スペース」がつくられた事例である。道路占拠の終了後、その職人グループはボランティアで家の修繕を担うことを通じて、政治的な主張活動を続けていこうと決めた。「フィキシング・香港は、コミュニティをフィックス（修繕）することから始まる」というスローガンのもとに、ボランティアたちは無料の住宅修繕を通じて住民を政治的議論に巻き込もうと試みている。こういったアウトリーチは、コミュニティによる他の試みへとつながっていた。

　台北では、創造的な都市内コモンが近年様々なかたちで現れている。社会的な起業や、行政の補助を受けてのコミュニティの試みまで様々である。コミュニティガーデンづくりや、住宅地の活性化など、これらの活動は、多くは市の施策である「オープン・グリーン」というプログラムによるものであり、これは、コミュニティ活動に資金補助を行うものである。一つ例を挙げると「ホワイト・ハット」という、コミュニティによる作業場があり、ここで住民は家電や家具の修理のための道具を借りることができる[図2]。「スペース・シェア・プラットフォーム」というプログラムも、あまり活用されていない私有地をコミュニティの文化的活動のために用いたり、短期間の賃貸に出したりして、土地をシェアする活動をしている。もうひとつの例は、「9フロア」というものであり、これは共同で住むアパートのネットワークである。リビングを借り、そこをイベントの場や、コワーキング・スペースとして空間をシェアする活動である。この活動による収入は、その部屋を借りている住民が家賃を払う上での助けになり、若い世代や学生が都心部で住む際の助けになる仕組みである。

　これらを鑑みると、都市のコモン化の事例は多くの重要で興味深い特性を共有する。それは以下の三点である。

1　都市のコモン化は都市内の多様な空間で起こっている。それは、私的空間でも、公的な空間でも起こり、その間の空間でも起こっている。ある事例は、特定の場所に固有のものであったり、また他の事例では場所から場所へと活動が動く。動く事例は、フィキシング香港や、カレー・

図2 — ホワイト・ハットのボランティアは、住民の家具修理を一緒に行う

キャラバンの事例であり、これは流動的で、不確定であるという新しい都市内コモンの特徴を示している。拡大し続けている都市コモン化の試みは、今日の都市環境の社会的・空間的定義と構成に対する挑戦的動きであるといえる。

2　コモン化の試みによる新しい社会的ネットワークに付随して重要な特性が生まれている。コモン化の試みは、伝統的なコミュニティの組織よりも、個人やボランティアによる自己組織化したネットワークによって行われている。こういった人々は、伝統的な社会関係よりも、活動の社会的な目的意識に惹かれる人々である。シェアの活動は、社会的・文化的に異なるグループにまたがったさらなるネットワークや関係を生み出す。

3　国家や市場を拒絶する動きとしてのコモンズという概念とはまた違う点として、東アジアのいくつかの試みは、国家や市場と微妙な関係性をみせている。特に、台北やソウルでの活動の多くは、政府から補助金を受けていたり、社会的企業として市場を活用して存在している。これらは、発展しつつあるシェア・エコノミーを活用している。

これらの三つの特性は、近年の都市のコモン化が社会的・空間的な混沌とした集合体（アッサンブラージュ）を、東アジアの都市でつくりつつあることを示す。具体的には、こういった集合体は現代社会における社会的・経済的・政治的変化における新たな主観性と組織の構築を必然的に伴うものである。これまでの成果としては、多様な社会・文化グループが相互に触れ合えるように、空間的・社会的境界がより開放的になり、包括的で流動性が高い都市のありようにつながったということがある。こういった新しい集合体は、都市空間とコミュニティは共同でつくられ、組織化され、変容されうるという事実を通して、新たな形のネットワークと主体を示すものである。

こういった可能性が展開することで、新しい集合体の存在はまちづくりの実践に挑戦と機会の両方を与える。こういった集合体は、今日の社会でなにが「コミュニティ」をつくっているのか、なにが「プランニング」を構成するのか、という疑問を投げかけている。ソーシャルメディアの出現と、シェアリングの様相を通して、新しいコミュニティは、伝統的なつながりや境界線を越えて築かれる。新しいコモン化の試みを登場させ、運営する仕組みはまた、新たな計画技術の形態のひとつである。最後に、多様な個人と、社会的グループは、新しいプランニングの主体の登場を示す。それは伝統的な行政や専門家という存在と、伝統的コミュニティのネットワークや組織を卓越したものである。一方で、そうしたことで社会のなかでの新旧の主体、新規の試みと既存の社会構造の間の関係性と葛藤という問題も出てくる。こういった挑戦と機会の実態を観察することは、東アジアにおけるまちづくりの実践の持続的発展を考えるために、また、さらに「その先」のことにとっても、重要なことである。

（翻訳：内田奈芳美）

参考文献

1——Bresnihan, P., and Byrne, M. Escape into the City: Everyday Practices of Commoning and the Production of Public Space in Dublin. *Antipode*, 2014, 47, 36-54.

2——Han, D. K., and Imamasa, H. Overcoming Privatized Housing in South Korea: Looking through the Lens of "Commons" and "the Common." In Dellenbaugh, M., Kip, M., Bieniok, M., Müller, A. K. and Schwegman, M. (eds.). *Urban Commons: Moving Beyond State and Market*, 2015, pp. 91-100. Basel: Birkhäuser Verlag GmbH.

3——Hardt, M. and Negri, A. *Common Wealth*. Cambridge, MA and London: The Belknap Press of Harvard University Press, 2009.

4——Harvey, D. Rebel *Cities: From the Right of the City to the Urban Revolution*. London and New York: Verso, 2012.

5——Hess, C. Mapping the Commons. Paper Presented at The Twelfth Biennial Conference of the International Association for the Study of the Commons, Cheltenham, UK, 14-18 July, 2008.

6——Kao, J-H. *Reckless Space. Art Critique of Taiwan* (ACT), 57, 4-9, 2014

7——Linebaugh, P. *The Magna Carta Manifesto: Liberties and Commons For All*. Berkeley: University of California Press, 2007

8——Urban Catalyst. Patterns of the Unplanned. In Franck, K., and Stevens, Q. (eds.), *Loose Space: Possibility and Diversity in Urban Life*, pp. 271-288. London and New York: Routledge, 2007.

2-8 まちづくりの情報価値

土方正夫
Masao Hijikata

情報という言葉は今やあまりに当たり前に使われる言葉であり、改めて情報とは何かと問われると即答するのは難しい。ましては、〝まちづくりと情報〟との関わりを読み解くとなると、どうとらえたらよいのか、戸惑いを覚えるであろう。

本節では、まず、〝情報〟という言葉の意味するところを筆者なりにとらえ、さらにまちづくりのなかで〝情報〟の位置づけを整理してみることにする。その上で、佐藤研究室がこれまでに多くの実例を蓄積してきた実験的アプローチであるゲーミングアプローチは、まちづくりにとってどのような意味があるのかという点に焦点を当て、情報論的観点から考察を進めていく。

計画と情報

〝まちづくり〟によらず、個人であれ、組織であれ計画行為は行動に先立って行われる当たり前の行為である。なぜ、われわれは計画という厄介な行為を行うのであろうか。端的に言うならば、それは将来が不確定であるからである。計画という行為は不確定な未来に対して、今の時点で実現すべき価値を選択するという意思決定が伴う。意思決定者は自らにとって望ましい未来、言い換えるならば与えられた環境に適応可能な未来の状況を実現すべく意思決定を行うといえる。そのためにわれわれはデータや情報を収集し、あるいは知識を活用し、コミュニケーションを行い、具体的な未来像と自らの行動を決定していく。

表1｜データ、情報、知識

	意味	基準	内容の性質
データ	過去の記録	正確性	過去に属する
情報	意思決定の素材	有用性	内容として未来のことがらを含む
知識	判断の基盤	普遍性・共有性	基本的に時間にはとらわれないが、陳腐化することもある

ここで、情報という言葉の意味を人の意思決定との関わりのなかで、以下のように整理しておきたい表1。

データは定量的であれ、定性的であれ外部環境から人間が時々刻々受ける刺激であり、過去の記録であるととらえておこう。すでに生じた事実であるからよいデータか悪いデータかは、すでにある事柄が生じていたかどうかは検証できる。したがって正確性がそのデータの価値を決める基準となる。他人の言動であっても意思決定を行う個人にとってはデータである。その意味ではインターネットは巨大なデータベースであって、情報ベースとはいえない。情報は人がそれぞれの価値観に従って意思決定を行う際の素材であるととらえると、意思決定の内容は未来の状況を含むのであるから、その素材である情報の内容は未来の事柄に関する記述を含むことになる。よい情報であるかどうかは、意思決定を行おうとする人間にとって有用であるかどうかが問われることになる。その意味では〝正確な情報〟という言い方は意味をなさない。なぜなら正確性というのは予測の精度を意味するのであって、確実にあることがらが生じるかどうかは、特定の時点で何人も判断できないからである。知識とは意思決定を行う際の判断基準として機能するものであり、普遍性と社会的共有性が問われることになる。ただし、知識そのものは不変ではない、人間の知的活動によって塗り替えられていくものである。本節では〝情報〟という言葉をこのように限定して使用していくことにする。

次に一般的な人間の情報処理とデータ、情報、知識の関連を見てゆくことにする図1。

ここでいう環境とは物的環境のみならず、他人の環境認識の内容も含めた、個人を取り巻く外部環境というほどの意味である。環境の全体像を知るということは個々の人間にとって不可能なことである。環境からの刺激を感覚器官で受け止め、個人的差異を有する感覚器官のフィルターを通して人は時々刻々外部からの刺激を感性データとして受け止め、脳で情報処理が行われ、環境のモデルを形成し、修整もしていく。この過程では、受け止めたデータを基礎に

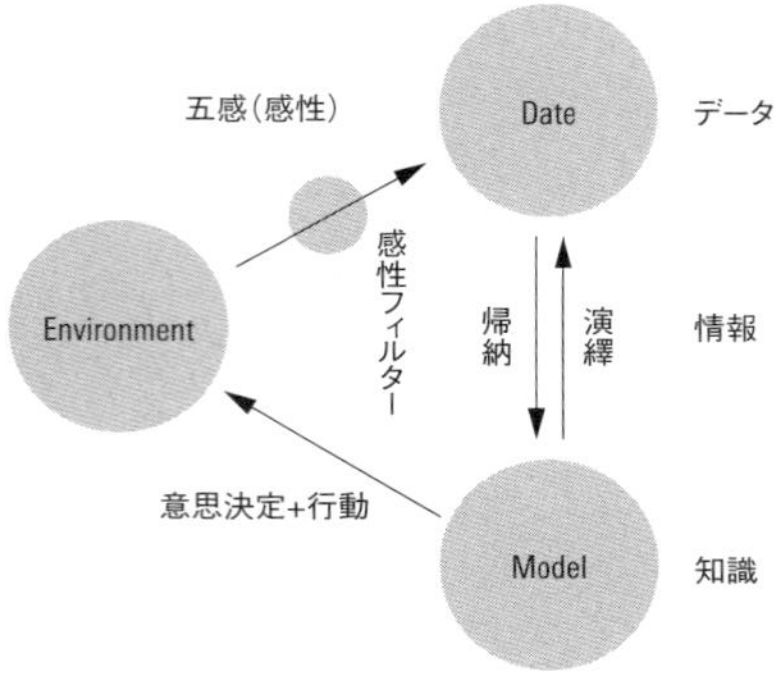

図1 人間の環境認知と情報

環境モデルを形成する帰納的方法と、一度形成された環境モデルをもとに論理操作によって環境の可能性を探る演繹的方法の双方が並行的に行われ、環境のモデルは刻々と形成され、修整されていく。また、人は他人とのコミュニケーションを通して、個人の環境モデルを修整するプロセスを経て、お互いの共有モデルを形成していくことも行う。しかしながらコミュニケーションの結果が、そのまますべて共有されるわけではない。さらに環境モデルの形成には人々の間ですでに蓄積されている、意思決定に有効な知識も陳腐化の度合いを秤量《ひょうりょう》した上で意思決定には活用される。

さて、まちづくりの計画とはその成果が日々の地域の生活に立ち返ってくる価値選択の社会的意思決定問題であるという立場に立つと、地域住民の参加なしにはまちづくりは成立しない。すなわち、客観的な地域のデータベースがあるだけでは計画をつくり上げることはできないからである。計画の本質は人間の脳の中で行われる情報処理によってつくり出された環境モデルから出発するものであり、それに続くコミュニケーションと意思決定の連鎖からなるといってもよいであろう。その意味では計画づくりのプロセスは正に情報処理のプロセスであり、地域に新たな価値を埋め込む集団による意思決定のプロセスであるといえる。

まちづくりへのアプローチと地域情報

このような観点に立つと、地域情報とはいったい何を意味するのであろうか。インターネットが社会の基盤として定着して以来、地域情報の名のもとに多くの地域に関するデータがネット上に掲げられている。しかしながら、情報が意思決定の素材であると考えると、地域情報とは地域で生活する人々がそれぞれに環境のモデルを形成し、人々とコミュニケーションを取り、日々の意思決定を行うプロセスまでを含んだものを地域情報といわざるを得ない。また、地域情報は地域が持つ固有性に裏づけられた環境に対する生活の意味の世界と言い換えることもできる。

さて、まちづくりとは地域の固有性に根ざした価値選択を行う社会的意思決定のプロセスでもある。この様に見てくると、パッツィ・ヒーリーのいうプレイス(place)とスペース(Space)の意味を咀嚼することができるのではないだろうか。プレイスとは固有性を持つ地域の環境に対する個々人の環境モデルとそれに基づく生活の意味空間を意味し、スペースとはプレイスを成立させる物理的空間として位置づけることができる*。また、プレイスは地理的な境界領域を有する地域にとどまるだけではなく、外の世界ともつながる関係性を含んだ地理的に規定することができない、時間とともに変容していくオープンな性格を本来的に有している概念である。スペースはプレイスを規定し、プレイスはスペースを規定するという相互関係の中で、地域のダイナミズムは常態として立ち現れる。

次になぜまちづくりがある種の社会運動として認識されるまでに普遍化してきたかという点について、考えてみよう。それにはまちづくりと都市計画の性格の違いについて見ていく必要があるように思われる。都市計画は国土計画に見られるように、中央政府が将来を見越した、抽象的価値を選択し、法制度と予算制度を背景に国、県、市という計画実現の効率性を緻密に求める官僚組織を通じて、価値の実現が図られる。具体的な地域の価値を結果公平であれ、機会公平であれ、公平性を基準として決定する一元的価値実現の仕組みである。この文脈では実現すべき価値の供給者は公的官僚システムであり、その受給者は地域である。しかしながら、プレイスとスペースからなる地域は、それぞれの固有性を有しており、官僚組織を通して効率性と公平性基準の下で機能展開された一元的価値と地域が実現すべき価値が必ずしもマッチングするとは限らない。

一方、まちづくりは正に地域の固有性から生まれる地域の固有価値の発見とその実現の方法を見いだすプロセスとして位置づけられる。しかしながら、地域情報はどこかにまとまって存在しているものではない。地域情報は人々の中に断片化して偏在しているものであり、また、外部世界ともつながっている。まちづくりでは偏在している地域情報の断片をどのように編纂し、共有化し、新たな地域の価値を創出していけばよいのかが問われることになる。そのための答えを求めてまちづくり組織の在り方やまちづくりの意思決定プロセスと方法論が、問い直されることになる。これまでも国内、国外を問わず住民が地域の主体であるという考え方に基づいたまちづくりの実験的試みは数多く、その例を挙げればきりがない*2。

さらにまちづくりのプランナーとは誰のことを指すのかといった計画主体の問題も重要な課題である。ただ、今言えることはまちづくりの大きな目的は環境の特性を生かした、変化に適応的な進化的まちづくりの方法論を構築することであり、直線的な進歩的まちづくりの方法論を目指すものではないということである。また、一過性のまちづくりではなく、地域の持続性を担保できる継続性に裏づけされたまちづくりの方法論と、絶えざるコミュニケーションによる集合知としての地域情報形成の方法論が求められているといえるのではないだろうか。さらに地域情報の集約化が実現すれば、公的な都市計画とのブリッジを架けることが可能となり、地域が持つ固有価値の実現がより具体的に進むことになるであろう。

まちづくりにおけるゲーミングシミュレーションの情報論的意味について

まちづくり計画は未来へ向けての地域の特性を生かした進化的価値選択であるとすると、具体的に地域の価値情報はどのような場面で現れるのであろうか。まちづくりの現場では、実現すべき価値は具体的なプレイスとスペースの関係性を含む課題が明らかになり、課題解決の優先順序を決定する過程で立ち現れてくる。また、まちづくり計画のプロセスでは実現すべき価値の相克(コンフリクト状況)を含むことは必然的であり、常態である。計画づくりを目指したコミュニケーションのタイプも説得的コミュニケーションと創発的コミュニケーションが入り交じる複雑なプロセスとなるが、価値選択のコンフリクトマネジメントとコミュニケーションの関係を整理しておくと、図2のようになる。まちづくりは価値の相克を当然含むが、コミュニケーション可能な状況の維持は必要不可欠である。つまり、紛争、闘争という局面を回避し、潜在的コンフリクト状況を容認しつつ、創発的コミュニケーション状況を維持することで、環境変化に適応的で持続的に進化する地域の姿が求められることになるであろう。

さて、ゲーミングアプローチモデルは情報の交換による創発的コミュニケーション状況を維持しつつ、まちづくりにおける具体的な価値選択のプロセスを具現化する仕組みともいえる。また、その仕組みを通して地域が有する固有の価値を人々が相互に認識することを可能にする方法でもある。

まずはゲーミングシミュレーション手法開発の背景について触れておきたい。

一九六〇年代に企業経営問題を対象としていわゆるビジネスゲームが開発され、実施された。その背景は、この頃ゲームの理論を用いて経済や経営問題の均衡解を求める説明モデルが発展したが、複数の確率変数を伴うモデルの解を解析的に求めるには限界があった。また現実の人間の意思決定と行動が合理性に基づくものであるかどうかという議論もわき起こった。そこで、経営問題のモデル化を行う際に実際に人間をプレイヤーとして組み込み、意思決定主体として位置づけるゲーミングモデルが六〇年代にいくつか開発された。しかしながら、その後ゲーミングモデルそのものの目的はプレイヤーに対する教育なのか、あるいは人間行動研究のためのモデルなのかという問題が提起された。すなわち、ゲーミングモデルの主体は大きく、審判団（ファシリテイター）とプレイヤーに大別されるが、この問題はゲームの進行を司る審判団のゲーム状況に対する個々の状況評価の基準をどこに求めるかという問題と置き換えることができる。ゲーミング状況の下では、審判団はいわば〝神の手〟としての役割を付与されることになる。〝神の手〟を既存の企業経営理論に置き換えるというのも一つの方法ではあったが、理論そのものが現実の企業行動をどれだけ説明できるのかという根本的問題を抱えていた。これはゲーミングの構造をどのようにデザインするかという問題と密接に関わる問題でもある。理論を教えるためのゲーミングモデルな

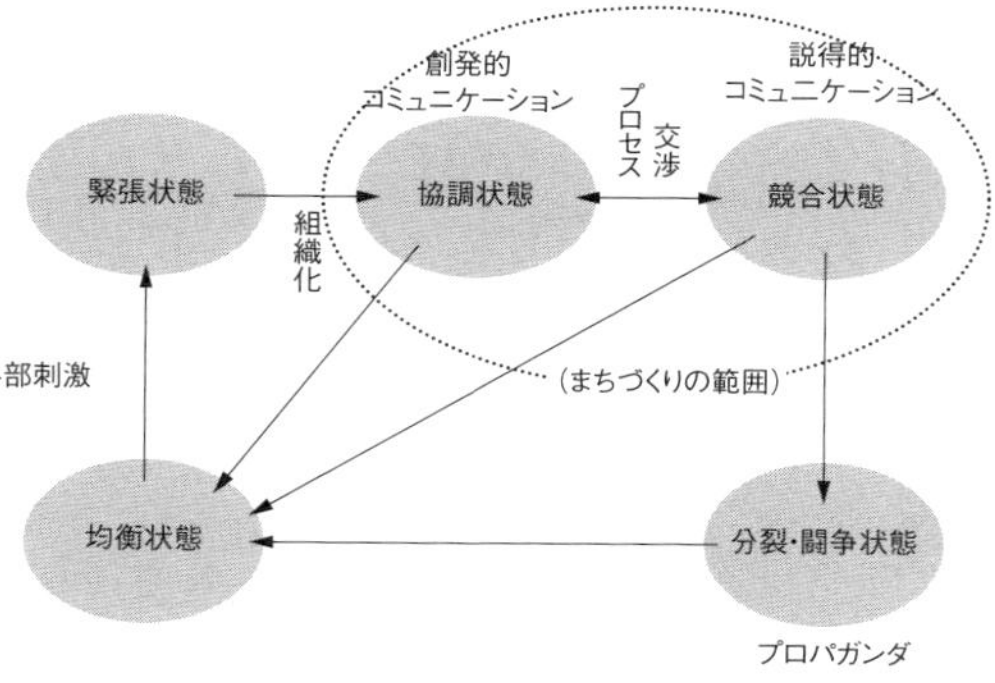

図2―コンフリクト状況推移

のか、あるいは意思決定を含む現実の人間行動からより現実に近い理論を開発するための実験的方法なのかという基本的な疑問がついて回ることになる。

さらにまちづくりのためのゲーミングシミュレーションとなると、現実のまちづくりにとって実効性を伴う価値選択のための意思決定装置としての役割までを担うのかという新たな課題も見え隠れする。

次に〝ゲーミング〟におけるプレイヤーのモチベーションの課題について触れておく。ゲーミングモデルの大きな構成要素であるプレイヤーは日々経営問題の意思決定を迫られるビジネスマンであったり、学生であった。ビジネスマンがプレイヤーである場合には、ゲーミングの構造は実際の経営問題を抽象化したものであって、具体的な日々の意思決定問題とは乖離してしまうことは否めない。学生であれば、ゲーミングを教育用のモデルとして割り切ることは可能であるが、ビジネスマンとなると教育用といってもゲームの構造がリアルなビジネスにおける意思決定を反映していない限り、ゲーミングに参加するモチベーションを維持することは難しい。理想的にはプレイヤーが自分の問題として抱えている問題意識と通い合うシナリオの設定がモチベーション維持の最低必要条件となるといいえる。

さて、最後にまちづくりにゲーミングモデルを導入する際に生じる課題について整理しておくことにする。

──なんのためのゲーミングモデルなのか

現実のまちづくりのプロセスは多くの主体によるプレイスとスペースの相互関係からなる、法制度的な制約の下での複雑な地域の固有価値選択のプロセスである。しかしながらまちづくりはややもすると直線的にその成果を求めるあまり、多様な主体による価値選択のプロセスの相互認識というよりは、表面的な問題解決の名の下に実施すべき個別行動計画へと走る傾向も見て取れる。

まちづくりへゲーミングの方法を導入する本来の目的は、多様な価値観を有する地域で生活を営むそれぞれの主体が、相互の価値観を容認した上で、コミュニケーションを通してよりよい地域の姿を模索し、答えを求めてゆく姿をゲーム参加者が具体的に相互に認識するところにあるといえるのではないだろうか。そのようにゲーミングをとらえると、審判団と呼ばれるファシリテイターは文字通りまちづくりの議論を手助けする役割を担うゲームの参加者であって、シナリオを作成し、まちづくりの解へと誘導する役割を期待されているわけではないことは重要である。

ゲームの構造について

地域の固有性を特徴づける自然の制約条件、社会的制度の制約条件、文化的制度の制約条件に関する最低限必要とされる条件が完備されているか、また、ゲームの進行に関わるシナリオは地域の多様な価値を引き出す象徴的なシナリオ構造になっているか、それは住民にとって受容可能な価値であるか、そうでないかをプレイヤーが判別できるシナリオなのか、シナリオの進行に伴う不確定性の扱いはプレイヤーにとって納得できるものか、シナリオに地域の価値意識は地域外との情報結合も含めた開放系として形成されることが明示的に吸収されているかといった点はゲーミングモデルの価値を決める重要な要素である。また、ゲーミングモデルが現実のまちづくりのシミュレーションモデルとして有効性を持つには、ゲーミングの進行は必要に応じて、過去に戻り、その時間から再スタートできる構造にしておくことも求められる。なぜならプレイヤーの価値意識はゲームの状況が次第に明らかになることによって修整されたり、変化していくことは十分予想される。現実のまちづくりと連動しつつも、現実のまちづくりと一歩距離を置いてシミュレーションを行うことの意味は、現実のまちづくりに柔軟性を与えることになる。ここで注意すべきことはゲーミング構造が審判団によって設定された、固定的な特定の価値を実現するための説得モデルとして機能する構造であることはあってはならない。あくまでもプレイヤーの断片化した環境認知情報と価値観に基づく相互コミュニケーションのなかから新たな集合知としての価値を浮上させる創発モデルを目指すゲーム構造が用意されなければならない。

プレイヤーについて

プレイヤーが継続的にゲーミングに参加することを担保するためのモチベーションをどこに求めるかは重要な課題である。もし、ゲーミングモデル導入の意図が、特定のスペースで生活を営む住民の多様で豊かな活きた価値からわき上がる情報の相互認識であるとするならば、ゲーミングを行うことの意味は具体的な地域の姿をデザインするための課題が明らかにされ、デザイン与件が自ずと明示的に描かれるところにある。

従って、ゲーミングから得られる結論はコミュニケーションを通して自ずと立ち上がってくるものであり、意図的に誘導されるものではないことが、プレイヤーのモチベーションに深くつながってくる。

また、具体的なスペースの形をゲームの進行に伴って改変していくことで、プレイスとスペースの関係性が明示化され、地域の持つ固有な価値がより明瞭になる時に、プレイヤーのモチベーションは持続し、ゲーミングモデルが現実のまちづくりのデザインモデルとして有効に機能することになるであろう。

都市計画問題は多数の立場の異なる主体の相互コミュニケーションと意思決定過程から成る場（Place）と空間（Space）の相互関係に関するデザイン問題でもあり、目的はパッツィ・ヒーリーの論考にも見られる『メイキング・ベタープレイス』でもある。また、まちづくりの結果は地域で生活を営む、いわば生活の専門家である住民に還元される。その意味でもまちづくり計画の対象となる主体がプレイヤーとして、生活で意味をなす空間から出発するデザイン問題にゲーミングという方法で計画プロセスに参加し、自ら実現したい価値に気づき、実現の方法を体得することは、計画論を一歩前進させる大きな可能性を秘めているが、上記の基本的課題の整理が今一度必要と思われる。

参考文献

1——パッツィ・ヒーリー著、後藤春彦監訳、村上佳代訳『メイキング・ベター・プレイス』鹿島出版会（二〇一五）

2——秋葉博『講座情報と意思決定2 戦略的意思決定』中央経済グループパブリッシング（一九七三）

3——越山修・鈴木久敏・吉川厚・寺野隆雄「ビジネスゲーム開発プロセスの改善：フレームワークと評価方法の提案」『シミュレーション&ゲーミング』Vol.19 No.2（二〇〇九・一二）日本シミュレーション&ゲーミング学会

特別寄稿

メイキング・ベター・プレイス
市民を中心とした活動を通じて

Patsy Healey
パッツィ・ヒーリー

本原稿は、本書の執筆に先立って二〇一六年七月に行われた「早稲田まちづくりシンポジウム」における基調講演のために寄稿された原稿を収録したものである。

はじめに

拙著『メイキング・ベター・プレイス』のなかで、私は計画という行為を「場所の開発やその未来をかたちづくる社会的プロジェクトとして、(中略)少数の人間にとってではなく、多くの人々にとってよりよい、持続可能な環境をつくる意志を持つこと」と定義した。また、これを「場所のガバナンス」と呼んでいる。それは、日常の生活の中で人々が体験する様々な葛藤、福祉(人間にとっての幸せ)の探求から生み出されてきた計画行為である。私たちの生きるという行為は、場所と切り離しては存在しない。私たちを取り巻く環境とは、物質的、物理的、社会的そして美や精神的なものの同時発生的存在である。こうした環境の中を私たちは移動し、それを利用し、その限界も体験する。そして、その環境に手を加えようとする。構造物や対象物を改変し新たに構築することで物質的に、あるいは他者との交わりや意味を付与することで社会的に手を加える。その結果、私たちが価値を置くもの、つまり、一つの場所に宿る多様な質を発見することになる。計画行為を場所のガバナンスと理解すれば、それが物理的な構造デザイン以上のものであるのは明らかだろう。計画行為には、場所の質を理解し、つくり、慈しむことが含まれる。そのため、計画行為を技術的専門性にのみ頼ることはできない。人々が何に関心を抱き価値を置くかは、様々な企業が多様な事業を行うように千差万別だ。その結果、近隣コミュニティ、民間企業、政府など公的機関の間で共有される「私たちの場所」と呼ばれるところであっても価値観のずれが生じることが少なくない。場所のガバナンスが、「デザインと実践」だけでなく、「決定と管理」を必要とするのはそのためである。場所のガバナンスは、技術的であると同時に政治的な行為であり、もし民主的で進歩的な方法を探求するのであれば、人々が市民社会に対して何を求めているかを理解することが必要だ。

今日、西洋社会は多くの緊張関係がある一方、既存のガバナンス機構は市民の声に耳を傾け、場所やその質に関心を寄せる能力を失ってしまっている。過去数十年にわたって確立されてきたガバナンス機構、政策プログラムとその実践の多く、そのなかには「計画」や場所のガバナンスに関わるものを含む、を再考することが求められている。研究者は場所やガバナンスのプロセスについての新しい解釈を提供し、政府の行政担当者や都市計画家、そして市民活動家らは新しい方法を求めて様々な実験を繰り返している。しかし、古い制度が残っており、新たな概念もその独占的な影響を受けてしまう。たとえば、「新自由主義」的アプローチによるガバナンスがはびこる結果となる。とはいえ、本稿ではこれとは異なる新しい概念を実験的に構築してみたい。次項では、西洋の思考において場所のガバナンスや計画がたどってきた歴史を簡単に紹介しながら、この新しい概念を説明したい。

西洋の思考における計画、場所、ガバナンス

今日、世界を瞬時につなげるデジタルコミュニケーションの発達によって、私たちは歴史という感覚を失っているといわれる。しかし、特にヨーロッパでは、長い歴史は私たちにとって途方もない彼方の話ではない。実際、民主主義の「原形とされる作り話」に言及しようとすれば、古代ギリシャを参照することになる。当時、ギリシャの都市国家は「ポリス」と呼ばれる制度の上に存在していた。ポリスとは「人々」(女性と奴隷を除いて!)と場所が、物質的、社会的そして精神的に統一された状態をいう。ポリスでは市民が公開広場や野外劇場に定期的に参集し、集団としての価値、主要な活動、日々のマネジメントについて話し合いが持たれた。この人間と場所の「統一体(Unity)」という概念は、一九世紀後半のフランス地域地理学の分野で再び注目を集め、「地域(Region)」にはその土地固有の自然の「本質(Essence)」があり、それが固有の文化や地理を統一的に形成するという考え方が広まった。この概念は、都市エコロジストでありプランナーでもあったパトリック・ゲデス(一八五四～一九三二)に大きな影響を与えた。彼は、場所には特有の地霊(spirit)が宿り、それはあらゆる側面を丁寧に調べ上げることによって発見できると考えた(Geddes 1915/1968)。二〇世紀初頭の都市計画では、視覚的な美化を目指すグランドプロジェクトによって、この地霊を呼び覚ますことが目指された。ジュルジュ・オスマンのパリ大改造計画を好例として、急激な工業化がもたらした醜悪なものを取り除くため、良好な住宅地の建設や民間の土地開発規制などが導入されることになった。

二〇世紀の中頃までには、特に第二次世界大戦後のヨーロッパでは、搾取的な労働環境と悲惨な戦争体験にあえぐ庶民の声を政治に反映せよという社会の強い要請を受け、政府の野心は拡大した。当時の福祉国家という文脈では、万人のための教育、保健、社会福祉、インフラ、住宅、そして近隣施設をすべての地域に提供すべく、政府のプログラムが構築された。理論的には、様々なプログラムは中央から地方レベルに至るまで相互に統合されたかたちで提供されるはずであった。そのなかで総合的な場所の開発およびマネジメントプログラムを立ち上げることが想定された。これらのプログラムは、総合化を意図して都市・地域の開発計画や開発規制のなかで言及され、様々な「計画システム」のツールや手法を生み出した。実際には、明確な階層性を持つ総合的なプログラムが達成された例は少ない。一九九〇年代までには、統合性の欠如に加え、「計画システム」が戦略的に場所の開発に取り組むという気概を失い、単なる土地利用規制シス

テムとして機能するだけになったことを批判する声がヨーロッパ全体に広がった。しかし、ごく最近まで、「場所」は統合性を持った存在であるという価値観は根強く生きてきた。先に述べた「場所の地霊」という古代の考え方は、実証科学へとつながる道を示してきた。対象の調査や場所の状況分析という方法論だ。こうした研究は実に有益な情報を提供し、場所は国土全体を構成する「ジグソーパズルのピース」として描かれ、それぞれの場所が「全体性」を保った単位として、他の場所と主要な交通網を通じてつながるように記述された。

しかし、都市の塊が近隣集落をのみ込みながら外側に無秩序に肥大化したように、二次元空間に配置された場所という概念自体、想定することは極めて難しい。イタリアのミラノ地域では、都市化の広がる景観に職場が点在し、多くの人は都市圏を横断しながら長距離通勤をし、時には国境を越えた移動も日常の風景となっている。人間の移動の複雑性に加え、企業群のつながりも複雑な様相を呈する。それは、あなたが暮らす地域をどう把握するかが、他者のそれとは異なっているのと同じことである。こうした複雑性は、集団間に軋轢を生じさせる要因となりうる。また、すべての人が満足するような公共サービスを提供することは困難を極める。ヨーロッパでは、計画システムは常に微調整がなされてきた。他の政策システム同様、制度を生かすための努力、そしてまた新自由主義イデオロギーを反映した結果でもあるが、「国家による規制」の度合いを低くするべく努力が続けられてきた。しかし、そこには欠陥がある。一つは、人間と場所に対する考え方の欠如である。古代では「然るべき」とされていた人間と場所の統一体という思想が、現代にはない。旧地理学が唱えた人間―場所という統一体という概念は、今日の流動的な社会ではもう意味をなさないかもしれない。しかし、場所というものは人間にとってなくてはならないものではありつづけている。人間にとって場所とは何かと「問うこと」こそ、今求められている課題なのだ。それは、社会的に構築されるもの、つまりガバナンスのプロセスという形式によって明らかにされていくことだろう。二つめの欠陥は、場所という概念が単に機能や土地利用の配置、部分的な関係性、たとえば経済のダイナミクスや自然環境システム単独で語られる今日の傾向である。場所に価値を与えること、その多様性を理解するには、物質的、物理的、社会的、美的・精神的な関心を併せ持った複雑性を理解しなくてはならない。

近年の計画理論の分野では、こうした課題を克服するための研究が精力的に進められている。マルクス主義分析社会学には、社会的構成の中で人々を結びつける関係性の重要性に着目した研究がある。特に資本による生産能力の関係性、それらが資本と労働の関係に与える影響などを分析する研究などがそうである（たとえば、Massey 1984）。八〇年代、九〇年代の地域経済地理学で大きく展開されたこの分析方法によって、細分化された経済活動のつながりにこそ多様な価値観を見いだしうるという研究結果が出ている。この研究からは、一つの地理的空間を、複数の異なる経済ネットワークが横断する複雑な網の目の中に位置づけることの重要性が示唆される。こうした分析を応用すれば、一つの場所にも、異なる社会的集団が有する多様な空間構成が発見されるようになる。地理学領域での思考転回と同時期に、環境学の分野においても固有のシステムを統合する関係性に着目する研究が広がっていた。拙著『*Collaborative Planning*』(1997/2006)においても、この概念を応用して「共有された場所に存在する」人間像、多様な「関係の網の目」に生きる人間像を描いている。二〇〇〇年代までには、場所という概念は、関係の網の目に在る結節点(node)や節点力(nodal force)(Amin 2004)、あるいは事物の集まり(assemblage)(Macfarlane 2011)と理解されるようになってきた。

現在、関係性の空間としての場所論は、現象学やポスト構造主義の影響も受け、伝統的なマルクス主義からは大きく発展した議論を展開している。独裁主義社会から民主主義社会への進化という二〇世紀中頃の動きは、マルクスが提唱した「唯物論的歴史観」を証明するものであったといえるが、今日の関係性の空間理論においては、「発展の過程」という単線的思考への批判が強くなってきている。関係性の空間理論が強調するのは、一つに社会的プロセスにおける主体(agency)の役割、二つめに、人々の思考や行動をかたちづくる非物質的影響の重要性である。人間がある特定の時空間のなかにあってどのように「歴史をかたちづくる」のか、場所の意味や質を探るミクロレベルの実践に光を当てようとするものだ。この思考の枠組みにおいて、場所、場所が持つ意味、その多様な質や潜在力は、技術的分析によって「発見」しうるような客体としての可能性ではありえない。関係性の空間としての場所とは、社会政治的なプロセスの結果として生成されるからだ。場所やその質に関心が向けられることによって、複数の共存する関係のダイナミズム(物理空間的に隣接している必要はない)のなかで節点力となる場所が現れる。場所という概念自体を「つくる」という知的活動は、未来の場所の質が物理的・社会的に立ち上がってくる際に大きな影響を与えることになる。そして、それ自体が新しい関係の網の目、つまり社会的、政治的、経済的、自然環境的な網の目を構築していくのだ。日本において、市民社会から始まる「まちづくり」の経験とは、まさにこうした場所をつくる行為そのものであろう。西欧でも、似たような市民社会運動が広がりつつある。特に二〇〇八年のリーマン・ショックに端を発する経済「危機」の影響もあるかもしれないが、人々が場所という存在を気遣い、その多様な質について理解するために、どのような方法が求められているか、社会的な実験が始まっている(Wagenaar and Healey 2015, Healey 2015aを参照)。

それでは、どうすればよいか。場所や場所の質についての思考の転回が求められるのは当然として、私たちはガバナンスについても再び考え直す必要があるだろう。二〇世紀、ガバナンスといえば、法律やプログラム、そして行政システムを指した。政治家が関心を寄せたのは、こうした公式の制度であり、予算の流れや規制内容の変更を要請することが彼らの仕事であった。市民は選挙で議員を選ぶという方法で、政府を監視できると想定された。しかし、実際に、政治的プロセスと政府組織の動きを研究してみると、間接民主主義が適切に機能しているとは言い難い状況が明らかになった。選挙制度は、市民の関心をおおかた無視するものだった。政治家や行政職員は、民間企業、ロビー団体、労組、政党、非政府組織や報道機関といった複雑なネットワークの中に生存している。こうした関係性の重なり合い、横断の節点に位置する彼らの存在は、私たち市民の目にはなかなか見えない。政府機関の各省庁は、それぞれのダイナミズム、組織文化や行動の規律を構築している。これらは常に変化するものではあるが、進歩的政治プログラムであっても、権力や強力なネットワークの要請があったとしても、文化的背景そのものが変化するのは極めてまれである。たとえば、過去三〇年間の英国では、「新自由主義」に基づいて公的セクターの構造改革が精力的に進められてきた。顧客である市民の要請を満足させるよう、パフォーマンス評価軸が導入され、コスト削減、民間企業仕様の経営感覚が求められてきた。一方の市民は、ガバナンスの世界で引き起こされた「攪拌」に翻弄されていた。公的セクターはもはや、その使命を全うできる組織ではありえないように思われた。

「新自由主義」においては、市民社会からの行動は最低限に控えるべきと考えられている。人々は、個人が持つ資産や能力を利用する限りにおいて、自由を謳歌できると。もちろん、こうした思考は、人々が他者とともに集団としてのアイデンティティを持ちうることを全く無視している。私たちは暮らし働く場所を通じて、公共圏とつながっていることを無視している。新自由主義レジームでは、他者にとっても重要な関係性に個人がなんらかの行動を起こすこと、それによって引き起こされる影響を最小限にとどめるために、消極的な規制やサービスが善とされ（環境「資産」を保護する、個人には最小限の社会福祉を提供するなどがその例）、積極的なサービスの提供には手をつけない。こうしたやり口は、強き者だけが豊かさを享受できることを覆い隠すためだと、多くの人々はすでに感づいているだろう。『メイキング・ベター・プレイス』やその後に発表した論考（Healey 2012参照）の中でも、新自由主義レジームに代わるものを求めて、実験的に問い直す様々な事例を参照しながら、その可能性を論じてきた。まちづくりのように、職業政治家による政治や行政府の活動ではなく、その外側で起きているミクロレベルの場所のガバナンスは、代替案の探求に有効な例を示してくれるだろうか。

関係性のパラダイムにおける場所のガバナンス

ここでは三つの状況に置かれた自分の立場を考えてみよう。あなたは、拡大する都市圏のある住宅地に暮らしているが、増加の一途をたどる交通量から車がまき散らす排気ガス汚染で、歩くことや自転車に乗ることも困難なほど、生活を脅かされている。あるいは、あなたは働きはじめたばかりの若者であるが、手頃な価格の住宅を探すのに苦労している。今住んでいる地域では、無残に取り残された公園や公共施設があちこち目につき、子どもが遊んでいる様子も見られなければ、高齢者が孤立して社会問題になっていると聞く。最後に、都市計画プランナーであるあなたは、市行政からある住宅地区の開発計画策定の仕事を依頼されている。あるいは国レベルの委員会で、公式なガバナンスの制度設計に意見を求められている。国はどうやら、市民の声を聞いて、市民を主体とした場所づくりの活動を支援する制度設計を真剣に検討しているようだ。異なる立場であれ、こうした状況で考えておかなければいけないことは、何だろうか？　五つの視点から考察を加えていこう。

1 関係の網の目における節点力となるような場所をつくる
2 空間の物質性とともに意味に焦点を当てる
3 制度や文化背景に関心をよせる
4 人々が見いだす様々な価値、争いの火種を理解する
5 現実的に「未来に向けて一歩を踏み出す」

それぞれの視点を具体的に論じるにあたり、イングランド北部、ノーザンバーランド県北部に位置する小さな農村地域で、地域づくりを推進してきた市民グループの活動を研究の対象として取り上げたい。グレンデール・ゲートウェイ・トラスト（GGT）と呼ばれる市民団体である(www.wooler.org)。彼らの活動は、市民社会が先導するという点からも日本のまちづくりに非常に近い。私自身も、研究者や都市計画プランナーという専門家としてではなく、一住民として関わってきた（Healey 2015b）。GGTは地域で活発な活動を展開する団体で、様々な市民向けサービスの提供、中小企業向けの事務所賃貸、適正価格の住宅提供、観光客向け施設運営などを主な事業としている。GGTはグレンデールという「場所」に一つの主体性を与えることにも寄与している。とはいえ、場所のガバナンスを担う事業としては、GGTの掲げる使命や活動には曖昧さが残る。ここからは、GGTの具体的な活動を紹介しつつ、そこから見いだされる概念を並行して議論していこう。まずは、伝統的な地理情報を踏まえて地域の紹介から始めよう。

グレンデール：六〇〇〇人ほどの人口で、一〇〇ヘクタールに広がる地域に分散し、小規模農場、集落、村を構成している。中心地であるウーラーには約二〇〇〇人の人口が暮らしている。都市部への人口流出と農業の機械化などが原因となり、地域人口は一九世紀以降減り続けている。今日、若者はどこに暮らしていようが、都市的文化のなかで育ち、教育や就職など可能性のある別の場所へと導かれ、生まれ育った地域を出る。学校、商業店舗やサービス業などはすでに閉鎖に追い込まれているか、儲けを期待せずかろうじて残っている程度だ。ハイキング好きや自然愛好者に愛される環境が残されており、小規模ではあるが観光客も絶えず訪れている。近年では、イングランドの他地域に比べれば後続ではあるものの、別荘地や定年退職後の移住先として中高年の関心が向けられるようになってきた。二〇一一年の人口センサスでは、人口の二五パーセントが六五歳以上。移住者が地域の住宅価格を押し上げる一方で、地域の平均収入は低く、多くの世帯は兼業によって生計を立てている。概して、外からは美しく平和な環境が評価される一方、ここに暮らす人々は経済・社会的な困難に直面している地域であるといえる。

関係の網の目における節点力としての場所

議論の前提として、場所とは「そこにす

でにある」ものとして存在するのではなく、対象を発見するプロセスを通じて同定されるものである、と述べた。場所という存在が立ち現れてくるのは、人々が物理的な空間を横切り交差する様々な関係性、物事の集まりとしてその多様な質に気づくからである。実はこうした認識は、何世紀もの時を経て人々の間に浸透して、(村、町、都市といった)集住地に名前がつけられてきた。そしてある時点で、行政上の境界が設定され政治的プロセスを経てこうした場所を統治するようになってきた。しかし、私たちの生きる二一世紀の世界においては、こうした歴史的遺構だけを頼りにその場所のアイデンティティを読み解くわけにはいかない。私たちに課せられた課題は、異なる関係がその場所を流れ、入り込み、めぐる様子を理解することである。つまり、異なる住民グループや団体、企業や様々な組織が物理的な空間に「棲みついて」、その外側にいたとしてもその空間に関与しているような、関係の網の目に光をあてることが必要となる。特定の活動に利用される位置としての場所ではなく、様々なつながり(connectivities)の節点としての場所に光をあてること。それによって、場所とその多様な質という統合された概念を維持するための節点力が、その反作用力が同時に明確になることで、より鮮明に立ち現れてくるだろう。こうした研究は、調査によって発見できるものでもあるが、社会的・政治的なプロセスを経ることで発見につながることも多い。ある場所が引き合いに出されると、異なるグループがそれぞれの価値を訴えてくるようになるだろう。そしてどういった場所の質が重要なのかを話し合うことで、節点力が特定しやすくなる。ある場所を取り囲む「公共」が形成され、その場所の質に関心が集まるようになると、ガバナンスのかたちも自ずと整えられてくる。関係性の空間というパラダイムでは、人々がある種の連帯の基盤をいかに見いだすかに、細心の注意を払う必要がある。連帯の基盤こそが、人々が共同して行動を起こす正当性を担保するからだ。また、様々なつながりやその分析だけではなく、関係を構築し維持するためのコミュニケーションのあり方にも関心を向ける必要がある。

GGTが活動する地域は、非常にわかりやすい地理的空間である。丘陵地に縁取られた古い時代のアップランドが、ローランドの平原へとなだらかにつながり、一つの川に流れ込む。しかし、地域の将来について議論をしようとすると、人々はこうした風景について語ることは少ない。地域景観とは、そこにあって当たり前の背景でしかない。経済的には、様々な第一次産業や古い工場などが大なり小なり生き残っているが、それは彼らの活動がより広域の市場とつながっているからである。特徴的な乳製品を生産するある工場は英国全土に市場を持つ。ある広大な宅地は、東欧からラテン・アメリカにまたがるある組合が所有している。地域住民の家族や友人は地球上のあちこちに暮らしている。多くの人にとって、ウーラーは、周辺の村や集落、農地よりは大きい、地域の中心町という位置づけだろう。しかし、基本的なサービスを受けるためには、スーパーマーケットやその他サービスのある町(ベリックやアニック)を利用する人もいる。なかには、ツイード川を北に越えたところにある、スコットランドの大都市が日常の生活圏になっている人もいる。そのため、都会のストレスから逃避し、低価格の住宅を求めて南イングランドからやって来る人にとっては、この地域に美しい自然環境を求めてやって来たとしても「グレンデール」というものが何を意味するかは理解しにくい。グレンデールという言葉は、現在の行政区域区分ではないが、唯一の集住地ではなく、エリアを象徴する名前としてGGTが組織された一九九六年に用いられた。人口統計上は、一九八〇年代にあったグレンデール・ルーラル・ディストリクト・カウンシル（訳注：町村レベル）傘下にあった旧集落をカバーする地域である。ディストリクト・カウンシルは一九七四年に地方自治体再編で廃止。高齢者のなかには旧カウンシルを覚えているものも多く、当時役場として使われていた建物は、GGTが最初の事業としてコミュニティセンターとして再開した。現在の基礎自治体は、この地域を含む広大なエリアを管轄するカウンティ（訳注：県レベル）だが、その役所は南に四五キロも離れたところにある。カウンティは、その計画や組織のなかでもグレンデールに言及していない。当該地域は、カウンティ北部の西側地区の一部という位置づけだ。しかし、GGTの存在は承知しており、カウンティの事業において重要なパートナーとなっている。一方、地域内ではGGTはウーラー地区のみを対象とした事業展開をしていると思われているようだ。人々は地域内にある小さな集住地や谷の違いを、明確に認識している。いずれにせよ、地域とそこに暮らす人々、そしてより南側の都市化した地域（南東地区）、さらにはイングランドの他の地域（南イングランド）との間に明瞭な違いをつける場合は、グレンデールは一つの統一体として認識される。「南の人たちは私たちの現実を理解しないからね」というのが、この地域の人々の常套句だ。GGTの活動が人々に支持されるのは、それが地域「現実」を表明しようとするからでもある。GGTはこの場所の「声」となることが期待されている。とはいえ、この地域の境界がどこにあるのか明確な定義はなく、場所の質についても具体的に言及されたことはない。概して、地域の人々や企業はGGTの役割を理解している（「よくやってくれているよ」と人々は言う）。しかし、地域開発に関する声明や戦略づくりとなると、人々は躊躇するようだ。個人として、他者の声に押しつぶされることを恐れているのか、あるいはもっと伝統的な「農村の独立の精神」を好む傾向があるのかもしれない。結果として、この特別な場所での暮らしという強い感覚はあるものの、それらを「グレンデール」の協働事業として実践しようとまではならない。

空間の意味と物質性

関係性の空間パラダイムでは、場所、そしてその多様な質を理解するという行為は、社会的なプロセスと理解される。理論的には「社会構成主義」アプローチと呼ばれ、知識や理解がどう生産されるかを探求する方法論が採用される。こうしたアプローチは、決して物理、自然、物質的世界の存在を否定するものではない。社会構成主義では、私たちは、人類の認知・想像能力の範囲でしかものごとを理解できないことを前提とする。また、私たちは新しいことを学び新たな地平を想像する優れた能力を持っているが、生まれ育った世界が有する社会・文化的な影響を無視することができないと考える。こうした前提に立てば、私たちが場所の多様な質として認識し価値を置くものを理解する際にも、物質的な地理的状況に目を向けるだけでなく、歴史や文化といった文脈、今を生きる人々の手の内にある可能性といったことにも関心の目を向けなくてはいけないことが理解できるだろう。こうした要素すべてが、人々がその地域において重要と感じられることとして流れており、人々のフィルターを通して受け取られ方も異なる。私たちは自分のものの見方が「普通」だと思いがちだが、見方そのものは特有の文化的遺産によってかたちづくられている。知的思考、伝統芸能、日常生活での迷信や風習、特有の文化の実践の場として構築された学校、職場、クラブ、学術会議、行政、政治といった、私たちが日常的に参加し所属する組織や制度、さらには社会単位として振る舞う家族や友人との関係においても、あらゆるレベルで私たちのものの見方は、過去の文化的遺産の影響を免れることはできない。それゆえ、自らの見方や行動は、すべての人にとっても同じだと誤解してしまう。しかし、他者に出会うと、彼らには別の見方や行動規範があり、異なる言説や実践に親しんでいるかもしれないと直感できる。つまり、こういうことだ。「空間を共有しながら共存する」ことは、多文化を理解すること、あるいはレオニ・サンダーコックが言うように、「見知らぬ隣人」(Sandercock 2000)と平和的に暮らすということだ(Healey 1997/2006)。となると、ある場所を議論の俎上に載せる際、その場所に一つの意味を押し付けるか(たとえば「競争力ある都市」といった概念)、あるいは、より進歩的な考えとして、限られた人々のではなく多くの人々が納得できるようなより集団的概念を構築するか、どちらが好ましいかは明らかだろう。後者の場合、集団として場所を認識するプロセスには、当然、場所の意味や場所の質に関心を置くだけでは十分ではない。場所の意味が浮かび上がる、社会・政治的プロセスへの関心が必要となる。解釈論的政策分析(interpretive policy analysis)と呼ばれる分野が、こうした課題の理解に重要なヒントを与えてくれる(Wagenaar 2011, Bevir and Rhodes 2015)。

グレンデール全体のビジョンは明確なものではなかったが、住民個人や地元企業の頭の中には、都市部やその他の農村地域のそれとは異なるものとして、この特別な場所に暮らしているという思いは強くあった。脆弱な交通網、自然災害、特有の景観といった地理的条件が反映されているのだろう。しかし、それ以上に人々が感じる社会的な質の強さの反映でもある。「ここには、コミュニティがある」という言葉が誇り高く語られる。新住民も地域活動の多さ、フレンドリーな人柄の住民たちに驚きの声を上げる。こうしたコミュニティ意識は、中流階級の新住民が羨望するロマンティックなものではない。これは、古い伝統を引きずっているものであるともいえる。農村コミュニティに暮らす人々にとって相互扶助の精神はなくてはならないものであり、古い社会構造(家父長的な家主や宗教指導者らが経営する集合的な宅地での生活)のなかでは生存の基盤でもあった。近年では、こうした共通感覚は、十分な人口がなければ公共サービスもなくなり、働き口はますます狭まるという危機感に置き換わっている。新住民も「地域でお金を落とす」限りにおいては歓迎される。このようなコミュニティ意識は自然発生的に生まれるものではない。個人間、世帯間、異なる地区間でのいさかいは容易に起こりうる。そうしたいさかいが公になる場としてパリッシュ・カウンシル（訳注：旧集落単位）の存在は重要である。そこでの議事録は定期的に地元メディアに取り上げられるからだ。この地元メディアは近隣の町（一五キロ離れたベリック）の様子もカバーする。そこからは、あらゆる種類の揉めごとで地域が引き裂かれた様子が伝わってくる。「ベリックのようになってしまう」という恐れはコミュニティ意識の強化にもつながっている。しかしGGTでは、スポーツ振興団体や、社会的、宗教的な活動同様、人々が確かな実感を持てるような前向きなコミュニティ意識を広めようとしている。GGTは、他の組織と「パートナーシップ」を構築できるような取り組みにも積極的だ。他組織との協働事業は、地域の人々にとって物質的な状況の改善につながるからである。設立から二〇年を経て、GGTが運営するコミュニティセンター、事業所スペース、一八戸の賃貸住宅は十分に活用されている。地元にあったユースホステルを譲り受けたことで、ウーラーのハイストリート（訳注：中心街）の質が格段によくなった。GGTの運営するコミュニティセンター施設では、カウンティの図書館分室、観光情報サービス、派出所などのサービスが提供されている（GGTは施設利用料を収入とする）。

制度と文化背景

人々が歴史をつくる、といっても自ら選択可能な状況でないとしたら、こうした状況について知ること、場所をつくる行為にかかる偶発的な状況を知ることは重要なことだ。文化的側面はその一つといえる。ヨーロッパの都市の多くには、ヨーロッパの他地域だけでなく、世界中から人がやって来る。彼らの期待する都市生活は様々だ。それゆえ、「公共圏」のデザインやマネジメントにおいて争いごとが起きやすい。これらの紛争を解決することは、場所のガバナンスの重要な課題である。話し合いの場を設けるにしても、誰が声を上げるのか、批判の声を上げてもよいのかといった点でも文化的な背景の違いによる誤解が生じる。今日、ありとあらゆる社会的活動が錯綜する、複雑な制度を備えた世界にあって、こうした課題への取り組みはますます困難を極める。政府省庁のなかには、身近な居住環境に関しては、住民や市民グループとともに慎重に事を進めようとする者もいるが、別の省庁がこれを無視した開発を進めたために台なしになる、といった事例には事欠かない。政策決定に関する研究においても、組織構造や進行上のルールといった側面だけが争点になっていたこれまでに比べて、ガバナンスの形態に見いだされる規範やその実践のあり方に強い関心が集まってきている。私自身、主体、アリーナ、ネットワークといった要素がガバナンスのプロセスのなかでどう作用するかを研究してきた（Gonzalez and Healey 2005, Healey 2010）。特に関心を寄せたのは、ガバナンスの言説、実践、そして文化が時を経て変化するその要因である。また、近隣住区レベルでの取り組み、市民社会から始まる取り組みが、ガバナンスの文化、場所のマネジメントに大きな影響を与えうることについて、その理由を探求してきた。そのなかで、プランナーの仕事、制度デザインが考え直すべき課題も見えてきた。都市計画の専門家は、多様な言説や実践手法を手元に準備し、それらを苦労して「組み合わせ」、「選択」すればよいというわけではない。これらは「参加型」「協議型」の取り組みで、専門家の役割とされていることではある。しかし、ガバナンスの文化も含めた変化を希求するのならば、どういった制度的規範や実効性のある実践を成し遂げたいのか、その動機づけとなるような構造は何か、その波及効果はどこまであるかということにこそ知恵を絞らなくてはならない。

GGTが地域のコミュニティ意識の醸成を積極的に行う一方で、「公的政府」が住民に対する物質的支援やサービスを提供し、公共圏に関わるべきだと考える人はいまだに多い。高齢者、特に南部に六〇キロ行ったところにある工業地タインサイドでの状況を知る人たちは、二〇世紀中盤に福祉国家の理念のもと「サービス供給者としての政府」創設にどれだけの努力がなされたかを覚えていることだろう。パリッシュ・カウンシルでは、公園の管理が任され、警察と協働しながら、利用者間に起こったいさかいを解決すべく様々な取り組みが行われてきた。カウンティ行政からの金銭的支援、たとえば保険にかかる問題などを期待した上での活動である。地元では、イングランドの公的セクター全体が直面する財政問題など知るよしもなく、こうした予算配分を決める政治の仕組みにも明るくない。それゆえ、サービスの削減が実施されると、カウンティ行政は「私たち」の地域ではなく、他の地域をひいきしているからだ、と人々は考える傾向にある。GGTが身につけてきた、政府機関と「パートナーシップ」を組んで事業を進めるという方法も、人々から常に評価されるわけではない。多くの人々の頭には、どこか遠く「彼ら」が本来の協働の意味を無視して一般解を当てはめてくる、テーマも国レベルあるいは学術界が決定するような代物に見えてしまうのだ。こうした人々の偏見と地域をよくしたいという思いの板挟みにあって、GGTが有する組織間の関係には、協働というよりは緊張感が常につきまとってしまう。

しかし、GGTが構築してきた組織文化の重要な点として、コミュニティのための施設やサービス提供を通じて、公共の価値を創造することを目指すという明確な目標を掲げ、主体性を持ちながら積極的にネットワークを広げてきたことが挙げられる。GGTは国レベルの各省庁の地方局と緊密に連携を取りながら事業を展開してきている。その一例が、住宅コミュニティエージェンシー(Homes and Communities Agency)、適正価格の住宅提供を目的とした外郭団体で、中央政府やEUの予算をバックに、リージョナル・デベロップメント・エージェンシー(Regional Development Agency)(訳注:一九九九年にブレア政権時代に設立された経済振興を担う外郭団体。地域開発公社。二〇一〇年に保守党政権下で廃止)があった時代には、農村の経済振興や小規模な町の中心市街地の再生などに取り組んできた。GGTはカウンティ行政の支所とも様々な連携事業を進めてきた。たとえば住宅や計画に関する課題、図書館サービスや観光インフォメーションサービスの提供などがその一例だ。また、広域あるいは国レベルを活動範囲とする様々な地域開発団体(local development trusts)、近隣の大学や農村コミュニティ委員会(Rural Community Council)(訳注:農村地域の生活支援を目的とした外郭団体)の支部ともネットワークを築いている。こうしたチャンネルはGGTの活動に知恵やアドバイスをもたらすだけではない。多層レベルでのガバナンスの実践として、このチャンネルを活用して、「グレンデールの声」をより広い世界に拡散させることができる。概して、GGTの外部評価は高い。政府プログラムを受託すれば期待される成果を挙げ、上位組織の手先ではない独自の方法論と立ち位置を持った団体として信頼に足る存在と受け止められている。結果的に、GGTはグレンデールという場所の「統一感」や「全体性」を醸成してきた。その鍵は、国、地方、県のレベルのプログラムなど多様な側面から、地域に暮らす住民や農家の生活状況を改善しようと試みている点にある。もちろん、公的セクターが、非政府の市民団体とは異なる組織文化を持った組織であることをGGTは学ばなくてはならなかった。実際に、つながりを維持し信頼を築くことに相当の労力を費やしてきた。というのも、GGTの二〇年の活動の間には、イングランドでは国から地方自治体までのあらゆるレベルにおいて公的セクターの行政改革、財政削減が進んできたからだ。同時にGGTは地域内でも様々な団体と密度の濃い関係を維持している。パリッシュ・カウンシル以外の市民団体の多くは、活動も流動的で特定の目的に特化している。何か新しいことを始めるというよりは、様々な要求を出したり、要求が満たされないとして反対運動を起こしたりすることが活動の中心である。外と内の全く異なるネットワークを結びつけながら活動を続けることは容易ではない。GGTは数名の有給スタッフとボランティア役員で構成されている。二〇年の歳月を経て、ノーザンバーランド北部のガバナンスの風景の中では、なくてはならない存在にまで成長してきた。地域に愛着を持つ人々に活気ある声をかけ続けるGGT。それこそが「公共」であると、明瞭に発信しているわけではないけれど。

様々な価値と争いの火種

今日、私たちは多様な「文化」背景を背負って生きており、場所の質をめぐる諍いが生じる可能性は常に付きまとう。計画理論において、このテーマを扱う研究は多くある。どういった場所の質が取り上げられ価値づけされるのか、場所の広がり(節点と境界)、何を推進して何を抑え込むのか、といった問題を通して争いごとは先鋭化する。いさかいを顕在化させる大きな声はもちろん、場所づくりのプロセスが始まらなければ人目につくことがないような抑圧された小さな声も浮かび上がる。争いごとは二つの意見の対立構造に陥ると、身動きが取れなくなることもある。こうした経験から、合意形成プロセス(consensus-building processes)に関心が集まってきた。それぞれのグループが異なる意見や立場を保ちながら協働し、場所についての戦略やビジョンを策定すること、または直接的に場所づくりの実践に取り組むことができるようなプロセスとはどういったものか。合意形成というと、場所づくりの活動を導く価値観に関して、恒久的な合意を取りつけると考える人もいるかもしれない。しかし、多様性をそのように「均《なら》す」ことは非現実的であるし、人々が違った価値観を持ち、状況の変化が激しい場合には不条理な野望でしかない。ある争いを解決しなくてはならない、現実的な問題に直面した場合を考えてみよう。たとえば、都市公園の利用の仕方、あるいは新規の住宅開発地の選定、ゴミ処理場建設などを想定してみよう。これらの場合、ひとまず総論は置いて、特定の状況にあって何が現実的かに議論を集中させるかもしれない。また、「イデオロギーは脇に置いて、現実的問題に焦点を絞る」[*3]ことがより適切だと主張する者もいる。多くの都市計画プランナーや専門家はこうしたアドバイスに従って、唯一の正解がないような問題に取り組む関係者の間に立ち、重要な合意に達するよう努力してきた。しかし、これは物事の変化に影響を受ける人々の間で意見の相違があることを無視してよい、ということではない。合意形成とは、民主的な習慣を育むプロセスの一部であり、ガバナンスの決定によって万人が納得するわけではないこと、今日合意したことも明日には変わっているかもしれないことを理解する必要がある。すべての場所のガバナンスにおける決定は、時の経過や状況の変化によって見直すべきものなのだ。さらに価値を議論する際には、どんな集団であっても中立的な立場はありえない。専門的な訓練を受けてきたプロ集団にしてもそうだ。だからこそ、公式に設定されたプロセスや実践では、その背景にある特定の価値観を表に出し、人々に十分吟味してもらうことが重要だ。

ＧＧＴのスタッフは、現実的な問題解決に活動時間の多くを費やす。複数の視点や見通しからあり得る限りの可能性を模索する。私たちが設定する問いはこうだ。「もし、私たちがこうしたら、他の人たちはどう思い何を言うだろうか」。ＧＧＴには強力なアイデンティティや活動目的があり、自らのミッションや戦略を議論することもあるものの、物事を精密に決定することや、あまりにも正当な価値観以外は必要以上に話を広げることを謹んでいる。グレンデールという「場所」がかなり曖昧な、厳密には定義しにくい概念であるように、ＧＧＴのスタッフは、大まかな方向性を示すような見通しを維持するのが最善と感じるようである。そういった緩さは私たちの思いもしなかったことにも意識を向けさせる作用がある。またこうした余裕があってはじめて、役員やスタッフは何が問題であるかを理解することができる。しかし、もちろん意見の食い違いがエスカレートし、分裂の危機に陥るのではないかという恐れは常に付きまとう。市民を代表する公の合法性を持たない一団体として、その存在意義は地域の役に立つ支援者であると皆に認められるか否かで判断される。社会のなかでの意見の対立、ＧＧＴと地元の他組織の間に生じる緊張関係は、人々からの評判で成り立っている組織の存立基盤を弱体化させることにもつながる。また、スタッフや役員もこの地域の住民であり、日々の暮らしの基盤であるこの場所を他者と共有している。グレンデールのような地域では、家族間やグループ間の確執がないわけではない。イングランドとスコットランドの国境であるこの地域に残る民謡や民話の中には、そうした歴史が多く語られている。しかし、時には、ある一人の人物がＧＧＴの活動の基盤に据えるべき極めて根本的な価値を提示することがある。それは、すべての人が人間としての幸福を求める権利があることを認め、この地域に互いを助け合うコミュニティ意識を維持することの重要性を強く訴えるものである。幸いにも、風力発電建設といった地域分裂の火種になるような出来事は、今のところ持ち上がっていない。

現実的な「未来への一歩」

これまでに示してきたような場所のガバナンスは、私たちの知識は常に限定的であり、未来は期待どおりには訪れないということを理解することから始まる。意識的な働きかけを通して未来によい影響も悪い影響も与えることは可能だが、未来そのものをコントロールすることはできない。そうであるならば、場所のガバナンスという行為は、未来へのビジョンを創造し、青写真を描き、それを忠実に建設するといった体裁を取るべきではない。実際、こうしたアプローチこそが、二〇世紀の政策立案に携わる人々が道を誤った元凶だ。多くの人が言うように、私たちはもっと地味で実験的なアプローチを取るべきだ。選択すべきは、旅の方向性を考えつづけること、物事をよりよく把握しようと努め、私たちに降りかかるかもしれぬ危険をできるだけ避けながら、霧がかった未来へと歩を進めること。そうした旅路のなかで、互いに学び合い、経験から学んでいくしかない。しかし、ごく小さな取り組みが変化を生みだしうることを、私たちは経験してきた。つまり、都市計画の専門家たちがどう振る舞うかが重要な鍵を握っていること、取るに足らない小さな事業であっても、状況によっては広範囲に影響を及ぼしうることを学んできた。もちろん、具体的にどういった影響があるのか、どのような状況でそうなるのかについては、まだ完全に解明はされていない。こうした思考の概念的な基盤は、アメリカのプラグマティズム、ヨーロッパのポスト構造主義や複雑性理論などにも見られる[*4]。これらから導き出されるのは、「探求するコミュニティ（community of inquirers）」、絶え間なく学び実験を繰り返すコミュニティを育てるような、場所のガバナンスをつくりだすことの重要性だ（Ansell 2011）。実験が成功することもあれば失敗に終わることもあろう。「市場」での活動と同様に、もし、未来に向かって実験的なアプローチを採用するのであれば、失敗から学ぶことも学び、成功しても批判的な目を常に持つことも重要だ。そうしたガバナンスの可能性が現れるような実践は、それ自体が価値ある場所の質となり、「社会的資本」と呼びうるものとなるだろう。

市民社会が主導するガバナンスの取り組みとして、GGTの存在自体がある種の実験とも考えられよう。時を経るとともに、GGT特有の文化が育まれ、仕事の手法も構築されてきた。しかし、これらが固定化することはなく、組織が存続し地域に貢献しうるかどうかは、個々の事業をどれだけ適切に、柔軟に、その場に応じた判断を下し、可能性を広げながら推進する能力があるかにかかっている。GGTの活動で評価すべきは、より広域を管轄する組織を巻き込みながら実験的な試みを実践していることである。しかし、今後、異なる見方が現れて、グレンデールのような地域の状況を変えていくことがあるかもしれない。他地域の事例を視察したり、専門家を呼んで話を聞くこと、私たちの経験やネットワークを最大限に生かすことも重要だ。GGTは積極的に「学ぶ」努力を惜しまない。役員のなかには、GGTの戦略計画を策定すべきだという者もいる。より野心的に、グレンデール地域全体の戦略計画を策定しそれに基づいて活動の優先事項を決定すべきだと考える者もいる。実は、グレンデール・コミュニティ計画という文書は以前に策定されている。文書には、確かに有益なデータや情報が豊富に盛り込まれていた。しかし、その多くは忘れ去られている。計画文書の最大の貢献は、文書作成に関わった人々の思考方法に影響を与えたことだ。そこで培われたものの見方は、将来にわたって生かされるだろう。なかにはこうした計画を準備しなくとも、戦略的な方向性を維持することは可能だと考える役員もいる。自分たちの組織にできることは限られており、市民を代表しうる正式な団体ではないのだから、地域住民を動かしたり、戦略をつくる必要もないのかもしれない。また、これまでに説明してきたように、私たちの未来はいくつもの個別の活動の総体としてつくられていくのであり、GGTの活動はその一部でしかない、という考えもある。おそらく、「事業の実施、サービス提供」を主とする方向性もあって、広域のガバナンスのなかでどうやって政治的な声を維持しつづけるかまでは、考えが及ばないのかもしれない。

おわりに

ここまでの議論を通じて私が試みてきたのは、これまでの研究、特に『メイキング・ベター・プレイス』の根底に流れる思考の拡大にほかならない。場所、その多様な質が、人類の幸福にどれほど重要な契機をもたらすかを考えてきた。その意味で、戦争や災害によって「場所を追われる」ことが、人間の精神にいかに大きく深い傷を与えるか想像してほしい。私たちが生きる現代において、ガバナンスのプロセスの中に生じるありとあらゆる葛藤を映し出す鏡として、私は場所のガバナンスを語ってきた。場所の多様な質を深めてゆくような力を生み出すために、新たな視座から「場所」そして「ガバナンス」を概念化しなくてはならない。自然法的な客観的存在として場所があるという前提、公式なルールや役割といった型にはめてガバナンスを想定することをやめ、社会的なプロセスにこそ思考の焦点をあてるべきである。「隣人」として他所と共生し、共通性を発見し価値づけするといった社会的プロセスのなかで始めて、場所やガバナンスの本質は見えてくるのだ。そうした共通性の認識によって、私が「節点力」と呼ぶものを生み出すための基盤がつくられ、場所とその質に人々の関心を集め、よりよい方法でのガバナンスの実践が可能となる。こうした考えを具体的に示すために、一つの市民主体の取り組みを取り上げてきた。グレンデールは農村地域における一つの実践ではあるが、同様の取り組みは都市部の近隣住区や地区レベルでも起こりうる。グレンデールの物語は、個々人の経験が多様であると同様に、多くの両義性が見られるため一般化は容易ではない。GGTはグレンデール地域に多くの物質的な利をもたらしてきた。地域全体の価値やニーズを声にする主唱者の役割を担い、広域に広がるガバナンスの風景の中で一つの節点となり、かなり曖昧な「表象」ではあるがグレンデールという「場所」の意識を醸成してきた。もし、より公式な政治・行政上の役割がGGTに備わったとしたら、あるいは他の団体がグレンデールを「代表」するとしたら、こうした意識はより鮮明になるのだろうか？　こうした意識の明確化は、果たして革新的な取り組みを持続する際の妨げにはならないだろうか。

ヨーロッパでは現在、こうした市民社会からの取り組みが拡大しつつあるように思える。それは、公式な政府のアリーナの外側から、小さな実験としてふつふつと浮かび上がっている。このような現象から、何を学び得るだろうか？　機能不全に陥った様々な民主社会の中で、人々が共同して「行動し、選択する」という手法を用いた実験への期待があろう。こうした実験が、より大きな「ムーブメント」、たとえば、福祉国家という理念に基づいて構築してきた仕組みを改変すること、「新自由主義」に基づくガバナンスへの対抗軸づくりに、合流していくことは可能なのだろうか(Wagenaar and Healey 2015)？　ヨーロッパの状況を見ていると、日本のまちづくりの経験から多くを学ぶことが可能だと感じる。

試行錯誤、そこからこうした問題を掘り起こしながら、考えること、経験すること自体が、今取り組んでいる「実践」になんらかの道を開きはしないだろうか？　市民社会を主体とした取り組みの始まりは多様だ。しかし、国家や市場の外にいる人々のエネルギーが源泉となっていることは共通する。また、公式な政府の特定のレベルや部門、市民活動を支援する大小様々な企業や民間セクター、非政府団体とのネットワークを築いていることも共通する。この「マルチスケールのネットワーキング」は、批判能力の一つとして時間をかけながら身につけるべきである。考え方や実現可能性をめぐって意見が割れることも少なくない。一九七〇年代のヨーロッパで、市民社会の政治的活動を立ち上げる原動力となったのは、広い意味でのイデオロギー的な信念だった。今日では、むしろ現実に問題解決が可能か否か、つまり「実践する」あるいは「守る」に、人々の関心が向いている。しかし、ここで重要なのは、一九七〇年代の環境保護運動が公共政策へ影響を与えることができたのは、小さなグループが都市・国家を超えてつながり「社会運動」に発展したからである。現代においても、公式な政府が提供するプログラムの戦略に関与する際には、個々の声の独立性は維持しながらも、他者に「吸収」されることを防ぐような相互連携のあり方を模索しなくてはならない。

公式な政府組織で働く専門官らも、国家と市民社会の間に横たわる壁を乗り越えるための新しい方法論について、こうした市民社会の経験から学ぶことは多いはずだ。過去には、こうした専門官らは、国家が提供するサービスのプロ、つまり市民サービスのプロだと考えられてきた。現在では、温情主義的な国家の「顧客」あるいは、国家が提供する商品サービスの消費者である市民「のため」に対してではなく、市民「とともに」直接事業を進めることに注力するようになってきている。市民の持つ知識や経験を尊重することを学び、彼らの取り組みを支援するような方法、たとえば技術的な知識の提供、活動同士の連携、共通に役立つサービスの提供など、「トップにいるのではなくタップ（蛇口）をひねる役」の大切さが理解されつつある。市民社会で活動する専門家も、依頼された商品やサービスをつくり提供する際には、「共同製作者」というかたちで活動に関わることも多いだろう。ヨーロッパでは、こうした働き方こそ、現代において批判の矢面に立たされている公式な市民セクターの領域に、信頼関係を再構築するための重要なプロジェクトであるに違いない。しかし、もう一つ覚えておくべき重要な点は、市民社会の取り組みは、ガバナンスの世界に偏在しがちであるということだ。大きな声を持つ取り組みもあれば、地区のごく少数の人々を代弁するにすぎないものもある。公的組織で働く専門家ら、彼らが報告する先の政治家らは、不平等や非正義の発生を極力抑えるよう、管轄地区全体を「概観」する重要な役割を持つ。こうした状況は、市民社会の活動が活発になればなるほど、ガバナンスの領域に生じるのは避けがたいからである。

最後に、場所に関心を寄せる市民社会の取り組みは、公式な政府のシステムの制度設計において、改変が必要なあらゆる側面で役立つかもしれない。政府のシステム設計は、その構造上、資源配分と規制、具体的な施策といった内容で理解されている。しかし、こうした仕組みも時を経て培われてきた組織文化や実践結果に基づいてかたちづくられてきた。それ故、システム全体を見通すことや改変することは容易ではない。おそらく、前進するためには、あえて後ろを振り返る必要があるだろう。具体的にどのような文化背景が、市民を中心とした場所のガバナンスを進歩的な方法で発展させてきたのか、どのような公式な制度設計が、特定の時代や場所においてこうした市民主体の動きを支援してきたのか。場所のガバナンスが目に見えるかたちで変化してきたような、小さなスケールの現場の経験こそ、こうした思考に多くの示唆を与えてくれるに違いない。

（翻訳：村上佳代）

*1——ミクロレベルでの政治的実践を分析するにあたり、フーコーは「言説」と「実践」に焦点を当てている（Foucault 1976）。

*2——「ローカル・アジェンダ21」の概念がスウェーデンの地方政府に導入された事例（Nilsson 2007）や、アメリカ合衆国のシアトルでの都市計画局と市が支援する近隣住区の取り組み（Sirianni 2009）、スペインのバレンシア地方での再開発事業の方向性をめぐる議論（Romero Renau and Lara Martin 2015）などを参照のこと。

*3——Forester 2009を参照のこと。

*4——Hillier and Healey 2010に有用なまとめがあるので参照のこと。

参考文献

1——Amin, A.（2004）. "Regions unbound: towards a new politics of place." Geografisker Annaler 86B（1）: 33-44.

2——Ansell, C. K.（2011）. Pragmatist Democracy: Evolutionary Learning as Public Philosophy. Oxford, Oxford University Press.

3——Bevir, Mark and Rod Rhodes（2015）The Routledge Handbook of Political Science London, Routledge

4——Forester, J.（2009）. Dealing with differences: dramas of mediating public disputes. Oxford, Oxford University Press.

5——Foucault, Michel（1976/1990）The History of Sexuality Volume 1: Introduction London, Penguin

6——Geddes, P.（1915/1968）. *Cities in Evolution*. London, Ernest Benn Ltd. パトリック・ゲデス著、西村一朗訳『進化する都市』鹿島出版会（二〇一五）

7——Gonzalez, S. and P. Healey (2005). "A sociological institutionalist approach to the study of innovation in governance capacity." Urban Studies 42 (11) : 2055-2070.

8——Healey, P. (1997/2006). Collaborative planning: shaping places in fragmented societies. London, Macmillan.

9——Healey, P. (2010). *Making better places: the planning project in the twenty first century*. London, Palgrave Macmillan. パッツィ・ヒーリー、後藤春彦・村上佳代訳『メイキング・ベター・プレイス——場所の質を問う』鹿島出版会(二〇一五)

10——Healey, P. (2012). "Re-enchanting democracy as a way of life." Critical Policy Studies 6 (1) : 19-39.

11——Healey, P. (2015a). "Citizen-generated local development initiative: recent English experience." International Journal of Urban Studies http://dx.doi.org/10.1080/12265934.2014.989892

12——Healey, P. (2015b). "Civil Society Enterprise and Local Development." Planning Theory and Practice 16 (1) : 11-27

13——Hillier, J. and P. Healey, Eds. (2010). The Ashgate research Companion to Planning Theory. Aldershot, Hants, Ashgate.

14——Massey, D. (1984). *Spatial Divisions of Labour*. London, Macmillan.

15——McFarlane, C (2011) Learning the City: Knowledge and Translocal Assemblage, Chichester, Wiley-Blackwell

16——Nilsson, K (2007) "Managing complex spatial planning processes" Planning Theory and Practice Vol 8 (4) : 431-447

17——Romero Renau, L.del and L. Lara Martin (2015) "The dark side of a trendy neighbourhood: gentrification and dispossession in Russafa, the 'Valencian Soho'", in ed: Gualini, E, J. Morais Mourata and M. Allegra Conflict in the City: contested urban spaces and local democracy, Berlin, Jovis, pp 147-164

18——Sandercock, L. (2000). "When strangers become neighbours: managing cities of difference." Planning Theory and Practice 1 (1) : 13-30.

19——Wagenaar, H. (2011). *Meaning in Action: Interpretation and Dialogue in Policy Analysis*. New York, M.E.Sharpe.

20——Wagenaar, Henk and Patsy Healey eds: (2015) "Interface: The transformative potential of civic enterprise" Planning Theory and Practice Vol 16 (4) :557-585

第3章

まちづくりの科学

3-1 現代の「まちづくりの科学」とは

Naomi Uchida
内田奈芳美

第二章では「まちづくりを再び定義する」として、まちづくりをめぐる歴史的背景と地域社会の変容を考察し、現代のまちづくりの定義を論じてきた。第三章では「まちづくりの科学」と題してまちづくりの「科学的な方法」*1について考えてみたい。「まちづくりの科学」とは、一九九九年に出版された著作文献1のタイトルに冠された言葉である。この本のなかでまちづくりの科学とは、「現実の運動として取り組まれてきたまちづくりの理論的な枠組みを提示し、地域の必然性から沸き上がってきた『まちづくり』を、明快な科学的方法として成立させること」（五頁）とされている。

本書では、その言葉を借用しつつも、二〇年近く経過し、より「現実の運動」として理論が蓄積された現在における「まちづくりの科学」をとらえ直すものである。三つのセクションに分け、現状認識のための「まちづくりの科学」を考える。その三つとは、

「調査と実践」
「計画論として組み立てる」
「ガバナンスを分析する」

とした。「調査と実践」はまちづくりの科学的手法の動向であり、「計画論」と「ガバナンス」はまちづくりの目標と、それに向けた現状認識と分析の枠組みを示すものである。

前書との時代背景を比較すると、一九九九年当時は一九九五年に発生した阪神・淡路大震災の復興まちづくりによる地域協働の実践が共有されつつあり、参加型まちづくりについては、行政・住民双方が手探りで方向性を模索していた時期でもあったといえる。そこから現在では協働のまち

づくりが名目上は浸透し、とにかく実践してみようという行政・住民は増加していった。こういった主体の変化やまちづくりの実践における現状を示すのが「調査と実践」のセクションである。大学が地域との関係のなかで実践を通じて技術的・理論的開発を進めていったのも一九九九年から続く流れである。

一方、計画論においては硬直的な計画システムへの疑念と、対話の必要性が論じられてきた。これはまちづくりや協働のプランニングの仕組みが形成されるなかで、双方向の議論を積み重ね、漸進的に計画を進めていくための検討が進んできたことが背景にある。双方向性や漸進性が模索されるなかで、本章にあるような「自律住区」や、「地域文脈」といった計画論はロマンチストの物語ではなく、よりよい場所をつくるために考慮すべき要素となった。

また、一九九九年当時と現在との時代背景の最も大きな違いは、人口減少に対する認識である。当時すでに高齢化社会については重要事項として議論されていたが、都市の人口減少にともなう課題は触れられていなかった。そういった課題を認識するようになった今日において、地域協働はどのような姿であるべきか、理論と実態から考えるのが「ガバナンスを分析する」である。この「ガバナンス」とは「特定された問題に取り組むため」*2の「アリーナ型」のガバナンスのあり方として、地域がいかに問題に取り組むための場をつくっていくべきかを、未来志向で考えるためのものである。

これらが現代的な「まちづくりの科学」として要素を分解し、示したものであり、以下セクションで分類したそれぞれの論考は、実践と理論を示す第四章の基盤となっている。

*1――文献1、二〇頁から引用。この中では、まちづくりの科学についてのさらなる説明として、「まちづくりにおける科学的アプローチとは『現状を正確に把握した上で、目標を明確にし、それを実現するためのもっとも客観的、合理的な方法を組み立てること』」であるとしている。

*2――文献2日本語版二七一頁から引用。「アリーナ型」は三つのガバナンスのかたちのひとつとされている。あとの二つは、「フォーラム型（価値の共有）」「法廷型（開発行為の規制）」であり、実際の現場ではそれらの役割は混ざり合って成立している。

参考文献

1――佐藤滋編著『まちづくりの科学』鹿島出版会（一九九九）

2――Patsy Healy, *Making Better Places*, Palgrave MacMillan, 2010（後藤春彦監訳、村上佳代訳『メイキング・ベター・プレイス』鹿島出版会（二〇一五））

3-2 シナリオ・メイキング

川原 晋、佐藤 滋
Susumu Kawahara, Shigeru Satoh

まちづくりや広い意味での都市計画、物語としてストーリー仕立てで述べることは都市の総合計画を「島田物語」と名づけた静岡県島田市の例に見られるように以前から用いられている。計画をわかりやすく一般市民に伝えるため、またソフトな内容を計画として表現するための方法としてである。近年海外でもナラティブという用語が都市計画分野でも頻繁に使われる。シナリオ・メイキングとはその物語をかたちづくることであり、「まちづくりの意志」をも意味し、ある目標に向かって、そこに至るシナリオをつくることである。

将来のシナリオを描き検討する方法

一方で広く社会の変動を未来予測する方法として、単に数値だけではなく多様な要素の因果関係や相互作用の積み重なりとして、時系列の変遷を記述的に分析する方法が、シナリオ・プラニング、あるいはその一部としてシナリオ・ビルディングなどの方法として、軍事的な戦略・戦術、外交政策などの検討・立案から発展して、今日では企業の事業計画の立案など、企業や国家を取り巻く変動に対応する方法として様々に用いられている*1。

また、シナリオ・ライティング法という研究方法も活用されているが、これはやや客観的に複数のシナリオ、たとえば想定できる生活様式の変化などを記述して、それぞれへの対処を検討するためにシナリオを描き、それを分析対象として計画介入の代替案を検討するなどの方法として用いられる。

まちづくりは、少なくとも数年以上の中長期的に取り組むことを想定して、その時間の中で変化する多様な主体の状況や、地域内外の不確定な要素や影響を包含しつつ進められる必要がある。したがって、その時間的な変化に対して、柔軟な対応力を持った計画立案、組織意識や人材の育成、そこに向けたプロセスデザイン、進行管理が必要とされる。いずれにしても将来を単純なプランや目標、単線的なロードマップではなく、多面的な社会や環境変化を取り込みながら多様な関係主体の相互作用で進行する未来を予測しながら描いたり、あるいは導くことを含意する言葉として「シナリオ」という用語が用いられる。筆者は「第三世代としての復興まちづくり—復興まちづくりを論じる」文献1のなかで、阪神・淡路大震災の復興まちづくりで成果を上げた地区では、当初から復興まちづくりのシナリオが社会的物的コンテクストを基盤として共有されており、合理性を持って進行したことを示し、このようにシナリオがつくりだされたことをシナリオ・メイキングがなされたと、表現した[*2]。

まちづくりにおけるシナリオ・メイキング

すなわちまちづくりにおけるシナリオ・メイキングは、シナリオ・プランニングとシナリオ・ライティングとして蓄積された方法を参照しつつ、「まちづくりが対象にする領域において社会経済的、物的環境の変化を見通して、多様な関係主体のまちづくり活動を組み立てて、まちづくりの進行を筋道を立てて目標像に導びこうとする方法である」と定義する。

これらのシナリオ表現には、過去から現在へ、そして未来への、一連の整合性のあるつながりをも含有している。特にまちづくりのシナリオをつくるとは、これまでのまちづくりをどう解釈するか、あとから振り返って、将来も含めて「一連のシナリオ」として描くことが前提になる。

まちづくりにおいて地区単位での計画を事前につくることの意味は、プランよりもその検討プロセス、すなわちシナリオ・メイキングのプロセスをいかに共有し、関係者の関与とモチベーション、自律性と協働の意思を高めることが重要であるし、専門家は正しい情報提供により、このプロセスが合理的に進むように指導する役割を担う。そしてそのシナリオの行き着く先としての目標像を詳細につくるよりは、大まかな将来像を共有し、シナリオを進めるために「まちづくりをマネジメントする」ことが重要である。そうしたときに、まちづくりは時々刻々の状況に対応する時間のなかでの相互作用や関係性のマネジメントでもある。

大まかなシナリオを想定して、現実の進行をそのシナリオと比較しながら検証するという方法は、現実のまちづくりのマネジメントとして役に立つ。まちづくりの時間軸での共有イメージとしての「シナリオ」であり、あるいは、物語、さらにはより戦略的な「プログラム」という表現も用いられることもある。

まちづくりは、地域社会における物理的社会的環境に関するさまざまな構想や計画を持っていて、それを実行しつつ地域社会に介入し、その結果を評価し、次の計画や構想につなげる。このような個別のまちづくりが重なり合い、あたかもシナリオに従う物語のように進行するのがまちづくりの全体である。

不確実性に対応する選択可能なシナリオの検討

すなわち、遠い将来像を確定することはできなくても、進む道筋を様々に想定しながら進行管理を行い、よりよい方向に進める方法としてのシナリオ・メイキングである。共有された将来像を実現するためのシナリオを描き、これまでのような固定的な計画ではなく、時間とともに起こる地域内外の不確定な要素や影響を包含しつつ変化に対応し、多様な主体が個別に活動をしながらも、総体として共有された将来像が実現する方向に導く仕組みが必要なのである。まちづくりのシナリオ・メイキングは、さまざまな計画や個別のプロジェクトが生まれてきたときにそれが組み立てられてどのようなまちづくりが進むのか、その方向性を常に確認しながら相互に協議・調整するための方法でもある。

そして、これと並行して、特に物理的空間変化を空間シナリオとして描くことも重要で、それを媒介にした討議を通じて適応のあり方が具体的に検討される*3。

ところで企業の事業立案などにおいては、直近の事業実績や景気などの状況変化の傾向にもとづいて短中期的に立案されることが多いなかで、シナリオ・メイキングの手法は、「想定外」となりがちな破壊的イノベーティブな競合サービスの台頭や、災害や戦争、政治体制の変化などの不連続な外的要因を予測し対処することができる手法として紹介されることが多い*5。

まちづくりにおいては、中長期的な視点で将来を予測し対処するという発想は、元来有している。また、災害などのように、一見想定外で、不連続な状況に備える計画策定も数多く取り組まれてきた。しかし、グローバルな経済のなかでまちづくりが影響を受ける外部環境の要素も広がっている。わが国では近年、地方創生戦略のように、経済面を重視した都市経営的な視点から、直近の状況変化を把握する統計的・定量的なデータを活用した計画策定や進行管理が強く推奨されている傾向にあるなかで、改めて一見想定外で不連続な環境変化を予測し対処するシナリオを描く行為の意義にも着目すべきである。

まちづくりで描くシナリオとは何か

　シナリオがどういうものかについては様々な考え方があるが、基本的なイメージは、現在から未来に至る環境の変化を脚本のように描くことである。そこには二つの要素がある。一つには、未来の環境変化について、ある要因によっておこりうるいくつかの環境変化を場面（シーン）の連続として複数の可能性を想定して「時間軸を入れて動的に描く」ことである。もう一つには、誰もが物語のように感覚的に理解できてイメージが共有されることで、議論が可能な表現で描くことである。ただし、シナリオを描く際、未来の環境変化のとらえ方は、まちづくりと企業ではかなり違った状況がある。企業などで行われるシナリオ・プランニングでは、シナリオは企業の外部環境を客観的に描写するものであって、通常は自社の戦略（対策）は含まない場合が多い。この考え方では、企業という環境の外部と内部を分ける意思決定組織の存在があることが前提になっている。

　しかし、まちづくりではそもそも意思決定組織が当初は不明確であったりする。従って、描かれるシナリオの内容は、意思決定組織の外部の環境というよりは、まずは、想定する地域を取り巻く環境の変化全体を対象とするのが自然である。空間的・社会的な面も含めた地域内外の環境変化が描く対象となりえる。

　たとえば、右肩上がりの時代にあっては建物の高容積化、今日では空き地・空き家の発生、少子高齢化、自治体の財政難など連続的に、漸次起こっていく地域内の環境変化から、大地震などの自然災害や火災などの事故的な変化がある。また、商業地や観光地であれば、景気や競合地域の台頭などの外部経済の環境変化がシナリオに描く対象となるだろう。地域内の相続などによる土地利用転換の場面、これまで地域に存在していなかったような論理で動く外部資本が入ってくるといった環境変化もありえる。

こうした要素の将来動向を把握し、地域の未来を予測する複数のシナリオを検討する際に活用することになる。

複数のシナリオを検討する意味は、地域を取り巻く未来の環境変動の幅を理解することにあるので、起こり得る最悪の状況を描いてみることも、地域のまちづくりの議論をする上で役立つ。

シナリオを描く際には、シナリオ・ライティングは「何もしないときに起こりうるまちの環境変化」だけを描くのであるが、それを前提にまちづくりによる活動や対処の仕方によって変化する地域の未来の状況も含めて描くのが、シナリオ・メイキングである。すなわち、目標とする地域の未来像が議論のテーマとなり、そこへ至るために何をすべきか、そのタイミングやかかる時間などの時間感覚をシナリオで検討する。このような方法により、まちづくりにおいて、途中段階の目標設定や進捗評価の議論も可能になる*4。

シナリオ・メイキングの方法

こうして考察すると、シナリオ・メイキングには大別して三つの方法がある。

第一は、連続ワークショップなどにより、将来のシミュレーションとして、シナリオを協働して描くこと、第二は、まちづくりのターニングポイントにおいて、専門家やリーダーが戦略的な意図を持って、重層的な文脈とまちづくりの流れを解釈して先導的に描くシナリオ、さらに第三の方法は、様々な意志決定が重なり、無意識にこのようなシナリオが描かれている場合であり、その解釈を後にすることには意味がある。

以下に、第一の方法であるシナリオ・メイキングをワークショップを通して行う場合のステップを注5を参考に仮に示してみよう。

第一段階：資料収集とその解釈を行う、第二段階：今後起こりうるシナリオを内外の環境変化として複数描く、第三段階：上記に対応するまちづくりの対応を複数案検討する、さらに第四段階：前述から、もっとも起きやすいシナリオ、望ましいシナリオ、可能性のあるシナリオなど複数案を模型によるシミュレーション、フィージビリティも含めて検討する。そして、第五段階：前述の内容を総括して、まちづくりの内容とその影響・効果をシナリオに含めて、まちの将来像を議論し、まとめる。

前述の第三の方法はこのようなステップを、まちづくり活動を通して進め、ワークショップなどの活動からフィードバックするのであり、次節で述べるアクションリサーチをとおしてシナリオを描き出す方法といえよう。。

このように、まちづくりにおける「シナリオ」とは、単なる、まちづくり進め方の行程表ではない。つくられるシナリオは、過去の経緯を踏まえて現在の環境を確認し、地域内外に起こりうる様々な要素を調査分析し、いくつかのターニングポイントにおける分岐点や変化の状況を表現した複数の未来予測でもある。シナリオ・メイキングの作業を通じて、単にシナリオをつくるということだけではなく、関係者のまちの未来に対する洞察力や構想力を高め、不確実性に対応できるまちづくりの力を培うことができるのである。

*1——(シナリオ・プランニングは)、将来起こり得る環境変化を複数のシナリオとして描き出し、その作業を通じて未来に対する洞察力や構想力を高め、不確実性に対応できる組織的意思決定能力を培うことを図る、戦略策定および組織学習の手法(Webメールマガジン ITmedia エンタープライズの情報マネジメント用語辞典)」とある。たとえば、Adam Kahane、Kees van der Heijden, *Transformative Scenario Planning: Working Together to Change the Future* (2012) は五つのステップで最終的なシナリオを描き出す方法を詳細に、方法論というよりマニュアルとして述べていて示唆的である。

*2——普通に表現すれば「シナリオ作成」なのだが、Makeの進行形で、「何とか創り出す動的なニュアンスを与えようとした」二〇〇〇年の建築学会大会「都市計画・農村計画部門研究協議会」では「まちづくりのシナリオ・メイキング——『生活景』からの地域環境づくり」と題して、「生活に直接関わる場や暮らしを『生活景』としてまとめ、将来像やその実現のためのシナリオの組立てを議論」(建築雑誌二〇〇一年二月号、八八頁)している。

*3——東京都千代田区六番町においては環境保全型のダウンゾーニングを伴う地区計画の検討をこの空間シナリオを通して行い、東京都心ではまれな高度制限を伴う地区計画を実施に移した。川原晋「現場に根ざす都市再生の試み——六番町で実現したダウンゾーニング型地区計画」『季刊まちづくり』五号(二〇〇四)に詳しい。

*4——Mats Lindgren (2012) Scenario Planning - Revised and Updated: The Link Bet ween Future and Strategyでは、observation→(interpreting)→orienntation→(Planning)→Decision→(Implementation)→Action→(Serching)というOODAサークルを示しているが、次項で述べるアクションリサーチと同様の考え方で、シナリオ・プランニングはアクションリサーチの社会版シミュレーションともとらえることができる。

*5——キース・ヴァン・デル・ハイデン著、グロービス監訳、西村行功訳『シナリオ・プランニング——戦略的思考と意思決定』ダイヤモンド社(一九九八)など、企業などの経営におけるシナリオ・プランニング、シナリオ・ライティングに関する多数の書籍がある。

参考文献

1——佐藤滋、饗庭伸、真野洋介『復興まちづくりの時代——震災から誕生した次世代戦略』建築資料研究社(二〇〇六)

3-3 アクションリサーチの方法

Shigeru Satoh
佐藤 滋

なぜまちづくりにアクションリサーチが必要なのか

まちづくりにおけるアクションリサーチ*1は、研究対象のプロセスに介入し、計画や構想を立案、実行し、その成果を評価・診断して、次なる改善を検討し、再び構想や計画に反映するという道筋をたどる。まちづくりは公的なもので、人的社会的資源を継続して投入するためには、当然説明責任があり、特に、地域運営全般を担うまちづくりは、単なる結果だけではなくそのプロセスの正当性が問われる。そうしたときに、アクションリサーチの方法をとおして明確にプロセスを表現し、自ら介入の結果に対して評価と改善をしつつ、よりよい結果を得ている、あるいは得ようとすることは重要な意味を持つ。まちづくりにおいて、意図的な介入の結果に対して、評価と改善の回路を組み込んでプロセスを進め、それを明示・公開して、次の段階を組み立てる方法を、ここでは「まちづくりアクションリサーチ」と呼ぶ。

それぞれの立場からのまちづくりアクションリサーチ

この場合、交通システムや個別公共空間デザインなどの要素技術を社会実験として進める方法から、まちづくりの終わりのないプロセスを当事者、専門家、あるいはプロデューサーとして進める場合まで、大まかに以下の三類型がある。

――要素技術の社会実験としてのアクションリサーチ

たとえば、交通まちづくりでの、自動車を規制しての歩行者空間づくりや、オンデマンドバスシステムなどを、期間を定めて社会実験として行うようなアクションリサーチの方法である。アクションリサーチのプロセスを繰り返し進めて、フィードバックを重ねることにより、システムの改善ばかりでなく十分な周知と合意形成など明確な成果を得ることができる。

――観察者、伴走者としてのアクションリサーチ

社会科学の研究者がまちづくりの住民活動などに自ら関わり、客観的な観察をとおして助言などを行いながら、そのプロセスを分析し、社会現象の理論化する方法である。参与型研究ともいわれ、そのプロセスで分析結果を報告することで、主体者であるまちづくり活動に対して示唆を与え、それがアクションリサーチのプロセスにフィードバックされる。このように、社会学者、研究者としての貢献をしつつ、研究成果をまとめることができる。

――まちづくりプランナーとしてのアクションリサーチ

自らまちづくりに計画者、実施者として関わり、まちづくり事業の設計・計画とおして、まちづくり介入する立場でのアクションリサーチである。社会的物的環境の改善を図りつつ、その評価・検証を通じて、次のまちづくりプランニングの向上に結びつける。また、このようなプロセスをとおして、他の地域でも適応可能な方法論の確立などの研究開発を進め、その方法論を次のアクションリサーチとしてのまちづくりで検証する。

まちづくりアクションリサーチの方法とシミュレーション

アクションリサーチは描かれたシナリオを前提に実行しつつ、評価とフィードバックを繰り返すものであり、また、アクションリサーチの結果を含めたプロセスがシナリオとして表現され、それを検討して次のシナリオと計画・構想に反映する。すなわち、アクションリサーチと前章で述べたシナリオ・メイキングは、セットでまちづくりの進行管理の方法といえる。

――まちづくりアクションリサーチの方法

まちづくりをアクションリサーチとして評価するには、行きつ戻りつしながら進行する、プロセスを対象とするのであり、次の三つの方法を組み合わせて行うのが有効である。

――まちづくりプロセスにおけるイベントのデータベース化

まちづくりアクションリサーチとして重要なイベントをデータベース化する。会議やワークショップ、インタ

ビュー、意志決定、外部条件の変化などを、資料や議事録などをデータベース化し、様々に分析できることが望ましい。さらには、映像も文字では表現できない雰囲気を伝えるものとしては重要な意味を持つ。このようなかたちでプロセスを整理することにより、情報の開示と説明責任を果たし、またプロセスの振り返りや、評価・検証が可能となる。

——時系列の進行年表、あるいはらせん状の進行図

時系列で様々なイベントの組み立てや、成果としての状態の変化、組織や集団、関係主体の介入や状態の変化を表現するものであり、単純な年表ではなくダイヤグラム的に表現をして、まちづくりの進行が理解できるものとする。アクションリサーチのプロセスを明解に描くのに、二六六頁の図5のようにらせん状に積み重なって段階を重ねていくような表現をすることもできる。このようにしてまちづくりのプロセスが可視化させれば、関係主体がそのプロセスに関して共通認識を持つことができ、その延長としての次なるまちづくりのシナリオを検討することができる。

——シナリオの疑似体験(シミュレーション)とフィードバック

様々なまちづくり活動の目指す姿を事前に確認して、可視化し、事前の評価を行いながら計画へフィードバックする「シミュレーション」は、多様な主体の意思疎通と合意形成、総意の醸成には有力な方法である。まちづくりデザインゲームは、このような方法の一つでアウトリーチ、一般にはシミュレーションに加えてゲーミングの要素を備えている。このような方法が、現実世界でのシナリオに近いリアリティを持てば、仮想空間でのアクションリサーチを進行させることにもなる。

模型映像シミュレーションによるまちの姿の疑似体験
——葛藤と協働のゲーミング

まちづくりは地域社会における居住環境の改善などの物的環境の改変を伴うものであれば、単体の施設で構想から実現まで三年、様々な要素が組み立てられてまちの全体像が現れるには、早くても五〜一〇年は要する。この結果を評価して、計画にフィードバックさせるのでは、時間がかかりすぎるし、また、実際に実現したものは、たとえ事後の評価が低くても長く存在しつづける。

住宅や施設を組み立てる物的空間を伴うまちづくりの場合は、現実に同縮尺でつくって社会実験をすることは不可能で、模型やコンピューターグラフィックスを使ったシミュレーションによって、事前の評価を行うことになる。そ

してそのプロセスに葛藤や相互作用を組み込むのがゲーミングの方法である。この二つを組み合わせたまちづくりデザインゲームのワークショップにより、現実に起こることを疑似体験し、まちづくりの実施—評価—フィードバック—再デザインの回路を経ることができる。

まちづくりの分野で、ゲーミングやシミュレーションで何を疑似体験するかといえば、現実に起こることと同等のことを、縮小された空間と時間のなかで繰りかえし、まちなみや外部空間、さらには生活の姿を視覚的に体験し、そこへ至る道筋、さらにはその過程での関係者の葛藤を疑似的に体験するのである。また資金負担なども大まかにイメージすることもできる。ワークショップでこのような疑似体験に基づく意見を参加者が交換し、一定のイメージをつくりあげ、それを計画へフィードバックし、まちづくりのプロセスを進める。こうして、参加者はモチベーションを高め、共創のデザインプロセスを経た、生き生きとした場のデザインが可能になる。そのために開発されたのが「まちづくりデザインゲーム」であり、模型のすみずみに潜り込ませるように移動できるシュノーケルカメラによる映像シミュレーションシステムである。

動画での映像シミュレーション

まちづくりのシミュレーションは、まちづくりのプロセスや生活の姿などを含むものであり、単に物的環境だけを疑似体験するのではない。しかし、現実の世界においても具体的なまちの姿のなかで私たちは様々なイメージを喚起される。現実の状況を想起しつつ疑似体験し、生活の姿や、商いの仕方、子どもの遊びや人々の活動をイメージする。そしてそれらを評価し、デザインや計画にフィードバックをする。一〇〇分の一の模型を使ったシミュレーションゲームはまさにそのことを可能にする。

そして、その模型の中を自由に人が歩き回るように動いて、その場所を疑似体験する映像を映し出す装置がシュノーケルカメラを使った映像シミュレーション装置である。

私たちは、この映像シミュレーション装置を三種類開発した。第一は、手軽にどこにでも持ち運べて手持ちでデザインゲームの最中にチェックできるもの、第二は、組み立て式フレームにカメラが取りつけてある移動可能なもので、人が街路などを移動する目で映像を撮ることができ、ワークショップ会場などでデザインゲームの結果を発表したりするのに用いるもの、そして第三は、スタジオに設置してある大型装置で、コンピュータと人の手によってカメラを人が街路や路地を歩き回るように模型の中をスムーズに移動して映像化できるシステムである。これらによりデザインゲームのワークショップを繰り返して、できあがった案をプレゼンテーションしたり、あるいはスタジオで関係者が集まって、シミュレーションをする際に使うことができる。さらに、インターネットでスタジオとワークショップ現場を結んで、精密なシミュレーションをしながら遠隔地とのワークショップを進行することもできる[*2]。

いずれも、マイクロカメラとミラーの構成で、一〇〇分の一の模型内の四メートル未満の細街路を人の目線で歩き回ることができるサイズである。そのとき模型は現実感が感じられるものがよく、かといってまちの模型の製作には多くの時間と手間がかかるため、なるべく簡略化するために、補正した写真のファサードを模型に張り込む、または3Dプリンターで直接縮尺模型を生成することもできる。このような装置と模型を使ったまちづくりデザインゲームで、シミュレーションとゲーミングのプロセスを、リアルなまちの姿とデザインを体験しながら進めることができる。

まちづくりデザインゲームを用いてアクションリサーチを進める

佐藤研究室が開発した「まちづくり」は、模型を使ってデザインとシミュレーションのプログラムを実行するもので、計画作成プロセスに、直接、間接の利害関係者が参加し、まちの将来像を組み立て、参加者が最終的なデザインにも主体的に関与するものである。こうして、現実の空間や社会へ働きかけるプロセスを事前にシミュレーションすることで、現実への橋渡しをするのである。

デザインゲームは、参加者のロールプレイによるゲーミングのプロセスが組み込まれていて、まちづくりプロセスを疑似体験しながら、模型で「まちの姿」ができあがるプロセスを体験し、協働でシミュレーションして評価し、再デザインするプログラムからなる。通常の社会でまちづくりのプロセスで起きる葛藤、協働あるいは妥協、さらには合意形成というプロセスを疑似体験しながら、仮想現実であるまちの模型を組み立てていく。模型は、人の目の高さで映して移動できるシュノーケルカメラによる映像シミュレーションシステムを用いて、参加者が実際のまちを歩き回るような映像がスクリーン上に映し出される。参加者は実際に模型のまちの中にいる感覚で疑似体験して、感覚やイメージを喚起し、参加者の話し合いで互いに評価して、必要に応じて自ら模型を動かし、修正してそこでのまちのすがたと生活像をデザインしていく。

　このようなインタラクティブな過程を進めながら仮想の現実のなかで共創のプロセスを経て、評価と再デザインを進めながら、まちをデザインするのが「まちづくりデザインゲーム」である。そして、ワークショップで組み立てられた模型をもとに、専門家が再構成してデザインし、次のワークショップに提示するという過程を繰り返し、徐々に計画は成熟していく。こうして、住民や地権者は、自らの「こうであったらいいな」というまちのイメージを喚起され、それを表現して確認する協働でまちをデザインするプロセスを主体的に進めることができるのである。

　すなわち、このプロセスにはまちの姿のシミュレーションと実際の合意形成に関わるゲーミングのプロセスが組み込まれていて、こうして合意が形成されれば、実施設計を含む実際の事業のプロセスはスムーズに進むことになる*3。

　このようにしてまちづくりアクションリサーチはまちの姿を模型を使ってシミュレーションするプロセスを組み込むことで有効なものになる。

図1―シミュレーション
図2―都市・地域研究所・シミュレーションラボでの話し合い

＊1――アクションリサーチに関しては、多くの文献があり、それぞれの実践対象により様々な方法があることがわかる。JST社会技術研究開発センター、秋山弘子編著『高齢社会のアクションリサーチ：新たなコミュニティ創りをめざして』東京大学出版会（二〇一五）には、4章で述べた浪江の例も取り上げられており、また、矢守克也『アクションリサーチ―実践する人間科学』新曜社（二〇一〇）などが参考になる。

＊2――一九七〇年代以降にカリフォルニア大学バークレイ校環境デザイン学部で、ロナルド・アプリアード、ピーター・ボッセルマンにより開発されたシステムにヒントを得ている。シュノーケルカメラをミラーと組み合わせて小型化し、柔軟な動きを可能にし、歩行者の目から都市空間をシミュレーションできるようにしたことなど飛躍的に改良されている。

＊3――たとえば、本書4章の新潟県柏崎市えんま通りの震災復興まちづくりでは、システムを用いて、四か月で、デザインガイドライン、お庭小路という連続する緑地、そして三つの共同化事業が基本デザインを終えて、事業化に進んだ。

3-4 まちづくりのプランニングと研究者の現場論

Shin Aiba
饗庭 伸

まちづくりの仕事が生まれるところ

都市計画やまちづくりの仕事にはどのような広がりがあるか？ 厳密な系統立てを行ったわけではないが、拙著[*1]では、その仕事を四四職種に分けて解説している。そのうち、戦前から存在していた仕事は国家官僚くらいのものであって、大半は戦後に、さらに言えば近年に誕生した仕事である。このことは「まちづくり」というグレーゾーンに、たくさんの仕事が生まれたということを意味している。

そのなかに「都市計画コンサルタント」という仕事がある。今日まで続くその多くは一九六〇年代の大学から生まれた。人口増と経済成長に伴って都市計画の仕事は増えたが、民間には専門性を持った組織が少なく、多くの課題は大学に持ち込まれた。そこで研究者が実験と実践の繰り返しのなかで手法を確立し、それが仕事として独立していったものが、現在の都市計画コンサルタントの源流である[*2]。このことと同じく、今日も「まちづくり」というグレーゾーンから、新しい仕事が生まれ続けている。新しく生まれる仕事のすべてがではないが、民間に比べると自由で実験的なことができる環境を持つ大学は新しい仕事の苗床である。

本章では早稲田大学佐藤研究室において構築されてきたまちづくりの方法が解説されている。こうした方法が生み出された大学の環境の意味を解説することが本稿に与えられた問題設定である。筆者の価値観を明確にしておけば、研究者が関わる現場こそ、まちづくりの新しい仕事、あるいは仕事未満の手法をつくりだす苗床である、ということだ。

では、その手法や仕事は、どのような現場との「関わり方」によって生まれてくるのだろうか。

アドボカシープランニングの関わり方

アドボカシープランニングという考え方がある。アメリカのプランナーであるポール・ダビドフが提案、実践したプランニングの考え方であり、一九七〇年代にわが国に伝えられ、「まちづくり」や「市民参加」に取り組む研究者の道標の一つとなった*3。プランナーが、地域の人々の代理人となり、彼らの声を組織化してプランを練り上げ、他のプラン（たとえば政府が作成したプラン）と戦わせることによって、正当なプランニングが実現する、という考え方である。ダビドフは弁護士でもあったので、被告と原告の代理人である弁護士が法廷で戦い、裁判長のジャッジによって最終的に決着をつける、というような決め方を前提としている。

価値対立を顕在化させて、闘技場で決着をつけるというこの考え方が有効な場合もあるだろう。たとえば地域に構造的な貧富の差がある場合、民族や宗教によって地域が分断されている場合などである。アドボカシープランニングが考え出された当時のアメリカの地域社会は、まさしくこういう状況にあった。そして貧富、格差、価値対立の片側にいる人々は都市計画のプランナーを雇う資金を持っていない。そこに研究者の出番がある、という動機で、多くの研究者がこの考え方に共感し、行動に移してきた。

しかし、結論から言うと、アドボカシープランニングの考え方は日本のまちづくりの現場においては有効な関わり方ではなかった。日本の都市において格差が空間的に顕在化することは少ない。もちろん、かつての身分制に起因する格差、民族の違いに起因する格差、あるいは大都市と地方の地域に起因する格差、経済の波によって生まれる世代間格差は存在するが、日本の都市にはそれが空間的に顕在化していない。そして人々の間には宗教や民族による差異も少なく、地域社会がそのことによって分断されていることも少ない。もしある課題に対して地域社会が対立してしまったとしても、それが宗教や民族といった埋めがたい差異と連動することが少ないので、根底的な対立にはつながらないことが多い。そして、たとえアドボカシープランニングのように価値が先鋭化したプランがまとめられたとしても、その優劣や雌雄を決する仕組み、裁判所のような仕組みが未発達であることも理由として挙げられる。

これらの理由、つまり「格差や差異の不在」や「決め方の不在」によって、アドボカシープランニングはわが国では有効な関わり方とはならず、事実、それほど根づかなかったのである。

まちづくりのプランニングの関わり方

アドボカシープランニングにおける現場との関わり方の本質は、研究者と現場にいる人々との一体化にある。もちろんそこに「代弁」という言葉があてられているように、外部からやってくる研究者＝代弁者と現場の人々＝代弁される人々が一体化することは厳密にはありえない。しかし、なるべく近く、一体化することがよしとされた。住民と公私にわたってつき合う、ともに暮らす、コミュニティのメンバーとなる、といった「現場との距離の近さ」がプランナーの仕事を図る物差しとなり、近ければ近いほど、すばらしいプランナーである、という賞賛を受けることになった。ではこういった関わり方に代わって、研究者は現場にどのような関わり方をしていくべきなのだろうか。

格差や差異の不在、決め方の不在といった点から考えると、格差や差異の不在を前提とし、微小な差異を際立たせるように様々な主体から情報や考え方を集めること、そこで発見された差異を手がかりにして異なる主体同士の協議を促進すること、決め方の不在を前提とし、協議を通じて地域全体で物事を決定していく、ということになるだろうか。これを本稿ではまちづくりのプランニングと呼ぼう。あえてその特徴を際立たせると、まちづくりのプランニングは、目の前の困っている人の言うことを「聞きすぎない、集めすぎない」、対象の住民と「一体化しない」、人々の差異を一つの構造で探り出そうとせず「微細な違いを際立たせる」、より大きな決定の仕組みに「決定を委ねない」ということになる。

まちづくりのプランニングの手法

現場への関わりのなかで、どのようなプランニングの手法が生まれてきたか、早稲田大学佐藤研究室で取り組まれた手法を中心にいくつか紹介していきたい。

図1は「ガリバーマップ」[*4]と呼ばれるもので、部屋の中に大きな地図を敷き、住民から情報を集める手法である。まちづくりの初期に地域の情報を収集するために行われることが多く、地図＝場所での経験を中心とした、住民たちのさざ波のような小さな声が集められ、地図の上で市民たちの

偶発的なおしゃべりが展開される。一つ一つの声は、付箋紙などに細分化されてフラットに取り扱われ、地域のなかの微細な違いを探り出すデータが集められるのである。

山形県鶴岡市の「まちづくり情報帳」は各種のワークショップや独自の調査によって得られたまちづくりの情報を市民と共有すべくまとめたものである[*5]。地域で暮らしているだけでは気づかない歴史的な空間の意味や、ワークショップで拾い上げられたちょっとした声をまとめ、これを読む市民に対して「まちづくりの手がかり」を提供することをもくろんだものである。

同じ鶴岡市で商店街の空き店舗を活用して設営した「まちづくり拠点」は、研究者が地域に滞在し、そこを訪れる人とのコミュニケーションを通じて情報を収集する手法である。ガリバーマップのような短期イベント型の情報収集手法を、常設型にしたようなものといえる。

ここまでの三つの手法は、まちづくりの初期に取り組まれる、情報収集を主たる目的とする手法であり、地域社会のなかにゆっくりと入り込み、まちづくりの手がかりとなる小さな差異を拾い上げ、顕在化していく手法である。

「まちづくりデザインゲーム」[*6]は周到に準備されたカードや模型のパーツを介して研究者と住民がコミュニケーションを図り、まちや都市の将来像の方向性を探り出していくものである。そこで生み出されるのは、空間的なイメージを伴った「共有された目標像」である。この場に参加した人たちが、自身で手を動かし、相互に調整してつくり上げた目標像が、その先のまちづくりを先導することになる。

こうしたワークショップや、話し合いを繰り返し積み重ねていき、やがて何かを決定する局面になる。公共事業であれば最終的な決定権者は首長や議会であるし、民間の建替えやリノベーションであれば決定権者は個々の人々である。何を決定しなくてはならないかによって、どのような手順で、どのような手法がとられるかが変わってくるが、いず

図1—ガリバーマップ

図2 ワークショップにおける案の決定

れにせよ、アドボカシープランニングのように対立する複数の案が提出され、裁判所のような場や、議会において決定されるのではない。地域で丁寧に積み上げられた決定事項が尊重されていく。図2は鶴岡市の公園のデザイン案が決定されているところであり、この場ではワークショップを通じてつくられた三つの案の公開プレゼンテーションが行われ、参加者の投票によってデザイン案が決定された。この案がほぼ尊重されて実際の空間整備が行われたのである。

公共事業である公園の整備の決定は単純であるが、まちづくりは公共も含む多くの主体の複数の決定を積み重ねていくものである。バラバラに決定をするのではなく、息を合わせてそれぞれが決定していくことが必要になる。その時に、近い将来を見通し、段階的に決定を積み重ねていくような、漸進的な意思決定が有効である。「シナリオメイキング」[*7]は、多くの主体が近い将来を見通し、あり得るべきシナリオを合意した上で決定を重ねていくという手法である。

こうした一連のプロセスに対して研究者は自身の専門的な知見を提供し、差異を調査して顕在化し、多くの人たちに伝え、そこからコミュニケーションを引き出し、まとめ上げている。「聞きすぎない、集めすぎない」「一体化しない」「微細な違いを際立たせる」「決定を委ねない」という関わり方に則った手法をご理解いただけただろうか。

大学という環境の強み

研究者は、まちづくりのプランニングの手法を試行錯誤しながらつくりだしてきた。それをつくりだし得た「研究者の強み」、あるいは「大学という環境の強み」について最後に考察しておきたい。キーワードは大学という環境の持つ「多声性」である。

地域社会はたくさんの声であふれている。それは宗教や民族といった強い差異で組織化されておらず、微細な差異を持っている。そして、その微細な差異を際立たせ、それを組織化するようにまちづくりのプランニングは地域に関わっていく。その多声性を失わないように、「住民参加」や「ワークショップ」が行われるわけだが、大学という環境の強みは、研究者の側に多声性を確保できる、というところにある。その時に機能するのが「研究室」という仕組みである*8。研究室は、教員と学生の対話型の講義を指す「ゼミ」ではなく、はっきりした組織性を持つものである。その内部では、特定の課題やプロジェクトごとにチームが組織され、そこで学生は見習い的ではあるが自立した研究者としての振る舞いを要求される。このことは、自立した複数の見習い研究者たちが集団で関わることによって、研究者側に「多数性」を確保してきた、ということを意味している。たとえばたびたび言及した鶴岡のまちづくりにおいては、常に五人程度の学生が早稲田大学佐藤研究室のスタッフとして地域に関わり、地域とコミュニケーションをとり、自主的な研究を行った。こうしたことによって、多声性を持つ地域社会に対して、一つの人格のプランナーで関わるのではない方法が担保できた。それが研究者の、大学の強みである。

＊1——饗庭伸ほか編著（二〇一六）では四四の仕事がまとめられている。
＊2——都市計画のコンサルタントは各地の大学の研究室から独立するかたちで生まれたが、独立の引き金となったのは学生運動などより、大学で都市計画の仕事を受けることが「参学共同」として批判されたことにある。
＊3——ダビドフの理論は西尾（一九七五）によってわが国に伝えられた。
＊4——ガリバーマップは、世田谷区で活動していた中村ら（一九八九）が開発したものである。
＊5——詳細は本書一六〇頁からの「協働型の計画システムとマスタープラン」を参照のこと。
＊6——詳細は本書一五四頁からの「対話とデザイン」を参照のこと。
＊7——詳細は本書一三六頁からの「シナリオ・メイキング」を参照のこと。
＊8——研究室の持つ多声性については、饗庭（二〇一四）を参照のこと。

参考文献
1——饗庭伸ほか編著『まちづくりの仕事ガイドブック　まちの未来をつくる63の働き方』学芸出版社（二〇一六）
2——西尾勝『権力と参加』東京大学出版会（一九七五）
3——中村昌広「まちづくりへの参加の新しい局面とその道具としての「ガリバー地図」」『日本都市計画学会学術研究論文集』第二四号（一九八九）、五一一-五一六頁
4——饗庭伸「復興まちづくりでのプラクティス —プランニングにむけてのフィールドワーク」『災害フィールドワーク論』古今書院（二〇一四）

3-5 対話とデザイン

Hideaki Shimura
志村秀明

まちづくり支援で直面する様々な壁

まちづくりは、市民が主体的に行うものであるとはいうものの、市民だけでまちづくりがうまく進むことは滅多にない。まちづくりを前進させたいと思っている市民の有志は、どうすればまちづくりがうまく進むのか考え、できれば専門家などの支援を得たいと考えている。一方で自治体も、まちの様々な課題を解決するために、市民のまちづくり活動が活発になればと思っているので、ほとんどの自治体はやる気のある市民を支援する制度を整えている。

しかしいざ、専門家が入ってまちづくりをサポートしようとするといくつかの壁にぶつかる。たとえば以下のようなことが挙げられるだろう。

① 市民から建設的なよい意見、アイデアが出ない。そのため皆が躊躇してしまって活動がうまく進まない。
② 活動の中心メンバーはすばらしいが、現状以上メンバーが増えない。まちとしての盛り上がりに欠けている。
③ メンバーがそろい、まちづくりの気運が盛り上がってきたが、これからどのように活動を順序立てて進めていけばよいかわからない。
④ まちづくりが成果を挙げるためには、利害が相反する人々が歩み寄り、計画やプロジェクトに対する合意を形成しなければならないが、調整できずに活動が停滞している。
⑤ 街路事業や景観整備事業によって、どのような空間や営みが生まれるのか想像できない。そのため活動が停滞している。
⑥ 空き家・空き地の活用や、複数の地権者が協調する整備

が必要であるが、関係地権者同士の話がまとまらない。⑦地区・都市・地域と連続する大きなデザインの構想があるが、その構想を市民と専門家、自治体で議論し、共有することが難しい。

これらの壁を突破する方法として、早稲田大学佐藤研究室によって、「まちづくりデザインゲーム」が開発された。

まちづくりデザインゲーム

市民参加のまちづくりワークショップの手法として、カードやブロック模型といったツールを使用するまちづくりデザインゲームが開発され、まちづくりの現場で用いられている。デザインゲームは、米国のヘンリー・サノフによって発案された手法だが、まちづくりデザインゲームは、日本のまちづくりに即したゲーミング手法で、まちづくりのアイデア出し、気運づくり、進め方の理解、目標共有と合意形成、空間像・社会像・生活像理解、まちづくりの対話促進を実現するように、参加者がまちづくりのプロセス体験、市民・専門家・事業者・自治体の役割体験、相互の葛藤体験をしていくようにプログラムされている。二〇〇〇年頃からは、米国のケヴィン・リンチらの環境シミュレーション研究の流れを受けて、模型上に表現された空間を小型CCDカメラ画像によってアイレベルから見るシミュレーション手法が取り入れられ、目標とする空間像を疑似体験できる要素が取り込まれた。

まちづくりデザインゲームを広く社会に普及させるために、そして住民と自治体、専門家の連携による共同建て替えを促進しようという意図で、「目標イメージゲーム」「建替えデザインゲーム」「街並みデザインゲーム」「貼り絵ゲーム」というパッケージ化も行われた。

無論、まちづくりで直面する壁を突破する方法は他にもたくさんあり、たとえば市民社会の力を底上げする方法である市民講座や、子どもへのまち学習イベントの開催、市民討議会、社会実験、大学の設計演習やゼミナールとの連携、若者への起業支援講習、などが挙げられる。まちづくりデザインゲームは、まちづくりの現場で、当事者たちが中心となってまちづくりの仮想体験を通じて壁を突破していこうとする方法である。

まちづくりデザインゲームの実践

まちづくりデザインゲームは、様々なまちづくりの取り組みで用いられている。たとえば、「まちづくりアイデア集の作成」「まちづくり学習」「空き家・空き地活用」「景観ガイドラインの作成」「景観計画の策定」「歴史的町並みの保全」「街路と街並みデザインの検討」「防災まちづくりの検討」「公共施設再編の検討」「公園設計」「密集市街地の改善」「まちづくり市民事業の育成」などであり、すべてのまちづくりが、その活動において何らかの壁にぶち当たるといってよいだろう。それらの壁を乗り越えるためにまちづくりデザインゲームが用いられ、効果を発揮している。

まちづくりの取り組みは様々であるが、まちづくりデザインゲームは、まちづくり協議会やNPO法人、市民勉強会といった市民組織が、その活動のなかで機をとらえて実施する。つまり市民が主催して、それを自治体や専門家、大学が支援するという体制で用いられることがほとんどであり、そのような体制のもとで効果を発揮できるといえよう。

まちづくりデザインゲームの役割

まちづくりデザインゲームは、まちづくり支援が直面する様々な壁を突破するという対症療法的なものではない。その本質には、まちづくりに欠かせない大切な役割がある。

――まだ見えていない空間や価値を対話する

専門家ならばいざ知らず、市民はまちづくりが到達する将来の空間や育まれる価値、営みをイメージすることが難しい。自治体職員でも、計画書という紙の上に書いてあることは理解しているが、実際のまちに何気なく存在する価値と、将来の空間や育まれる価値、営みを理解しているかはあやしい。市民と自治体が、市民生活の場となっている空間とその価値、将来の空間や育まれる価値、営みに関して対話できる技術がまちづくりデザインゲームである。対話といってもただ語り合うだけのものではなく、次に挙げるようなことが重要である。

①　多元的な価値を対話する

市民と一言に言っても、実際の市民は実に様々な立場・世代・生業・嗜好の人々であり、また多様なコミュニティや組織、営み・活動がある。つまり市民社会と市民が描くイメージ、まちの価値は多元的なものである。そのことを互いに認識することで、多元的なイメージと価値を連動させるような対話が成立する。まだ存在しない将来のまちを題材にする対話は難しいものである。その難しさを乗り越える対話は、まちづくりのプロセスと役割の体験、葛藤体験、将来空間の疑似体験によってもたらされる。多元的なイメージと価値が連動するまちづくりは、持続的かつじっくりと成果を上げていく取り組みとなる。

② リアリティとバーチャルを近づける

現実のまちとまちづくりが目指している目標像とは大きな開きがあるわけだが、将来の目標像をチラリとでも垣間見て感覚的にとらえることを可能にする。ゲーミングによる役割体験とシミュレーションによる空間疑似体験が複合して、専門的知識をもたない一般市民であっても将来のイメージが刺激される。バーチャルリアリティといったIT技術に頼るよりも、市民が自らカードを選択したり、模型を組み立てたりするまちづくりデザインゲームのほうが、市民が自らまちづくりをイメージすることになり、空間像とまちづくりが連動するであろう。実際の現場でシミュレーションする社会実験といった方法を複合することで、より効果が発揮されるともいえる。

③ 身近なまちづくりと都市像・地域像を結びつける

都市・地域設計の理論と目標像は数多く提示されているが、多くの市民はそれらの理論と目標像を自らの生活圏を中心とするまちづくりの目標ととらえることができない。市民と専門家、自治体が共にじっくりと進める対話をベースとすることで、まちづくりの延長線上に都市像・地域像を位置づけることが可能になる。

――まちづくりの人材、担い手を育成する

人口減少と少子高齢化の進行、また地方都市や中山間地域の衰退が進むなかで、まちづくりの人材、地域を支える担い手を育成する重要性は増している。

人材・担い手には、以下のような人々が挙げられる。

① まちづくり協議会を支えるコミュニティリーダー
② NPOメンバーといった社会的課題の解決を積極的に働きかける人々
③ 地域や社会に貢献しようとするボランティア
④ 起業する地域での経営・ビジネス人材
⑤ 「アーバニスト」と呼べるような地域マネージャー
⑥ 意欲的な公務員

以上のような人材・担い手は、将来の空間と価値を市民と専門家、自治体が一緒になってじっくりと対話することで育成される。まちづくりデザインゲームは、まちづくりの教育ツールであるともいえよう。体制と仕組みが整えば、完成した教育プログラムともなりえるだろう。

――まちづくりのプロセスとストーリーをつくる

まちづくりは持続的に少しずつ進行して成果を上げていくものだが、自治体の事業として位置づけられることがあ

り、本来のまちづくりとは矛盾し、年度ごとに成果を求められるという状況が生じる恐れがある。まちづくりが多元的であることを、市民と自治体、専門家が認識していれば、年度ごとの成果を気にしつつも、本来のまちづくりに必要な持続的でじっくりとした活動は揺るぎないであろう。

まちづくりでは、市民のムーブメントを形成することが一つの重要な要素であるが、単なる勢いで終わっては失敗であり、粘り強く我慢して繰り返すようなプロセスも必要となる。繰り返しが多くなっても、市民がまちづくりの目標を失わないためには、以下のようなことが大切である。

① プロセスを理解する

ゆっくり進み少しずつ成果が見えてくる活動では、何のための活動かわからなくなってしまい迷走する恐れがある。それを回避するためには、活動の初期段階から市民がまちづくりのプロセスを描き、理解しておく必要がある。

② シナリオを描く

まちづくりが、予測困難な周辺の変化に左右される場合には、いくつかのシナリオを準備する必要も出てくる。

③ ストーリーを描く

地域の文脈、目に見えない価値を語る言葉を束ねた「まちづくりのストーリー」といった物語を描く。これはまちづくり活動の基盤となり、大きな目標となる。

まちづくりデザインゲームの課題と今後

まちづくりデザインゲームは、すでに多くの実績を上げているが、まちづくり対話の技術として完成させるには、さらに以下のような課題があると考えている。

① 対話のデザインを記録に残す技術

まちづくりの成果が地区計画やガイドラインだけでは、対話のなかで語られた多くの言葉やイメージが捨てられてしまう。対話を記録する技術が上質なまちづくりには必要である。この技術はかなり完成しているが、さらなる改善が求められている。

② 成果が行政計画に確実に取り組まれる場づくり

技術の枠組みに収まるような課題ではないが、まちづくり協議会だけではない、自治体と連携した仕組みを確立する必要がある。様々な市民組織が参画するまちづくりアリーナの形成の方法をより具体化しなければならない。

③ コーディネートできる専門家との連携

市民の期待を裏切らないように、市民が描いたイメージを実現できる方法を提示できる専門家がかかわる体制をつくる必要がある。産業界や経済界、地域の専門家組織との連携も強化することになる。

まちづくりデザインゲームから語られる空間は、単なる視覚的な目標像ではなく、社会像と生活像を包含したものであり、対話の記録であり、連携の表れであり、担い手を育成し、プロセスを示し、ストーリーを語るものとして確立されていく。

参考文献

1―――佐藤滋他『まちづくりデザインゲーム』学芸出版社(二〇〇五)

2―――ヘンリー・サノフ、小野啓子訳、林泰義解説『まちづくりゲーム』晶文社(一九九三)

図1―まちづくりデザインゲームの実践例

さいたま市(旧・浦和市):岸町地区での共同建て替え検討の様子と小型CCDカメラの画像

活動・運営イメージを可視化(稲城市南山):区画整理に伴い、周辺住民、地元活動家有志が地域と新規入居者のためにコミュニティ拠点と設計し、その運営組織を立ち上げる

ねらい:アイデアだし、社会像共有

人生デザインゲーム(大船渡市綾里):大津波にあった地域の中学生達が、次にやってくる津波に備えて、自分の人生をいかに豊かにデザインするかを考える

ねらい:プロセス理解、ムーブメント形成

公共施設複合化検討(さいたま市与野本町):小学校に子育て支援施設、地域資料室、放課後学童クラブなどを複合化するにあたり、施設利用者間の交流や施設運営に関するアイデアを収集し、基本計画案を策定

ねらい:体験、空間像+社会像共有

街路空間デザイン(福井県大野市六間通り):歴史的市街地の防火帯としてつくられた通りの整備のため、交通量に見合った車線数やデザインなど総合的に見た街路デザインの基本計画づくり

ねらい:空間像+社会像共有

3-6 協働型の計画システムとマスタープラン

Shin Aiba
饗庭 伸

計画システムとマスタープラン

計画システムやマスタープランという言葉を聞いて何を思い浮かべるだろうか。たとえば筆者の住む多摩ニュータウンの歴史には、マスタープランと呼ばれる図面がたびたび登場する。農村に新しい都市を建設したこのプロジェクトの土地の使い方、公共施設の配置、住宅の配置などが書き込まれた図面である。それは建設に携わった多くの技術者の目標像を示したものであり、それぞれが自身の持ち場で仕事を進め、お互いに調整するときに使われた。こうした目標像を示し、多くの主体の協議や調整の場の根拠となるものを「マスタープラン」と、それを目標として共有する主体を含んだものを「計画システム」と呼ぶ。

多摩ニュータウンは一つのプロジェクトであり、関係主体は限定的だった。しかし、本稿で対象としたいのは、より広く市民を対象とした都市全体のことを考えるマスタープランとそれを共有する主体群からなる計画システムである。こうした、不特定多数の多主体のマスタープランと計画システムはどのようにあるべきだろうか。

計画システムの歴史

マスタープランをわが国の都市計画の計画システムに導入しようという試みは一九六〇年代より行われている[*1]。そして一九九二年に都市計画法の改正によってマスタープラン制度が法定化されたことを皮切りに、都市計画だけでなく、住宅、防災、景観といった各種の関連分野のマスタープランも制度化された。九〇年代から二〇〇〇年代にかけて、段階的に地方分権化が進められるなかで、これらのマスタープランは自治体が自身のことを考え、市民と共有するための制度として機能し、計画システムをつくりあげた。

都市計画の計画システムを「目的」と「手段」論に分けて考えるとわかりやすい。都市計画の現場で最も目にする計画図である「都市計画図」は用途地域や各種の都市施設の計画が書き込まれたものであるが、これは都市計画を実現する「手段」を示したものである。しかし、目的がないまま手段だけで都市をつくってしまうことは、設計図を持たずに住宅をつくるようなもので、よりよい都市をつくることが困難となる。そのため「目的」にあたる計画制度として各種のマスタープランが創設された。

一九九〇年代より前の公共投資と民間投資を都市をつくることに集中させていた頃には、強いリーダーシップとはっきりした目標を示す都市型のマスタープランが求められていた。しかし都市があらかた完成し、その内部を成熟させることが求められる九〇年代以降のマスタープランには異なる役割が求められる[*2]。成熟期の社会は都市計画やまちづくりについて多くの民の主体＝市場の主体と市民の主体の双方が活動する社会である。公共が一つの意思で都市をつくるのではなく、公共も含む個々の主体が関係をつくりあい、個々のつくりだす空間をお互いに調整し合いながらよい都市をつくっていく時代である。現在のマスタープランには多くの主体が関係をつくりあい、それぞれを制御し合うガバナンスのツールとしての役割が求められている。

協働型の計画システムのつくりかた

ガバナンスにはいくつかの型があるが、九〇年代後半以降に都市計画やまちづくりの分野で主流であったのは、特定の課題について、公共と民間の主体が関係をつくり、協力して課題解決に取り組む「協働」を重視する型である。民間の主体は「パートナー」と呼ばれ、不特定多数の「市民」ではなく特定の主体として、行政や他の主体と「パートナーシップ」と呼ばれる関係をつくり、都市計画やまちづくりに取り組む。これを「協働型の計画システム」と呼ぼう。どのようにそのシステムをつくっていくのか、早稲田大学佐藤研究室で取り組んだ、山形県鶴岡市の事例を見てみよう。

鶴岡市では、それまで公共主導だった都市空間整備に、市民の参加を呼び込み、協働型で都市づくりに関われる計画システムづくりを行った。まず取り組んだのは、行政の施策について少しずつ市民参加の場を導入し、行政と市民に少しずつ経験を蓄積していくことである。その時に市民参加を導入する施策の一つとして、都市計画マスタープランが選ばれた。

マスタープラン策定の市民参加の場には、「まちづくり」や「ワークショップ」という耳慣れない言葉に半信半疑の市民と行政職員が集まった。そして、まずは地域を歩いて情報を集め共有するところからスタートした。様々なワークショップが二年ほど重ねられたのちに、「まちづくり情報帳」という図書が計画システムを構成する最初の計画図書として発行された図1。これはワークショップや各種の調査で明らかになった都市の情報をまとめたものである。「まちづくり情報帳」のお披露目のワークショップでは、様々なまちづくりの課題が議論された。小さな町であるとはいえ、こうしたワークショップにおいて初めて「まちづくり」という共通課題について議論をした市民も多く、そこから新たなつながりが生まれていくことになった。

このように、情報を集約し、ワークショップという場を設けて、主体を集めて議論をするということを繰り返すこと

図1　まちづくり情報帳

で、徐々に協働のパートナーが発掘されていくことになる。当初は情報の掘り起こしやその共有が目的だったワークショップが、やがて具体的なアイデアを出し合って議論をする場に変化し、具体的なプロジェクトを練り上げる場、仮設的な実験を企画・立案する場、まちづくりの事業を実現する場へと変化していく。これらの積み上げで協働型の計画システムが形成されていった*3。

協働型の計画システムの形成に合わせて、マスタープランは二〇〇一年に策定される。すでに、様々な目的を持った様々な段階にあるワークショップが同時並行的に動いており、マスタープランはそれまでの議論を総括するかたちでつくられた。マスタープランの特徴はその目次構成に表れている図2。一般的なマスタープランは全体構想と地区別構想に分かれ、地区別構想では市内をいくつかにわけた地区ごとに詳細な計画が示される。しかし鶴岡市では、主体との協議が成熟していない地区の構想は示さないという方針がとられた。協働型の計画システムは特定のパートナーを前提とするものであるため、パートナーが形成されたところから順次に地区別構想をつくりあげていく、という考え方である。同様の考え方は同時期につくられた三重県伊勢市、古くは東京都足立区の地区環境整備計画（一九八六年）や町田市の総合計画「考えながら歩くまちづくり」（一九七〇年）でもとられたものである。

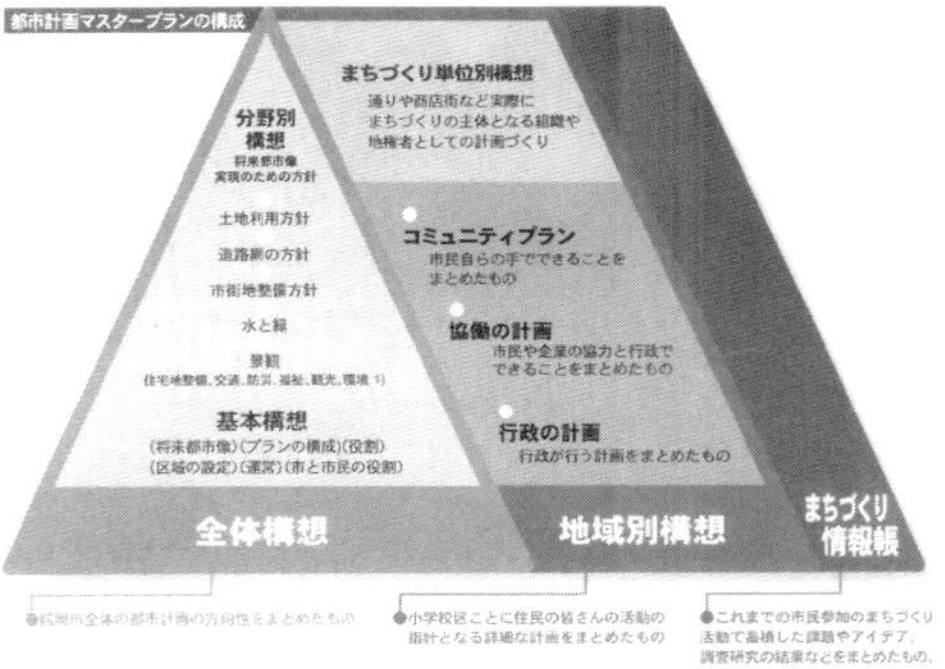

図2 ― 鶴岡のマスタープランの目次構成

災害復興に向けての協働型の計画システム

災害復興の分野の協働型の計画システムの取り組みを紹介しておこう。一九九五年に発生した阪神・淡路大震災からの復興は、神戸市がそれまでつくり上げてきた協働型の計画システムにより進められた。「まちづくり協議会」と呼ばれるパートナー組織を地区に形成し、公共と密接な協力関係を形成して進められる復興である。協働型の計画システムにおいてはパートナー組織の資質が大きなファクターであるため、災害前からのパートナー組織の有無で、厳然たる復興の速度、質の違いが生じてしまった。災害前のまちづくり協議会が、災害後の復興まちづくりに大きな機能を担ったのである。

こうした経験から、東京などの防災都市づくりが進められる都市において「事前復興」という考え方が提起された*4。災害後に地域においてパートナーとなる組織がスムーズに立ち上がるように、仮の復興計画を試行的に作成し、地域で共有しておこう、という考え方である。図4は筆者が取り組んだ震災復興模擬訓練と呼ばれる事前復興ワークショップである*5。こうしたワークショップを通じて、擬似的に地区の復興構想を作成し、その作業を通じて地区の人々のつながりを顕在化し、いざというときのパートナー組織の組成にそなえる、というものであり、大規模な災害が想定される東京都や静岡県などで広がっている。

図4 震災復興模擬訓練のプログラム例

まち点検を行って被害をイメージする	避難生活から復興を考える	理想の仮設住宅を考える	復興まちづくりを考える
まちの震災に対する危険性や長所を点検する「まち点検」を行い、その成果を「図上訓練」の形式でまとめ、災害要因図、延焼被害想定図を作成する。	被災後1～2週間程度経過した時期において、住まいや生活をどう確保し、本格的な再建・復興にどう備えるかを考える	地域内に仮設住宅を建設する際の計画づくりの訓練を、地区レベル、敷地レベルで行う。	仮想で作成・提案した地区の復興まちづくりの案をチェックし、自分たちでまちの将来像を考える訓練を行う。

まちあるきの様子

ロールプレイのカードを選択する

模型を用いて仮設住宅の配置を検討する

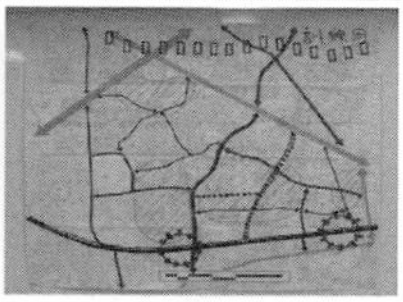
復興まちづくり方針の案

作成された災害要因図

各人が復興するステップをまとめる

地区で仮設市街地の適地を探す

写真を選んで市街地のイメージを議論する

協働型の計画システム

本格的な地方分権社会となり、自治体ごとに独自の計画システムをつくりだす時代となった。本稿で論じた協働型の計画システムは一つの類型であり、自治体によっては協働型を採用せずに公共のリーダーシップを強めたシステムを目指すところもある。公共のリーダーシップを強め体系的な計画システムをつくる場合は図5上のようなツリー状の構成の完成を目指すことになる。一方で協働型の計画システムの場合は一つ一つのマスタープランをパートナー組織との関係を形成しながらつくっていくため、ツリー状の構成ではなく、図5下のような主体の広がりをつくりだすネットワーク状の構成を目指すものになる。交通のマスタープランをつくればバス事業者との関係が強化されるのであり、住宅のマスタープランをつくれば、不動産業者との関係が強化される。計画システムの形成とともに、主体のネットワークが計画の分野ごとに形成されていく。マスタープランで統括されたツリー状の組織ではなく、マスタープランで結びついたネットワーク状の組織をつくり、それを増殖させていく、そういったことが協働型の計画システムの姿である。

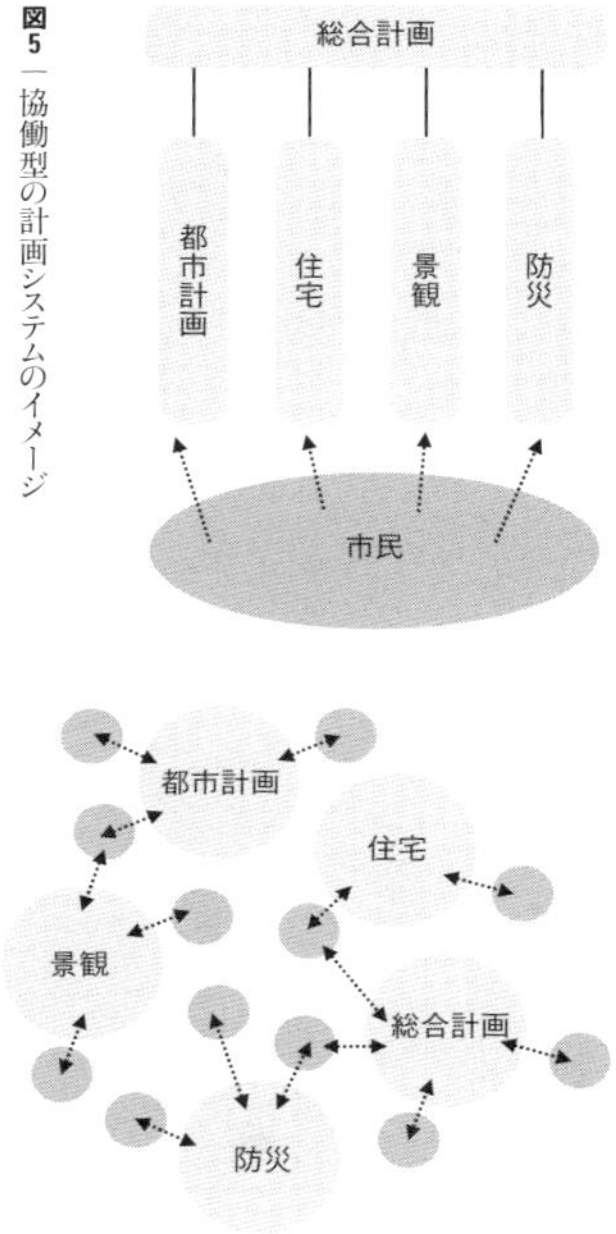

図5 — 協働型の計画システムのイメージ

*1——その実践と試行錯誤の歴史は森村（一九九八）に詳しい。
*2——森村（一九八九）は時代によって異なるマスタープランの役割を「型」と表現している。
*3——鶴岡の一連のまちづくりの取り組みは佐藤・城下町都市研究体（二〇一五）に詳しい。
*4——事前復興については中林一樹（二〇〇四）に詳しい。
*5——練馬区で行われた事前復興のワークショップについては饗庭（二〇〇四）に詳しい。

参考文献

1——森村道美『マスタープランと地区環境整備』学芸出版社（一九九八）
2——森村道美「都市基本計画の「型」の変遷と計画論的機能」『都市計画』一五六号（一九八九）
3——佐藤滋「城下町都市研究体」『新版　図説 城下町都市』（二〇一五）
4——中林一樹「「事前復興計画」の理念と展望」『都市計画』53（6）、二三-二六頁（二〇〇四）
5——饗庭伸、市古太郎ほか「震災復興まちづくり模擬訓練手法の開発」『日本建築学会技術報告集』(20)（二〇〇四）三七七-三八二頁

3-7 自律住区

Shinji Nojima
野嶋慎二

自律住区とは

第二次世界大戦後から高度成長期にかけて、わが国の市街地は急速に高密化し発展するなかで、様々な都市問題が生じてきた。しかしその一方で、多様な機能が複合し、互いにネットワークを形成することで活力あるいきいきとした市街地も形成されてきた。これらの市街地は大規模開発によってできたわけではなく、また強力な土地利用コントロールや計画によって形成されたわけでもない。個々の意思や発意の積み重ねによって、時間をかけて形成されてきた。そこには、個々の意思が互いに呼応し、自己組織化しながら、空間的にも社会的にも望ましい方向へと向かっていく、まちの自律性が形成されていたと考えられる。こうした背景から早稲田大学佐藤滋研究室において研究した「自律住区」というテーマは、地域社会の持続性を基盤とし、社会的空間的文脈を反映した新しい都市空間の再生の方法であった。本論では自律住区を次のように定義する。

自律住区とは、地域社会の自律性という価値を再評価した住区像である。それは地域の文脈を資源として、様々な個々の発意やまちづくりの取り組みが互いに連動するプロセスのもと、全体としての住区を空間的にも社会的にも望ましい方向へ再編していく、まちづくりの計画論である。

時代は人口減少・少子高齢化時代へと移り、地方都市でまちの担い手やコミュニティが減少していくなかで、こうした自律性に依拠し、自律性を高めながらいきいきとした地域社会を構築する計画論が今必要となっていると考える。

自律住区の背景

——自律住区の計画論としての背景

自律住区を、近隣住区やアーバンビレッジという計画論と比較してみよう。

近隣住区（一九二九年）は、C・A・ペリーが提唱した、小学校区のコミュニティを計画単位とする住区計画論であった。教会と小学校とコミュニティセンターをコミュニティの核とし、幹線道路沿いに商業施設を配置し、クルドサック（袋小路）により通過交通を排除する計画である。近代化の過程で喪失されたコミュニティの再生を郊外で計画的に実現しようとしたものであった。

一方で、アーバンビレッジは、一九八〇年代以前の英国が抱えてきた近隣のコミュニティ問題に対し、ミクストユースや高品質なデザインなどの新しい概念によって解決しようとした運動であり、実践的なまちづくり活動でもあった。戦後、画一的で質の悪い住宅団地が大量に供給され、七〇年代、八〇年代の不況により、生活環境の悪化やコミュニティ崩壊の問題が深刻化した。九〇年代初頭、チャールズ皇太子らが提唱したアーバンビレッジはミクストユース、ソシアルミックスにより、職住近接でにぎわいのある住宅地を形成し、空間的には高品質なデザインや通過性のある歩行ネットワークをつくろうとしたものであった。自律住区は、近隣住区やアーバンビレッジのような新市街地の計画理論ではなく、土地所有権が強く、多様で複雑な文脈を持つわが国の既成市街地の価値を高め、再生するための計画理論と位置づけられる。ニューアーバニズムにしろ、コンパクトシティにしろ、アーバンビレッジにしろ、欧米の都市の成り立ちの上に考案された都市づくりの理論をそのまま活用することはできない。わが国独自の文脈や地域社会に立脚した都市づくりの理論が必要である。

——自律住区の概念の背景

戦後の高度成長期にかけて、わが国の大都市やその近郊では、次のような社会的空間的文脈が異なる多様な市街地が現れ都市問題が生じていた。

①木造密集地区

かつて田畑であった場所に、狭小敷地のスプロールにより形成された防災上危険な地区である。工場と住宅などの職住近接を基盤としたコミュニティを再生しつつも、建物の不燃化や緊急自動車のための区画街路の形成を主な目的とした住環境整備が必要とされる地区。

②復興区画整理地区

戦災・震災復興の土地区画整理事業のあった区域であ

り、幹線道路、区画道路と段階的な街路構成は整備されているが、都心部に近く狭小敷地のため環境空間のない画一的な空間となっており、住環境上課題のある地区。

③ 短冊状の敷地基盤地区

大都市近郊の旧宿場町のような歴史的市街地である。短冊状の敷地割を持っており、街区内部では無接道で建物更新ができないという課題や、板状のマンションが建つと日照不良などの環境悪化の問題が起きている地区。

このような都市問題は急速な市街化と高密化が大きな要因であるが、土地所有に対する意識や権利が強く、個々の更新により自由な土地利用のもとに形成されてきたわが国固有の状況も要因である。その結果、市街地は敷地割りや街路形状に大きく影響を受け、日本独自の奥行きのある様々な既成市街地が誕生した。一方、こうした市街化の過程で、機能が複合し、職や地縁によるネットワークを持ついきいきとした地域社会も形成されてきた。

このような既成市街地ではスラムクリアランスによって街を改変させてしまうことは、地域社会のネットワークや自律性を分断することになりよい方法ではない。図1～3は、東京近郊の旧宿場町の短冊状敷地の文脈において、個々の地権者が住みつづけながら建物更新を行い、高密化しつつ住環境を改善する計画を示したものである。高層の板状の建物が建つと環境が悪くなる図1。日照環境に配慮した分棟型の中層の集合住宅を考案し図2、これを段階的に埋め込

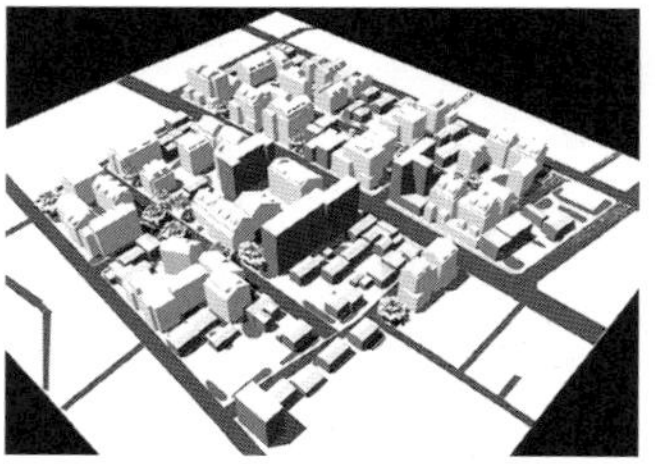

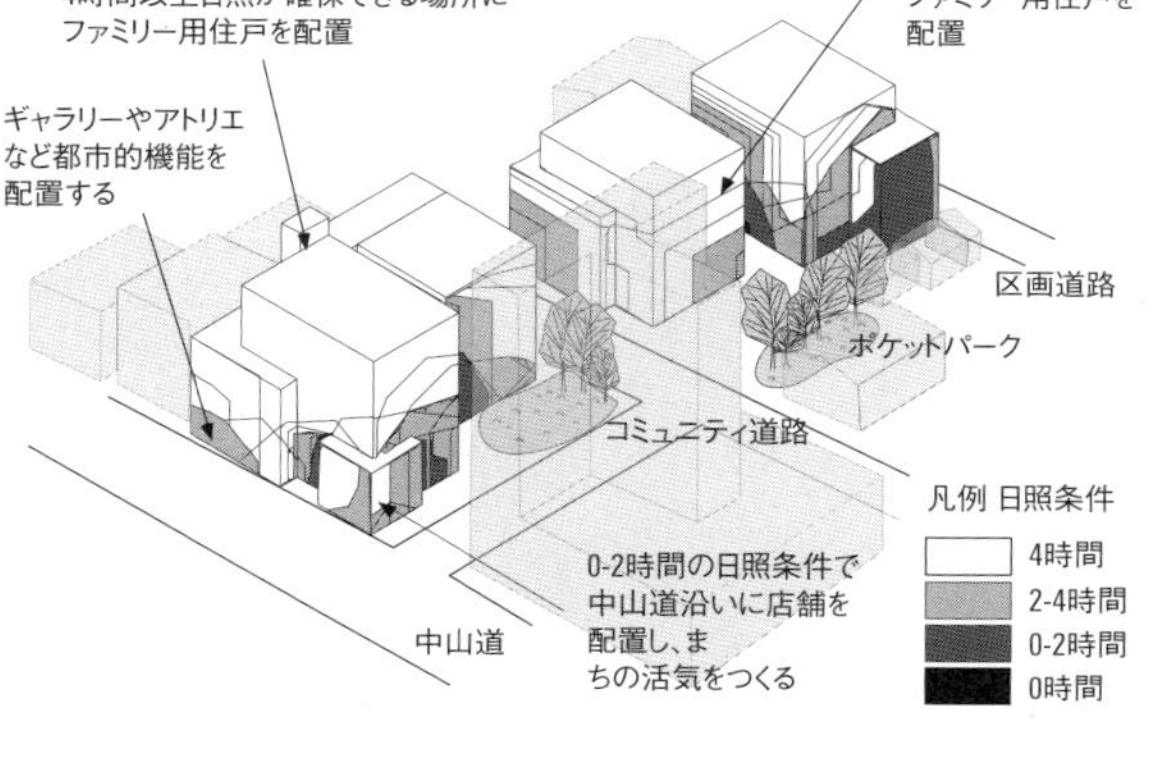
4時間以上日照が確保できる場所に
中庭に面して
ファミリー用住戸を

図1―短冊状の敷地で板状のマンションが建ちつづけた時の住区の日照環境／日照環境が悪くなり、緑やアメニティ空間も創出されない

図2―日照環境やアメニティ空間に配慮した建築タイプ／分棟型で中層の集合住宅は、住戸や空地に良好な日照環境を提供しており、さらにその日照条件にふさわしい機能の配置を行う

図3―環境に配慮した建築物による住区像

んでいくことで、徐々に緑地やアメニティのある中庭がつくられ路地でつながり、周辺と調和したファサードが連続し、住区全体として住環境が改善されていく計画である図3。個々の地権者が生活再建を目指して個別更新により、時間をかけて段階的に整備を行いながら、街への愛着と街の自律性を高める必要がある。自律住区とは、可変的でダイナミックでありながら、個々の意思や発意が互いに連動し自己組織化するプロセスによって、全体として安定した都市像を形成する計画論である。

時代は人口減少・少子高齢化時代に入り、地方都市の既成市街地は今大きな課題を抱えている。まちづくりの担い手が減少し、開発供給や重要が少なく、地域社会を支えていく体制は衰退している。地方都市にこそ、自律住区の考え方が必要である。

自律住区の理論と像

自律住区の考え方、またそれによってつくられる市街地像とは次のようなものである。

――基盤条件や文脈に立脚し地域資源を生かした住区

わが国の既成市街地は、独特の土地制度および土地の所有意識により、一団の開発ではなく、自己更新によって長い時間をかけて形成され、地域固有の空間的社会的文脈を持つ。この文脈を読み取り、そこに立脚して地域の資源を生かす住区が自律住区である。

――自律住区の空間像と社会像

既成市街地が持っている文脈に立脚して、自律性を高める空間像や社会像が望ましい。

①自律性を導く空間がある

日照・通風が担保され、緑地などのアメニティ空間を持つなど良好で住み続けられる住環境があること。高品質なデザインと美しいまちなみがあること。人々が集まる居心地のよい場所や、これらをつなぐ歩いて楽しい歩行空間があること。職住近接を実現し街に活力を与えるミクストユースの市街地であることなど、自律性を高める空間を持つことである。

②自律性を導く地域社会がある

持続的に地域の担い手があるように様々な年齢層が複合した地域であること（ソシアルミックス）。親子近居や職住近接など、互いに支援するネットワークを持っていること。居住者、従業者、学生や市民組織など、様々な主体が発意し、地域社会を支える新しい活動とネットワーク

図4　自律性を導く空間像と社会像

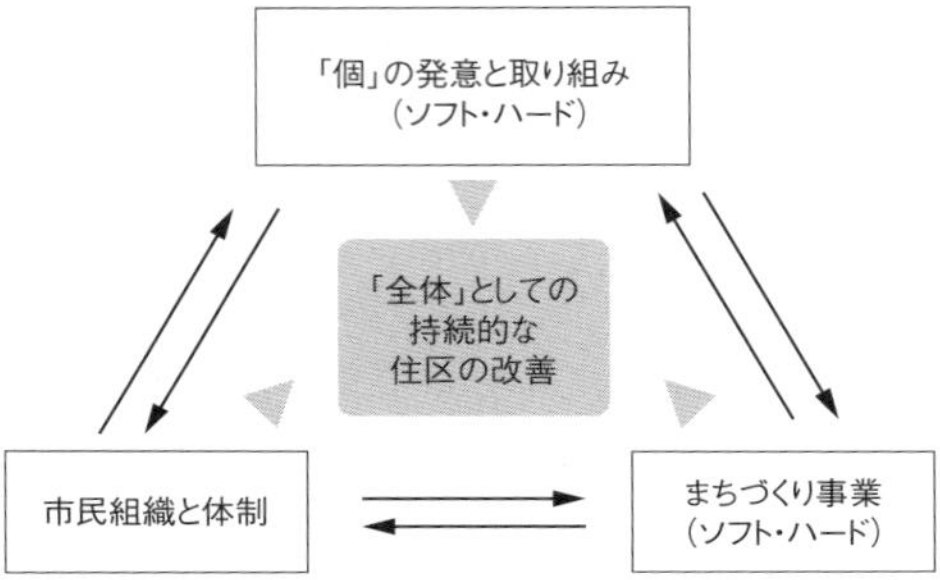

図5　自律住区形成プロセス

と体制があることである。

自律住区の形成プロセス

自律住区が、既成市街地において、時間をかけて漸進的に市街地整備を行うためには、その整備プロセスが重要となる。時間をかけて個別更新を行いながら、空間や社会の再生が自己組織化し、自律性を高めていくプロセスデザインを必要とする。

自己組織化による自律性の向上とは、公民の取り組みや整備、個人や組織の取り組みや整備が互いに連動しながら空間像、社会像が漸進的に望ましい方向に構築されていくことと考える。ここで、その取組みや整備について三つの要素に分けて考える図5。

第一に「個の発意と取組み」である。これは、店舗や事業所の展開や取り組み、住居の更新や建物の修景・更新などであり、民間の地権者や事業所のオーナーおよび居住者などの個人が、生活再建を行いながら市街地を舞台に行う取り組みである。

第二に「市民組織と体制」である。これまで、既存の商店街組合や問屋制のような体制は複合市街地を支える役割を果たしてきたが、近年、個人がまちを舞台として取り組む活動が現れてきた。新たな市民組織の活動は個人の取り組みの総体であり、既存の組織とのネットワークを含めた体制や地域を運営するしくみは重要である。第三に「まちづくり事業」である。公民連携による空間整備事業や面的な制度、ソフトなまちづくり事業を示している。自律性を高めるプロセスデザインとは、この三つの要素が互いに連動しながら全体としての市街地が望ましい空間像・社会像に向けて持続的に変容していくプロセスをつくることであろう。

自律住区の事例

地方都市における自律住区の事例を見ながら、自律住区の考えと方法を明らかにしたい。

——生活空間としての自律住区

福井県福井市田原町。ここは、路面電車えちぜん鉄道の駅や商店街、大学などの文教施設があり、福井市の地域拠点に指定されている。田原町において、「田原町デザイン会議」という住民組織と「たわら屋」という商店街の中のまちづくり拠点の形成、「雑木林を楽しむ会」という学生組織や商店街組合などの既存組織とのゆるやかな連携体制をつくっている。河川改修という「まちづくり事業」をきっかけに、この連携体制が担い手となり、住民による河川・橋・橋詰め広場のデザイン提案、および河川の清掃などの改修後の維持管理などが行われ、住民参加の「まちづくり事業」や「個の発意と取り組み」につながった。また、この連携体制は、たわら屋における住民による講座やコミュニティランチの運営などの「個の発意と取り組み」を生み出している。「市民組織と体制」「個の発意と取組み」「まちづくり事業」が連鎖的に展開しながら自律性を高めてきた。

このような近隣において住みやすいまちを目指している市町村は数多くある。健康、福祉、防災、アメニティ、コミュニティ、生活利便性、環境など、テーマは様々であるが、共通していることは住みつづけられる生活空間としての自律住区を目指していることである。居住地域の価値を高めるため、自律性に依拠したまちづくりは重要なことである。

図6―底喰川クリーンアップ大作戦
図7―たわらまち講座
図8―みんなでデザインした橋の完成

——歴史的市街地における自律住区

滋賀県近江八幡市の歴史的市街地では、一九七三年から長期間、広範囲に及ぶまちづくりが行われてきた。公的なまちづくり事業と市民組織活動と個々の修景による街並景観形成が互いに共振し、持続的に展開していくプロセスがそこには存在していた。まちづくり事業が市民組織の発足に影響を与え、また逆に市民組織を介して事業の展開につながっており、「まちづくり事業」と「市民組織と体制」の連動が見られた。補助金を受けなくても、「市民組織に所属し活動を行っている」という理由で景観に合わせるために自らの建物の修景を行う住民も多く存在し、市民組織と個の発意と取り組みが連動する。市民の自律性に依拠しながら修景を促進させる方法ともいえる。行政の公共空間整備と市民組織の発足は、互いに連動しながら持続的に行われ、特に市民組織の発足などのまちづくりの持続性が建造物の修理・修景に大きく影響し、互いに共振しながら公民一体となったまちづくりが行われてきた。

　このような歴史的市街地では、かつては中心市街地だったが、店舗や住居の郊外化とともに衰退したまちである。歴史的資源を活用して、観光まちづくりと連携しながら、生活再建を行っていくときに、このように自律性を高めていく方法は重要である。このほか、伝統工芸産地などの生業によるつながりを再生する自律住区など、様々な地区の特徴に応じた自律住区が存在している。

おわりに

　自律住区は、地域社会の自律性という価値を再評価した住区像であり、まちづくりの計画論でもある。

　自律性を高めるためには、個々の事業や取り組み、市民組織や体制の変革、まちづくり事業など、様々な発意や実践をきっかけとして互いに連動させていくことが重要である。どの取り組みから始まってもよい、そうしたきっかけを生かしていくため、次のアクションのために背中を押したり、人と人をつなげたり、あるいは前のデザインや事業と連動させていく地域社会の体制や人材が必要であろう。

　自律住区とは、地域で培われてきた文脈を資源として、様々な個々の意思や発意やまちづくりの取り組みが互いに連動するプロセスのもと、全体としての住区を空間的にも社会的にも望ましい方向へと再編していく計画論である。

参考文献

1——野嶋慎二「英国におけるアーバンビレッジの概念とその実態に関する研究」IBSフェローシップ論文最終報告(二〇一二)
2——野嶋慎二、堀部修一「田原町の近隣づくり」『季刊まちづくり』第二八号、学芸出版社(二〇一〇)
3——松元清悟、野嶋慎二、塚本雅則「持続的なまちづくりと連動した街並み景観形成に関する研究―滋賀県近江八幡市の事例より」『日本建築学会計画系論文集』第五六五号(二〇〇三)

3-8 文脈と造景
城下町、現代に生きるまち

Katsutoshi Nonaka
野中勝利

地域に寄り添う計画・デザイン

まちなみに表れる景観は優れて生活文化の結晶である。生活には社会性、公共性が包含されている。顔見知り(=コミュニティ)の世間(=領域)には「おかげさま」「お互いさま」という互恵の文化がある。暮らしとなりわいを背景とする景観は地域社会の共有財である。

一見、乱雑に、あるいは無造作に見える様相であったとしても、たとえ無意識であったとしても、その根底にあるのは「知」である。知識や知恵としての「暗黙知」がある。これは家庭や地域社会で生活していく過程で経験として身につけた(はずの)「知」である。

主体的な関わりによって暗黙知の存在を意識することができるという意味で、暗黙知はすぐれて「個人知」である。ただし他者から隔絶された閉鎖的な「知」ではない。ある集団内において個人知である暗黙知は共有され、相互作用による規範が生まれ、そして意味づけをする知的操作である暗黙知が働く。

集団内で共有化された暗黙知(集団知)は、地域的広がりを持つ集団(地域コミュニティ)内においては地域暗黙知=「地域知」となる。この地域知はその地域の風土や伝統で培われ、地域の構成員に伝えられる。それは地域に帰属する知識であり、知恵である。地域社会での互恵を支える知識でもある。文化の淵源には地域知がある。

今後のまちや地域の姿を計画する方法は、土地に宿る記憶と空間履歴の解読から始まる。過去を参照することは、過去の視点から現在を見ることである。過去から現在までの過程で何が選択され、何が選択されなかったのか。過去を時系列に振り返るのではなく、「これから」を語るため、その出来事に意図や背景を読み取り、今ある姿のどこに本質があるのかを理解する。

地域に寄り添う計画・デザインとは、このように地域知を解読し、土地の記憶と空間履歴を解きほぐすことから構成する文脈的方法である。そうした計画・デザインに込められたメッセージの意図は地域の人々に共感される。このようなまちづくりによって生み出される風景、すなわち「造景」が、決してことさらではなく、また華美におごらず「身だしなみ」の範疇にある社会が求められている。

近代都市化の位置づけと文脈的方法

歴史都市の近代は残すもの、失ったもの、つくるものなど、様々な取捨選択が織り重ねられた過程である。近代化の議論と受容（文化）は、時期、主体、空間、技術などによりその経過は異なる。しかしそうした経験は、ほとんど蓄積されていない。

わが国の主要都市の多くは、近世城下町を基盤とする城下町都市である。これらの都市では、近世の歴史的資源に加えて、近代の都市づくりの再評価、あるいは再定義のもとに、都市づくりを進める必要がある。そこに歴史の厚みが生まれる。時間の連続性との対話を通じて、文化やまちなみが生きてくる。

近世城下町における固有の空間として、たとえば濠や石垣、桝形や鍵曲がりがある。維新に伴い、近世の閉鎖的都市空間から開放化につながる一連の都市づくりの過程で、濠の埋め立て、石垣や桝形の撤去、鍵曲がり道路の直線化などが漸次的に進められた。汚濁や悪臭に対する衛生改善、宅地化や交通利便性の向上に伴う都市化などを背景として、前近代から引き継いだ固有空間が否定された。

しかし都市によっては、そうした計画に反対する意見が表出し、時には反対運動へと展開した。城下町を基盤とした都市であるというアイデンティティに価値を見いだした。濠の埋め立て計画や桝形の撤去計画を断念させ、それが現在まで残る結果になったところがある。

水運から陸運へと主流の運輸が転換すると、道路整備や鉄道敷設が進められた。旧来の街道の拡幅か並行する路線の開設か、市街地を貫通するか迂回するか、都市によって選択があった。鉄道の敷設や駅の立地では多くの議論が噴出した。

官が主導した近世の都市空間の破壊を伴う近代の都市づくりはおおむね地域に受容された。しかしこうした議論は、すぐれて近代化をめぐる都市社会のあるべき姿があった。そこには近代の相克が存在した。

一方、大資本が主導した百貨店の立地では反対する世論は顕在化していない。従来の単品、座売りの商売から、商品陳列、定価販売、多種の品ぞろえなど、近代的経営は市民に歓迎された。大都市資本の百貨店の出張販売に対して、地域商業者からの抵抗は見られたが、立地に対しては市民社会からは受容された。前近代から受け継ぐまちなみに相対して圧倒的な規模を有する建築は都市の近代化を演出した。景観破壊や日照・通風阻害といった反対運動には展開しなかった。

そして、屋上遊園やホール、エスカレーターやエレベーター、女性販売員など、都市文化の発信や女性の社会進出という近代社会を牽引した。またショーウィンドーや照明などと相乗し、親子連れや夜間の外出を促し、都市生活の近代化を後押しした。

図1―まちなみに対して圧倒的な存在の近代百貨店（鹿児島）筆者所蔵絵葉書

図2―大正時代の撤去計画が撤回されて保存された桝形（和歌山）

現在に生きる城下町——再価値化と帰属性

このように眼前にあるまちの様相には、様々な背景がある。なぜ残っているのか、なくなったのか、その理由とともに確認する作業は大切である。残っている空間も、取り壊す計画を撤回させて保存に成功したのか、ただ取り壊す理由や機会がなく残っているのか、すなわち積極的な保存なのか、あるいは消極的な残存なのか、時間的文脈の中で位置づける。一方で、置き換えられた機能や空間、変容した空間の転換期の契機や背景を空間履歴とともに検証する。

このようにして明治維新以降の背景や議論の実態を掘り起こし、解読し、知の経験として蓄積する。そして地域に帰

図3 旧街道のまま残された鍵曲がり（岡山県津山）

図4 近代に架けられた濠の橋（神奈川県小田原）

属する共有化された「地域知」として、土地に宿る記憶を受け継ぐことが求められる。

確かに既成市街地の空間的自律性や秩序化は容易ではない。城下町都市では、かつての町屋建築を模した外観意匠をガイドラインに設定することもあるが、安易な模倣や一部地区のみであれば、逆に違和感が生まれる。

一方、景観の観点から城を基点とした空間秩序を志向する取り組みがある。

小田原市では模擬天守閣の高さ、佐賀市ではいわゆる平城の濠沿いに林立する樹木の高さを基準として、周辺市街地の建物の高さを制限している。また市街地にそびえる天守閣や城山を仰ぎ見るために、眺望点や視界を確保するガイドラインが設定されている都市もある。

このような城を基点にしてスカイラインや眺望景観を制御することは、市街地の空間的な求心性と帰属性を城に依拠することである。

東日本大震災では白河城址などの石垣が、熊本地震では熊本城址の石垣が崩落した。模擬天守閣の屋根瓦も落下した。これらの修復には数十億円から数百億円の費用がかかるとされている。しかし修復をすること、多大な費用をかけることに対する否定的な意見はあまり見られない。地域社会に受容されていることは、城下町都市にとっての歴史的存立条件を城に依拠している表れである。

熊本では被災したままの天守閣にライトアップが再開された。復興を見守る灯りであり、市民の衆目を集める灯りである。精神的支柱としての城を再確認する機会になった。

あらためて眼前にあるまちの姿を、これまでの都市づくりの文脈から解釈し、その価値を再認識することが求められる。城下町は今も生きている。

参考文献

1――日本建築学会編『生活景』学芸出版社（二〇〇九）
2――佐藤滋編『新版 図説城下町都市』鹿島出版会（二〇一五）

3-9 ガバナンス
地域協働の科学

Osamu Soda
早田 宰

まちづくりのガバナンス論

これまで述べてきたように、まちづくりは、課題設定、計画、実践の3つのフェーズがあり、その核となる作業として、①コミュニティの診断(profiling)、②ビジョンの具体化(visioning)、③多様なステークホルダーの合意形成(consensus building)が重要である。プランニングシステムは、これらのフェーズ別の作業で生まれる議論や意思決定を接続させ、まちづくりのコンテクスト(文脈)を生成させることが必須課題となる。

第二章四節に述べられているように、一九九〇年代から公共政策は、市民、行政、民間企業、NPOなどの多様なステークホルダーが関わるようになり、計画論においてはコラボレーティブプランニングが登場し、権力分散の世界[*1]における、相互作用による計画づくりの理論化が進んだ[*2]。拙稿『地域協働の科学』(二〇〇五)[*3]において、まちづくりの組織形態、ガバナンス、プランニングシステムにおける利害調整について論じたが、理論的な考察はここ一〇年に大きく進展してきた。

まちづくりの組織形態
——社会形態論

権力分散の世界は、社会構造という古典理論に光を当て直した。社会的つながりや連帯の多様な形、その役割、その変化についての理論は、社会形態論(social morphology)と呼ばれる[*4]。九〇年代後半以後、多様なステークホルダーのネットワークが関与するようになり、ネットワーク組織論[*5]、社会構造論の様々なレベルで論じられてきた。

——四つの社会形態の重層

長野基は『地域協働の科学』において、社会組織の形態を論じ、その資源交換・結合度の強さから、①「市民社会」（基礎となる社会）、②ガバナンスへの参画ネットワーク（市民的公共性を担う政策志向の文化）、③政策連携体（インフォーマルな協力・調整を行うゆるやかな結合レジーム）[*6]、④パートナーシップ（フォーマルな決定・協働事業実施する組織）の四つに整理している。まちづくりの世界は、これら四つの重層、ネットワークした社会構造によって構成されていると論じている。

協働ガバナンスとまちづくりの場

——協働ガバナンス論の展開

市民、行政、民間企業、NPOなどの多様なステークホルダーによる公共政策は、課題設定、計画と同時に、実践フェーズにおける合意形成が重要となる。相互作用による政策の利害調整システムが登場し、それらは「ネットワークガバナンス」「コ・ガバナンス」「ジョイントガバナンス」など多様な呼び方がされてきたが、二〇〇〇年以後、ジョン・フリーマン（一九九七）[*7]によって、コラボレーティブガバナンス（collaborative governance）のキーワードが提唱された。さらにアンセル&ガッシュ（二〇〇八）[*8]によって包括的に整理され、制度設計における参加・包摂、フォーラムの限定性、明確なルール、プロセスの透明性の重要性が改めて確認、強調された。

調整の場——フォーラム・アリーナ・コート

協働ガバナンスで重要なのは、いかに多様な意見や利害関係を集めつつ、内容を精査し、異なる資源、アイデアを連結させて、政策や計画に適切に反映するかである。具体的には、判断の前提となる条件を明らかにし、プロセスの透明性を高めて説明責任を果たすことである。そのためには、意思決定システムが協働に対応するレベルをアップグレードする必要がある。

協働における調整の場については、ブライソン&クロスビー（一九九二）[*9]が、「フォーラム」（意見収集の場）、「アリーナ」（熟議と意思決定の場）、「コート」（紛争解決・処理の場）の三つの調整の場を論じ、協働ガバナンスのシステムに埋め込む必要があると論じた。それを踏まえてパッツィ・ヒーリーは

『コラボレーティブプランニング』（二〇〇六）[*10]において一般計画システムを、饗庭は『地域協働の科学』において、日本モデルを論じ、目的・目標、機能、外部からの可視性・透明性、参加の限定性、時限性について枠組みを示している。これらをどのようにまちづくりの現場で展開させるかが現在の課題であるといえる。

協働の地域コンテクスト——アメリカ、ＥＵ、日本

協働のまちづくりの流れは、一九九〇年代に世界に広がるが、その文脈は国や地域によって若干異なる。

アメリカでは、一九九〇年代、官民パートナーシップ（Public-Private Partnerships）が都市づくりや医療の分野で提起された。自治体の行政サービス維持のため、運命共同体としての民間企業の支援、地域活性化、都市開発の後押ししてきた。

ＥＵ、特に北欧の国々では歴史的な福祉国家路線の修正、転換が求められ、行政サービス再編・民営化、社会的サービスの質の維持、社会的排除と地域コミュニティの開発・促進などに取り組むために導入されてきた。

日本では、中央集権的な基準行政から地方分権による個性豊かなまちづくりへのシフトを模索するなかで、地域に根ざしたパートナーシップが登場した。一九八一年、兵庫県神戸市でまちづくり協議会方式が日本で初めて導入された。一九九〇年代には、都市計画や地域活性化において市民参加や主体性を重視した対話型のまちづくりが広がった。二〇〇〇年に地方分権一括法が施行され、市民ニーズへの対応、多様な政策の選択肢、ＮＰＯの協力等が一般化し、まちづくりにとっては重要なものとなり、理論的に考察を深めるべき対象となった。

協働ガバナンスの日本モデルの軌跡
——アジアの公共政策モデル

日本、韓国、シンガポール、台湾、香港などのアジア諸国は、第二次世界大戦後の自由の希求、国家の強力な主導による急速な経済発展、経済優先、後追い生活環境の整備などの考え方が共通している。そこでは「計画的生産性」（planned productivity）が重視される。

グローバル化に伴う社会問題の解決が、フォーマルな組織の対応が試されることは世界各地で共通している。欧米では協働ガバナンスのシステムが整えられ、社会的に共有

されているのに対し、アジアではネオ・コーポラティズム（新協調主義）の傾向が顕著である。古典的なコーポラティズムと異なるのは、市民参加が加味されていることである。ただし多元価値を反映するための参加ではなく、あくまでネゴシエーションに利益代表を組み込むための参加である。

――日本型モデルのイノベーション

欧米では協働における新自由主義の影響が何かと議論の焦点になるが、ブルーノ・アマーブル（二〇〇五）[*11]によれば、日本はネオコーポラティズムの影響が大きい。政府は財再配分上の役割は必ずしも大きくないが、規制・誘導などの権力的行為によって介入し、政策調整に重要な役割を果たす。日本では、政策形成は、政・官・財のいわゆる「鉄のトライアングル」の間でのネゴシエーションのなかで物事が決まる傾向がある。重要なのは、中間集団や専門家の調整によって質の高い政策を生み出す日本の社会の「しなやかさ」を生かしつつ、その「あいまいさ」を排除していくことであろう。協働ガバナンスシステムの刷新[*12]は、今後、ローカルとグローバルの両ベクトルを志向するまちづくりの発展に重要である。

*1――Bryson, J. and Crosby, B. *Leadership for the Common Good: Tackling Public Problems in a Shared-power world*, Jossey-Bass (1992).

*2――早稲田大学都市・地域研究所は、二〇〇〇年、「分権型社会の都市地域ビジョン研究会」に「パートナーシップによる地域マネジメント分科会」を設置し、新宿区、川口市、市川市、二本松市、秩父市においてアクションリサーチを実施してきた。

*3――佐藤滋、早田宰編（二〇〇〇）『地域協働の科学――まちの連携をマネジメントする』成文堂。本書は前項2）の研究会の成果である。

*4――デュルケームは、社会構造が、社会的つながりや連帯の多様な種類を生成する事に着目し、その特徴、密度、形、相互作用、またはそれらに起こる変化について考察し、社会形態論（social morphology）と呼んだ。Durkheim, E. *The Rules of Sociological Method* (1895)

*5――カステルは、情報化社会における社会形態を考察し、ネットワーク形態論（network morphology）として考察した。Castells, M. Materials for an exploratory theory of the network society, *BRITISH JOURNAL OF SOCIOLOGY*, vol.51 pp5-24 (2000)

*6――政策連携体は、都市レジーム（urban regime）の訳であり、ストーンのアトランタの分析が嚆矢である。Stone, CN. *Regime Politics: Governing Atlanta, 1946-1988*, Univ. Pr of Kansas (1989).

*7――Freeman, J. *Collaborative governance in the administrative state*, UCLA LAW REVIEW, vol.45 No.1, pp1-98 (1997)

*8――Ansell, C. and Gash, A. Collaborative governance in theory and practice, *JOURNAL OF PUBLIC ADMINISTRATION RESEARCH AND THEORY*, Vol18 (4), pp543-571 (2008)

*9――Bryson, JM. and Crosby, BC. Policy Planning and the Design and Use of Forums, Arenas, and Courts, Environmental Planning *B-PLANNING & DESIGN*, Vol.20 (2), pp175-194 (1993)

*10――Healey, P. *Collaborative Planning: Shaping Places in Fragmented Societies*, Palgrave MacMillan (2006).

*11――Amable, B. (2004) The Diversity of Modern Capitalism, Oxford University Press, U.S.A. B・アマーブル著、山田鋭夫、原田裕治ほか訳『五つの資本主義』藤原書店（二〇〇五）

*12――神奈川県横浜市では、「市民まち普請事業」のプロセスにおいて地域団体と企業のマッチングを二〇一五年から採用した。

3-10 地方都市のまちづくりと まちづくり市民事業

内田奈芳美
Naomi Uchida

地方都市のまちづくり

地方都市の活性化をめぐり、全国総合開発計画など国土レベルで一九六〇年代から議論が続けられてきた。そのなかでは一九七二年の日本列島改造論に象徴されるように、雇用創出としての製造業の移転、現在も続く高速交通ネットワークの建設による行動圏の形成、文化のターミナルとする地方都市の形成などが提案され、そのたびに各自治体は計画策定を行い、予算措置を受けた。しかし、これらの「活性化」のための計画は、たとえば製造業のための工業団地の建設とそれに伴う住宅地の開発による市街地の拡大や、旧中心部とは離れたところに位置する鉄道駅周辺の整備、郊外交通網沿いへの出店の加速と中心部の商業衰退、文化的なハコモノの建設といった、現在の地方都市中心市街地の基盤形成とそれに伴う課題の両方につながっていった。さらに二〇一四年からは「消滅可能性都市」[*1]という衝撃的な地方都市の将来予測を理論的背景として「地方創生」の旗のもとで様々な政策が試されてきた。もっとも、これまで東京一極集中が止まらなかった状況を見ても、均質な政策を多様な文化や歴史を持つ地方都市に当てはめ、活性化するというのは非常に困難なことである。これは、地方都市はいつか東京のように発展し、追いつくであろうという希望のもと、「国内すべての空間に投資し平等に発展させる政策」である「空間ケインズ主義」[*2]と称されるような、「国土の均衡ある発展」を目指した結果であるともいわれている。

地方都市のまちづくりの方法に関する研究

一方でいくつかの先進的な地方都市では地域性を活かしたまちづくりの実践が進んできた。そういったところでの実践や研究を通じ、地方都市のまちづくりの方法としてこれまで次のような研究のアプローチが蓄積されてきた。

第一には、地方都市まちづくりの空間的分析である。第三章「文脈と造景」(一七三頁)や「城下町都市」文献3で論じられているような、地方都市の近世城下町としての基盤からの発展プロセスといった都市形成過程の分析がある。また、現在の中心市街地のまちづくりの実態分析として、中心部の歩行者の回遊性の実態や駅周辺の再開発分析など、中心市街地の骨格を空間要素から分析したものがあった。

第二には、前述したような国土レベルでの活性化計画と連動して、地方都市が計画してきた戦略とそれを支える組織の分析があった。中心市街地活性化基本計画における戦略とTMOなどのそれを支える組織分析である。これについては、郊外の大型店舗の立地と中心市街地との関係の中で、中心市街地の商業振興がまちづくりを語る上での中心的存在になってきたということがある。

第三には、まちなかの居住に関する分析である。近年は全国的に空き家、空き地問題が話題となってきているが、地方都市は早くから中心部の人口減少が問題となっており、個別の住み替えがまちづくりに与える影響が議論されてきた。これに関しては、尾道市における空き家活用の実践事例*3や鶴岡市での研究(第四章二節)など、実践と理論との連動の中で解決法が模索されてきた。

第四には、まちなみや景観形成、歴史的資源の保全と活用という方法論である。これは地域資源が残りながらも、「国土の均衡ある発展」の考えのもと近代化を進めようとした地方都市に見る論点であり、資源保全と地域経済開発とのバランスをどのように考えていくかという近代化の過程についての議論があり、かつ、今日においては観光産業の流入と地域資源の保全が議論となってきた。

第五には、大都市とも共通したまちづくりの課題であるが、住民と協働するまちづくりの方法論についての研究があった。これは、第三章の「対話とデザイン」(一五四頁)にあるような、協議のための方法論である。地方都市ならではの景観資源の可視化やコミュニティの緊密性を踏まえて、まちづくり議論を行う方法論が模索された。

さて、このなかでも、二点めに挙げた中心市街地活性化のための戦略と組織について、戦略分析や基本計画の横断的分析などが行われ、地方都市中心市街地をプログラム的に解読しようという研究があった[*4]。しかし、たとえば近世城下町からの基盤発展に伴い戦略的な都市の「軸」を形成したとしても、経済的背景などから個別敷地の選択が積み重なって、戦略とは異なる動きをするのが都市である。特に、まちづくりを考える際に、マクロとしての分析だけでは読み取りきれない動きが現れてきている。それは、コンパクトシティのようなマクロ的な空間の縮退計画とは外れたところで、個別にはまだらな縮退が起きていること、そしてそのときは拡大時期のように予想可能な動きではなく、個人的なライフスタイルの選択に合わせたより予測不可能な動きであることから、全体像として現在はよりまちの変化の像が見えにくくなっており、都市軸の設定のような都市戦略の影響力が弱まってきている。

　結局のところ、地方都市においてゼロサムゲームで限られた「人口」というパイを奪い合うような現状においては、絶対的量(歩行者数や事業者数の増加)でその中心部再生の成否を占うのではなく、地方都市だからこそ可能な、個人個人のライフスタイルの実現のほうが現代においては重要な指標になると考える。中心市街地活性化基本計画の目標が数値的に達成しなかった[*5]としても、目標のための数値だけが問題なのではなく、生活の「質」が問題なのではないだろうか。

　そういった視点から、地方都市での、個人化した空間活用や地域づくりによるまちづくりが近年増えてきたといえる。そのような事例はあくまで特殊例だといわれたとしても、現在の個人化した価値観の中では特殊例が徐々に積み重なっている、という事実自体に普遍性が存在するのではないだろうか。

まちづくりの特殊例の普遍化

——「まちづくり市民事業」という概念

　そして、その特殊例の一つとなるものとして、住民と協働したまちづくりの方法について、市民が自ら事業性を持ったまちづくりを進めていく事例が増えてきた。それらを概念として提唱したのが早稲田大学佐藤研究室での議論と実践の蓄積をベースに執筆された「まちづくり市民事業」[文献4]である。これは、どうしてもその地域に必要な事業ではあるが、ローカル経済の規模の小ささから民間企業では利益を生み出すことが難しく、また、近年の厳しい財政状況から、直営方式で行政が行うこともできないという事業が地方都市に存在し、それを市民が資金調達方法と地域資源を結びつけながら事業化していった事例である。このなかでまちづくり市民事業とは「地域社会に立脚した市民による協働の組織により、地域の資源と需要を顕在化することにより進められる自律したまちづくり事業の総体」[文献4、一三頁]であると定義される。まちづくり市民事業の事例としては、たとえば鶴岡市でのシニア向けのコーポラティブ住宅づくり[*6]や商店街の拠点整備などが挙げられるが、地方都市ならではの人的ネットワークとして、名望家を中心としたネットワークによって事業が支えられていたり、密なコミュニティの存在が、市民が責任を持つ拠点と活動を支えていたりしている。地方都市でまちづくりに関わってきた筆者としても、地方都市でのコミュニティの緊密さは実感するところである。ある場所に行けば、そこに市内のまちづくりの鍵となる人々が立ち寄るような場所が存在している。また、「あの人が言うなら」という信頼関係に基づく社会関係資本も地方都市ではより緊密であり、世代を超えた関係が構築されている。たとえば事業継承者としてのネットワークが形成される青年会議所のようなところで培った社会関係資本が、まちづくり市民事業やまちづくり会社というところで発揮される実態を見てきた。石川県金沢市ではそういったネットワークをベースにNPO法人が形成され[*7]、アートの発信やまちづくりのシンクタンク的機能などを持ち、まちなかでの文化的な仕掛けを行っている。二〇一三年にはまちづくり会社が設立され、NPOの持続的な運営のサポートを行い、組織は東京在住者も巻き込んで大きく成長してきた。

図1、2 ― 金沢市ではNPO法人がまちづくり会社と協働し、まちなかの文化的場づくりを行っている

　このような緊密な関係をもつ地方都市の市民の手によって地域の物的・人的資源を活用した「まちづくり市民事業」の議論は、東日本大震災における中心市街地の復興まちづくりを考える上でも、暮らしの再建と持続的な地域運営のための手法として検討され、担い手としてのまちづくり会

社の設立に向けた議論と一体となって、実現への検討が進められてきた*8。

――個人のなりわいとしてのまちづくり

まちづくり市民事業は既存のコミュニティを基盤として行われているが、さらにそれとはまた違うところでさらに個人化した動きがある。それは、自分の行っていることをまちづくりと自ら定義しながら、地域に根ざし、小さくても仕事や事業を興して持続的な活動をしていく事例である。これは、まちづくり市民事業のような世代を超えたネットワークとはまた異なるところに存在する、まちに帰ってきた人たち、まちに入ってきた人たちの物語である。

こういった動きの経済的な背景として、雇用情勢の変化とシェア経済の急激な発達がある。シェア経済の浸透は起業する際のハードルを低くし、かつゲストハウスなどの新しい仕事を生み出した。また、そういったことを実践する人たちの物語がSNSなどの手段で可視化されやすくなったこともあり、地方都市の空き家問題もあいまって、地域とつながりながらなりわいをつくろうとする人々に「場所」を提供できる土台が整った。まちづくり会社を自分で立ち上げるか、そういったところに就職する事例もあれば、クリエーターが移住して地域とつながりながらショップやギャラリーを運営する事例*9もある。このような動きのモチベーションとして、地元に帰るための手段ということもあれば、地域自体への関心が理由であれば、自分のなりわいを中心としながらも、地域とのつながりを求めてまちづくりの仕事を育んでいく人もいる。もちろん、町家などのハード的な地域資源に関心を持ち、それを活用することに意義を見いだし、結果としてまちづくりにつながっていくような事例もある。静かな移住ブーム*10はこういったモチベーションに支えられ、その際に「まちづくり」は地域との関わりと居場所をつくる上での安心できるキーワードとして多用されている。

こういったまちづくり市民事業やシェア経済に根ざしたまちづくりは、地価や賃料が安価であり、人々のつながりがつくりやすく見えやすい地方都市で発展してきた。人口減少や地価下落により地方都市ではコミュニティにおける課題が先鋭化していることから、まちづくりの先進的動きが今後も起こっていくと思われる。コミュニティの近接さから、地方都市はまちづくりのための「アリーナ」を形成し、発展されていくことがより可能であり、まちづくりの動きは大都市での実践よりもより素早く拡散されていく。地方都市はまちづくりの「これから」を考える上で、また、生活の質を高めるためのガバナンスを支える「アリーナ」そのものとして、重要な試行の場となっている。

*1——文献1では「消滅可能性都市」として八九六の市区町村が存続の危機にあるとされた。

*2——文献2（kindle版）中澤秀雄『地方と中央』第二項・第一段落から引用。特定の大都市に投資を集中させる「都市圏立地政策」との対比で「空間ケインズ主義」を位置付けている。筆者は「昭和後期から平成にかけて」地方も東京に努力をすれば追いつける、という空間ケインズ主義が表向きには信じられてきたことを指摘している。

*3——真野洋介「尾道・歴史的市街地を核とした地域創造圏の可能性」『季刊まちづくり』第二九号、学芸出版社、二〇一〇、五六-六二頁で論じられているような広島県尾道市の中心市街地における一連の活動。「脱空き家化プロジェクト」などを通して「社会的環境の持続」を支える試みを記している。

*4——早稲田大学理工学部建築学科都市計画佐藤滋研究室「検証・地方都市の中心街再生戦略」『造景』一六号、一九九八・七-一九九八年

*5——日本経済新聞「市街地活性化計画、目標達成ゼロ 総務省が改善勧告」（二〇一六年七月二九日付）

*6——参考文献4に収録されている鈴木進、川原晋「まちづくり市民事業の到達点〜山形県鶴岡市の中心市街地まちづくり」（一四三-一六二頁）のなかで事例として示されているまちなかの「シニア向けの元気居住住宅〜」の事例では、鍵となる人物を中心に早稲田大学都市地域・研究所も含めて地域が密に協働しながら、理念に基づいた事業が実践された実態を描いている。

*7——NPO法人趣都金澤 http://syuto.or.jp/ 参照。二〇〇六年に結成された後、金沢のまちづくりを文化的側面から継続的に進めてきた。

*8——「特集・東日本大震災復興まちづくりシナリオの提案——市民事業の展開に向けて」この特集の中ではまちづくり市民事業の可能性についていくつか触れられている。たとえば阿部俊彦＋益尾孝祐「まだら状被災市街地における連続復興まちづくり——気仙沼市の場合」など。

*9——金沢市ではクリエーターの誘致制度を創設し、これまでに六名（『中日新聞』二〇一六年九月六日付）がそれを利用した。書店を兼ねたギャラリーなどを設けている例もある。

*10——ふるさと回帰支援センター問い合わせ・来訪者の推移（http://www.furusatokaiki.net/wp/wp-content/uploads/2016/02/6364b6aafae77dbfa0b2503269d75f3c.pdf）から、二〇〇八年に問い合わせ件数は二四七五件だったが、二〇一五年は二万一五八四件に増加しており、八年で九倍近い数となっている。

参考文献

1——増田寛也編『地方消滅——東京一極集中が招く人口急減』中央公論社（二〇一四）
2——小熊英二編著『増補新版平成史』河出書房新社（二〇一四）
3——佐藤滋編著『図説 城下町都市』鹿島出版会（二〇一五）
4——佐藤滋編著『まちづくり市民事業』学芸出版社（二〇一一）

第4章

まちづくりの実践と方法

4-1 四つのまちづくりアプローチ

内田奈芳美
Naomi Uchida

第三章では「まちづくりの科学」として、まちづくりのこれからを考えるための要素について個別に解説を行った。本章では、これまで各筆者が実践的調査・研究を行ってきた事例をベースにして、まちづくりの「これまで」を検証し、「これから」を検討してみたい。ここでは、「これから」のまちづくりを考えるための、四つのまちづくりアプローチを提示した。

その四つとは、

「シナリオ・メイキング」

「変化と適応」

「ネットワーク・コミュニティ」

「不連続価値形成」

である。この四つのまちづくりアプローチは、領域・変化・時間軸を超え、全体を何とはなしにつくりあげていくということであり、これは計画区域と期間を定め、全体をコントロールする（もしくはできると考えていた）近現代的な都市計画とは異なり、不確実性の高まるなかで、よりよいまちをつくるためには適応せざるを得ないアプローチであると考える。それぞれのアプローチについて、以下に解説する。

1 シナリオ・メイキング

都市計画マスタープランなど、計画によるコントロールが十分に機能せず、日本の都市は個別敷地の選択によって、これまで都市像が形成されてきた。こういった状況下で、漸進的なまちづくりをコーディネートするために、これまでまちづくりの現場では、時系列による変化にあわせたまちづくりの段階を設定しながら、予測不可能な事象があっても基本的価値観を共有することで判断を明確にするための対話を行うようにしかけてきた。この一連のプロセスをまちづくりの「シナリオ・メイキング」と呼ぶ。まちづくりの議論のなかでは、住環境として最も悪化した場合の空間像も想定し、それをまちづくりの現場で見せながら、よりよい環境を形成するための対話をしていったのである。すなわち「シナリオ」とは、「こういったことを実行する」と決めるプランニングとは異なり、「こういったことが起こるかもしれない」という不確実性を内包するものであり、「メイキング」と呼ぶのは、対話を通じて多主体でつくりあげていくものであると考えるからである。都市が空間として拡大していく段階ではそれをどう抑制・誘導するかというプランニング的な考え方が機能していた。人口減少の今は都市構造の変化の不確実性をより大きくはらむことから、「これから」のまちづくりにこそ、シナリオ・メイキングの技術が必要になってくる。それらの理論的基盤と実践を示したのが本章の論考である。

2 変化と適応

次に、「変化と適応」として本章で示すのは、コミュニティのあり方や、景観など社会的共通資本に対する価値観の変化に対してのまちづくりの「これまで」の適応のかたちである。本章では城下町としての基盤を持った都市の変化という「これまで」、そして、都市コミュニティの個人化という変化の中で、地域力をどのように適応させてきたかを示す。

そして同時にここで語られるべきは「これから」の変化についてである。「これから」の実践のために変化をもたらす要素は、第一に、人口動態である。地方自治体にとって人口流出は深刻な問題とされているが、一方でコミュニティにとっては人口減少のとらえ方は自治体と少し違うかもしれない。生活の場ではそれぞれが自分の選択に基づき、どのような変化が起きようと結局は生活を続けるのである。「これから」は特に、人口減少ばかりに目をとらわれず、今その場所に住んでいる人に着目したまちづくりを考えていかなくてはならない。本章で示される北海道夕張市はその事例の一つである。第二の要素としては、予測不可能ではあるが、災害、特に震災による都市変化の可能性である。ここでの宮城県石巻市や新潟県柏崎市の事例は急激な空間的変化への適応の事例として、震災復興を契機とし、事前からの生活のつながりを認識しつつも組み立てていく復興のまちづくりの手法を論じるものである。そこには、建築家としての職能の適応も急激に進む実態がある。

3 ネットワーク・コミュニティ

これは文字どおり地理的範囲を超えてネットワークで結ばれたコミュニティを意味する。とはいえ、ここで紹介する事例は、伝統的地縁コミュニティからの変化の一例として、テーマ型コミュニティが生まれて地理的近接性を超えて結びつくという話ではない。あくまで地縁コミュニティがベースとなりながらも、範囲や距離の広がりを持ってネットワーク化する存在を意味し、地縁コミュニティや、テーマ型コミュニティとしてのアソシエーションとはまた異なる第三のコミュニティのあり方である。コミュニティの変化として、奥田は一九八〇年代以降の新世代は「地域の枠を超えて、同じ関心・興味、あるいは生き方の相互確認のもとに自由で融通性のあるネットワークを形成する」[*1]ととらえた。このように、個人で選択可能なネットワークをかたちづくる理論的背景として、都市型コミュニティの特性は、集団を超えてコミュニティにとって異質な人をブリッジ型で結びつけるという特性がある[*2]とされる。そういった地縁を超えた個人的ネットワークに関係するコミュニティの発展は確かにこれまでにも観察された。しかし、こういったコミュニティと併存して、行政境界と実態活動との乖離を背景に、地縁コミュニティが拡大する「必要性」によって結びつくネットワーク・コミュニティが今後存在感を増してくると考える。本章の事例は、庭園生活圏と町外コミュニティであり、これらは地域の持続性へのチャレンジと、行政を超えてネットワークを結ぶ「必要性」が、地縁にもとづくネットワーク・コミュニティを構築した事例を示す。そういった「必要性」から言えば、EUにおける行政境界を超えた都市圏での結びつきを説くシティ・リージョンの議論は、必要性に迫られた地理的関係ベースでの拡大ネットワークという意味で同傾向を持つと考える。そういった世界的な議論も背景に考えながら、本書ではネットワーク・コミュニティは、まちづくりの単位・範囲の概念を変えるものであるとして論じる。

4 不連続価値形成

最後に、「不連続価値形成」である。吉阪隆正による「不連続統一体」ではないが、「個性の尊重と全体の利益との調和」[*3]として、計画者が秩序だったプランニングによる全体のかたちを見せるのではなく、都市の不連続な活動のなかで各自の価値にもとづく空間形成があり、対話や価値共有を通じて全体としてかたちとしての秩序以上に、場所としての全体の価値をつくりだしていくことである。そもそも、日本の空間の特性の一つとして、「『建増し』思想」[*4]があり、それは「集落や町の構造に反映している」[*4]と加藤は論じている。つまり日本文化における空間は、部分から全体を形成しているというのである。そういった文化が都市形成の基底にあり、かつ、現在の多様化した価値観のなかでは、それぞれが部分・各敷地で法律の許す限り価値を形成しようとする。これを各敷地の選択に任せた「民主主義の風景」ととらえる向きもあるようだ[*5]。もっとも、ここで示したいことは、そうやってただ自由に各敷地の選択に任せればよいというのではなく、それぞれの変化が不連続に空間的に存在しながらも、個別のアクション間において、できる限りの対話を試み、「よりよい全体」を形成していくにはどうしたらよいのかということである。

これらのアプローチは、「これまで」のまちづくりへのとりくみを整理しつつ、「これからの」まちづくりを考えるためのアプローチでもある。以下各筆者が考える「これから」の可能性を確認していただきたい。

*1——文献1、二五一頁から引用。この中で奥田は八〇年代以降の「新しい型」として、第一次ベビーブーム世代が新しい運動の担い手となり、生き方によって様々なネットワークに参加する個人的な選択の拡大を論じている。

*2——文献2、一六頁から、「都市型コミュニティ」のソーシャルキャピタルは橋渡し型(bridging)で、異なる集団間の異質な人の結びつきであり、「農村型コミュニティ」の結合型(bonding)のような、内部における同質的な結びつきとは異なると分析している。

*3——文献3、二〇頁「DIS-CONTの名の由来と提案」より引用。不連続統一体という考えについて、建築家としての立場から論じるなかで、民主主義を引き合いに出してこのような言葉を述べている。

*4——文献4、一六九・一七一頁の記述から引用。加藤はこのなかで唯一の例外は唐代の長安をベースとして計画された京都であるとしながら、東京の第二次大戦後の復興について、延々と続く地下鉄工事など「建増し過程を通して、巨大な『カオス』としてよみがった」(一七二頁)と観察している。

*5——文献5、一〇頁から、松村は東京でビルが乱立している状況について、ヨーロッパの大学教員が、景観に関する制限の厳しい自国と比較し、日本では土地に好き好きに建物が建てられている状況を表して「民主主義の風景」としてうらやんだというエピソードを示している。

参考文献

1——奥田道大「住民の自己組織力」(オリジナルは『都市と地域の文脈を求めて』有信堂高文社(一九九三)一三七・一七六頁)町村敬志編『都市の政治経済学』日本評論社(二〇一二)収録
2——広井良典『コミュニティを問いなおす』筑摩書房(二〇〇九)
3——吉阪隆正『不連続統一体を』吉阪隆正集第一巻、勁草書房(一九八四)
4——加藤周一『日本文化における時間と空間』岩波書店(二〇〇七)
5——松村秀一『ひらかれる建築——「民主化」の作法』筑摩書房(二〇一六)

4-2 シナリオ・メイキングとしての鶴岡のまちづくり

Shigeru Satoh
佐藤 滋

シナリオ・メイキングとは、過去・現在・未来のまちづくりの一連の流れを連続した物語として、しかも意志のあるシナリオとして読み解き、表現する方法である。このようなシナリオを関係者が共有できれば、その評価も将来のまちづくりのイメージも齟齬なく、脈絡のある文脈を形成するまちづくりを進めることができる。

このようなシナリオは、文献資料から読み解くことももちろん可能である。筆者は『城下町の近代都市づくり』[*1]で、まさに一連の物語として、しかもそれが人為と時代の意志と、生き物のように振る舞う空間の物語として読み解いた。近代の都市づくりに関しては、市史などとともに公式の文献資料が残され、あるいは郷土史家などによる研究も進んでおり、都市計画と都市づくりの歴史として「大きな物語」を描くことは可能であった。

しかし本書で扱うようなまちづくりに関しては、インフォーマルな部分が多く、またそれが重要な意味を持ち、外部の専門家ではないまちづくりの当事者が書かなければ語れない部分も多い。その意味で、まちづくりが長い歴史を経た今、たとえば、東京都世田谷区太子堂のまちづくりをリーダーとして進めてきた梅津政之輔の『太子堂・住民参加のまちづくり――暮らしがあるからまちなのだ！』[*2]などがその典型である。

それでは、フォーマルな都市づくりをまちづくりと両輪で進めてきた場合のシナリオの読み取りはどうか。両者にまたがったものであり、多主体の行動が不連続に絡み合い、そして葛藤のプロセスを経ながら進んで、そして公的計画はこれらとの関係で形成もされ、進みもする。現代のまちづくりはこのような不連続な価値を統合しまた、新たな価値に基づく活動が生まれ、それと連携するというような、終わりのない葛藤と調整により展開する。すなわち、これまでのシナリオもこのような観点から読み取り、それを共有することから始めなければならない。

筆者自身は、一九八〇年代の後半から、山形県鶴岡市の、特に旧城下町エリアでのまちづくり、都市づくりに長期にわたって関わり続けてきた。そのような立場で、まちづくりが都市をどのように変えてきたのか、またこれからどのような展望があるのかを、シナリオ・メイキングという観点から読み解いてみよう。鶴岡の一九八〇年代以降のまちづくりは、一連のシナリオとして読み解くことが可能であるし、大きな流れとしてのシナリオが存在していたと考えている。

城下町都市・鶴岡でまちづくりのシナリオを読み解く

『城下町の近代都市づくり』では、鶴岡の近代を「漸進的な都市づくりの歴史」として読み解いたが、実現していない公式な都市計画街路は別にして、一部に手を入れながらも城下町の骨格は保存され、またそれは、昭和初期の黒谷了太郎市長の都市計画に関する明確な意志と、市民の鶴岡に対する共通のイメージが支えていたといえる。

私が最初に鶴岡を訪れたのは、一九八〇年代前半で、八五年には中心部で独自の調査を行っていた。この時の印象は、旧国鉄鶴岡駅前で地方の中小都市にしては群を抜く再開発事業が実施されている一方で、歴史的中心部は寂れていた。市行政の認識も同様で、駅前再開発の後はまちなかのまちづくりだ、という共通認識があった。そして当時は、都市景観形成が話題になり始めていた頃である。当時の建設省都市局はモデル都市を選んで、景観形成ガイドプランづくりを進めようとしていて、これに鶴岡市がモデル都市に選定され、私はアドバイザーを依頼された。一九八八年のことである。しかしこの段階では明確なイメージがあったわけではなく、とにかく、行政内に担当や役職でメンバーを集める「充て職」ではなく、若手から中堅までのワーキンググループをつくって、内部で作業、計画づくりを進めことになった。

以下、この時点を出発点として、鶴岡が城下町のまちなかのまちづくりを展開したシナリオとして読み解いてみよう図1。まず、第一期(一九八〇年代半ばから九〇年代半ばにかけて)は、

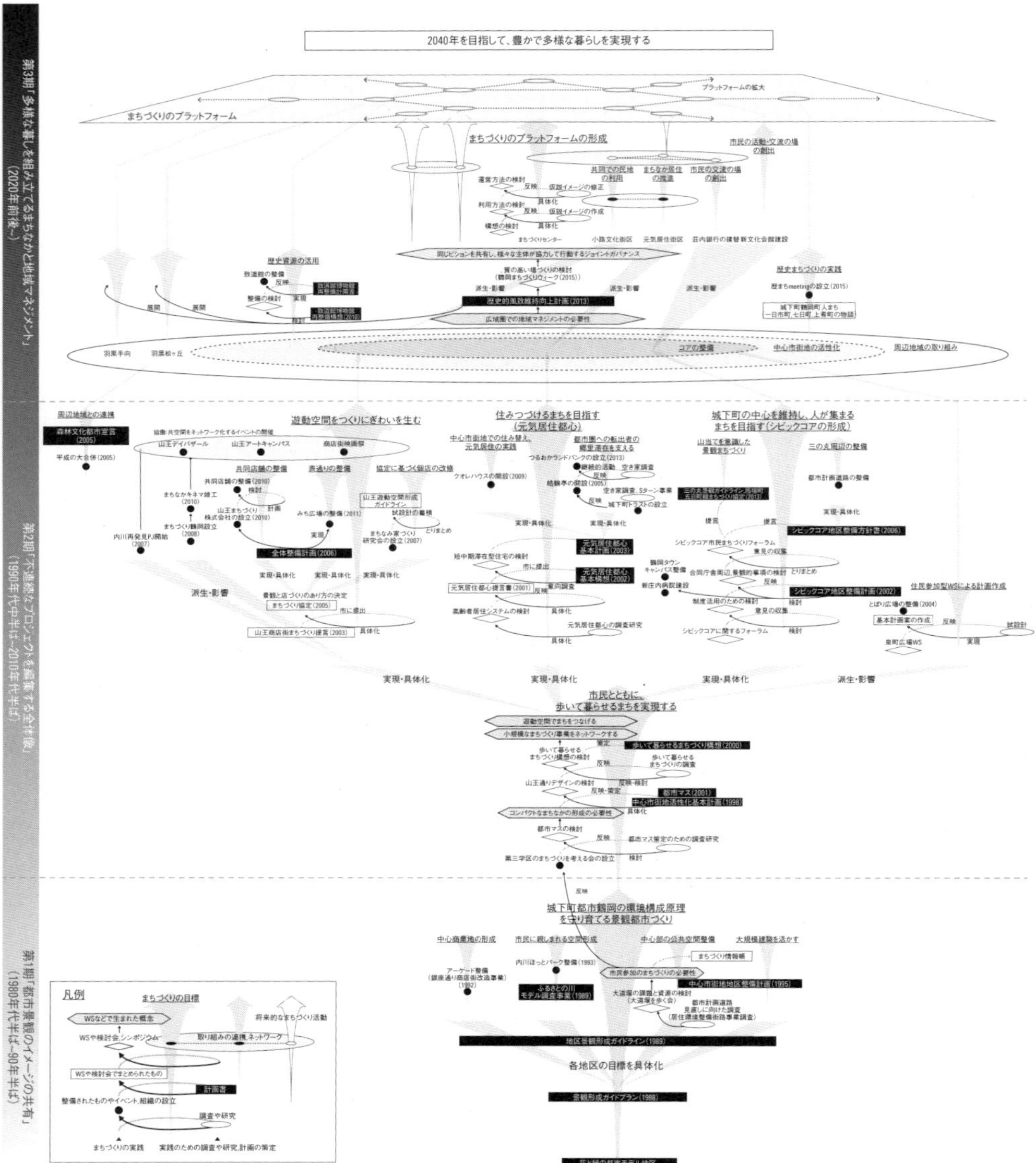

図1 | 鶴岡まちづくりのシナリオ展開図／鶴岡のまちづくりは、行政・専門家による調査・研究の成果を関係者とともに議論してフィードバックする過程を繰り返しながら、徐々に様々なまちづくりに展開して広がりを見せてきている。第3期としてのこれからのまちづくりは、広域に展開しながらまちなかまちづくりが結節点になって様々な循環を結びつける。まちづくりのシナリオをこのように図化することも有意義である。

鶴岡駅周辺での再開発などの整備事業から歴史的中心へのまちづくりにシフトした時期であり、景観形成が重要な引き金となって、まちなかまちづくりのシナリオが描かれたのである。市民の共有イメージ「パブリックイメージ」を文章と図面で可視化して、河川や中心部の街路など、基盤施設の整備をとおしてそれらを実現していった。そして、第二期（一九九〇年代半ばから二〇一〇年代半ばまで）は、具体的なまちなかの整備を行うための城下町域中心部のマスタープランと個別事業を市民参画のもとで策定し実施したが、この時点では「市民参加」の本格導入が新たなシナリオの原動力になった。そして、二〇二〇年前後からの第三期は、これらの実績を充実させつつ庄内全体の圏域との連携による地域マネジメントにより、少子高齢化と人口減少に対応して、これまでの基盤整備の上に豊かなまちなかと、これと連動する都市圏を形成するというシナリオである。

第一期：都市のパブリックイメージの共有
――景観基本計画と都市骨格事業の推進

まず城下町都市としての都市景観の全体像を共有することがすべてに先んじて行われた。歴史・風土・環境の基盤の上に精神性も含めて都市がどのように組み立てられているのか、姿形の意味を発見し、その共通理解のもとで、そこに重ねる都市づくりを確認することである。このことを始めると、近代の都市計画は、基盤とした歴史都市の本質を理解していないことが明らかになる。昭和の初めに都市計画法が適応され、調査に基づき、既存の都市構成を大切にしながら漸進主義を選択した鶴岡でさえ、「近代都市計画のモデル」をやみくもに重ね合わせていたことは明らかで、特に高度成長期に新都市計画法が適応されるとこの傾向はより顕著になる。

景観形成ガイドプランのワーキンググループでは、このような近代モデルではなく「城下町らしさ」はキーワードであったが、まずは城下町をうりにした観光化を目指したり、シンボルとしての大手門や櫓の復元などはなく、近代を経た現代の生活都市としての城下町都市を基本に、景観を考えることが合意となった。

一　大原則としての景観形成基本計画の確立と共有

東に月山など出羽三山、北に霊峰・鳥海《ちょうかい》山、南に金峯《きんぼう》山、母《ほ》狩《かり》山、そして西の海岸線の荒倉山、高舘《たかだて》山の山々に囲まれて、赤川流域の豊かな土地と自然と一体となった城下町の構成、すなわち城下町都市鶴岡の環境構成原理こそ、守り育てるべきものであることがワーキンググループの共通認識となった。そして、これらの周辺の山々の頂を見通す見え隠れする風景の保全が景観形成ガイドプランに盛り込まれたのである。こうしてまちづくりのシナリオの出発点として、景観形成という都市の基本をなす計画で、明確な都市ビジョンが共有された。すなわち、大きな周辺の自然、生態学的秩序と応答した都市設計・計画の原則である。

これらの計画を策定したワーキングの職員たちは皆鶴岡市民であり、多くはまちなかで生活し、地元で高校までの生活を送り、また日々市民と接触している都市づくりを担う専門家である。単に部門の計画をつくったのではなく、その後、長く「これが鶴岡の都市づくりのマスタープラン」と皆が言い、共有され常に引用されつづけたことが大きい。

——二 都市づくりの骨格となる中心部の公共空間整備

この時、景観形成計画のガイドプランを参照して、既存の都市計画による河川の断面、街路形状などの見直しが進んだ。たとえば城下町の骨格である内川の整備では、複断面にする整備計画を、既存の広い川幅で中州があってアシが生える現状をそのままにする変更をし、歴史的景観を保全し、伝統的な風物詩である「藻刈り」で対応するとしたり、北の山王商店街から内川を渡る地点を「線形改良」してT字を解消する都市計画決定がされていたのを、現状のままT字のアイストップを残すようにするなど、保全型の都市計画に舵を切った。

しかしこのような個別の対応ではなく、城下町の基本的な街路構成を保全するまちづくりのあり方を全体的に考える必要があるということで、このような見直しを全国の歴史都市で行うためのモデル事業「居住環境整備街路事業『歴まち』調査」を行い、都市計画街路の大幅な見直しを行った。

たとえば、城郭の北側、西側の旧武家地で現在も閑静な住宅地である地区を、直線的に開削される計画が昭和の初めの最初の都市計画から採用されている。屈曲や山当ての微妙な角度は全く無視されて、重要な庭園や荘内藩主・酒井家菩提寺である大督寺はなんの配慮もなく削り取られる計画になっている。あるいは、城郭の南、百軒堀の形に沿って明治になって整備された微妙にカーブした街路の直線化が都市計画決定していた。そのため、交通計画の浅野光行研究室と協働で、ミクロな交通量シミュレーションを行い、今後様々な施設がまちなかに立地しても、旧城郭の東辺と南辺を通る十字の街路さえ整備すれば問題ないという結果を得て、これらをすべて見直して、現状の構成原理に則った歴史的街路構成を維持し、必要のないまちなかの都市計画街路は廃止するという街路計画の大幅な見直しが決定した。

　また城郭の南の東西軸の街路整備の線形も、元の南のため池に沿って自然に形成されていた、ややきついカーブをそのまま残したりと、景観形成の原理を踏襲する整備に変更し、各種委員会での市民と議論をとおして確認し、定着されていった。

第二期：不連続なプロジェクトを編集する全体像

　城下町都市の構成原理に基づく景観形成基本計画とそのもとでのまちづくりの始動は、近代の開削型都市計画の頸木《くびき》からはずれて、本来的なまちづくりを考える基盤ができたことを意味している。こうして、当時制度化された「都市計画マスタープラン」を、市民の参画を得て議論し、併せて個別のプロジェクトの検討を進める第二期のシナリオに進んだのである。

――一　市民参加の都市計画マスタープランとその実践

　鶴岡のまちなかは、暮らしやすい環境をつくることが当初からの目標で、公共施設もまちなかから外には出さないで、総合病院の荘内病院の建て替えもまちなかで、官公庁を集積させるシビックコアも市民会館の建て替えとともに旧城郭の三の丸へ、さらには少々物議を醸したが、東北公益大学の大学院キャンパス、慶應大学の先端研究所も南の郭内に建設され、あるいは計画が固まっていた。これは、いい意味での政治的な決定であり、都市計画マスタープランはこのような大きな自治体計画の流れのなかで、具体的な都市計画とまちづくりを市民参画で協議する場として、一九九七年に検討がはじまった。

　地元住民や鶴岡市民、さらにはＮＰＯ法人やまちづくり会社、地元企業が中心になって立ち上げる「まちづくり市民事業」の体制づくりを目指し、議論やワークショップが続けられた。特にこのとき、重要な立場であったまちなかの小学校単位でのコミュニティ協議会、商店街組合、建築士会などからメンバーが集まって、各種のシンポジウムやワークショップが繰り返し行われた。

　そして、当時は規制緩和で都市計画の線引き（市街化調整区域と市街化区域を分けて開発を規制する制度）を義務ではなく廃止することが可能になる法改正がされていたが、鶴岡の都市計画マスタープランにはこれまでなかった線引きを行うことを前提で、市街地として誘導する区域が示され、最後の住民集会では、北部の区画整理による市街化を期待していた地区の地権者から異論もあったが承認され、その後、時代に抗うように線引きが行われた[*1]。

――二　歩いて暮らせるコンパクトなまちなかのまちづくり

これと並行して、少々、マスタープラン議論が煮詰まりかけてきた二〇〇〇年度に、当時の小渕内閣のもとで「歩いて暮らせるまちづくりモデル事業」の制度が設けられ、鶴岡がモデル都市に選ばれた。これはまさに鶴岡が目指しているまちづくりであり、地域住民とのワークショップを重ねながら、城下町都市としての構成原理を尊重して、その基盤の上に小規模なまちづくり事業をネットワークするまちづくりの構想をつくった。景観形成ガイドプラン、都市計画マスタープランで掲げた理念や計画を、具体的にまちなかのプロジェクトで実現する方法とデザインを検討するため、「まちづくりデザインゲーム」を様々な地元グループを構成して繰り返した。そして山王通り、銀座通りという二つの中心商店街で、そのイメージに沿った事業を生み出すことができた。銀座では一町街区のなかの会所地をつなぐ遊動空間のイメージがはっきりして、「元気居住都心」の構想が生まれ、高齢者が安心して暮らせるコレクティブ賃貸住宅「クオレハウス」を中心とした複合拠点が形成された。

山王商店街では、街路拡幅が計画されていて、これをどうするかが議論の焦点であった。奥行きの深い敷地であるが、これを利用して商いと居住が両立する整備イメージが検討され、結局、道路拡幅はやめてそのままの道路幅で整備することになった。その代わりに山王商店街の名物であった毎月のナイトバザールが快適に開催できるように、車道も含めて無雪化を実現し、これを軸に三つの整備事業を沿道に整備することとなり、そのうちのひとつが実施されている。

同時に行政計画として旧三の丸の整備構想が検討され、公共施設の整備構想や景観ガイドラインが作成された。三の丸の内側は行政主導で住民参加による公共事業により、三の丸の外側の商店街などの住商共存地区は地域住民・地権者主体で公共支援でのまちづくりを進めることとなった。

すなわち、内川から西の三の丸地区は公共主導で、市民は計画作成にワークショップなどを通して参加し、行政はそれを参考にするがあくまで公共の論理で責任を持って計画を執行する。そして、内川の東と北の旧来の商業地、民間主導・行政支援で進めるという原則である。

――三　まちづくり市民事業へ――まちづくりの主体形成

後者を進めるためには、地域が将来像とそこへ至るプロセスを共有し、自ら主体的に事業に乗り出す「まちづくり市民事業」が必要となるし、そのための主体として、まちづくり会社や中間支援組織が次第に生み出されて、事業化が進んだのである[*2]。

このように、地元もがんばり行政も支援をして、まちづくり会社による「まち中キネマ」など様々な事業が波及したが、まちなかは依然として厳しい状況である。少子高齢化が進み、国全体としても人口減少の時代に突入し、消滅自治体などが話題になるにつけ、次なるシナリオが必要とされてきた。

個別の事業だけでなく、それらを束ねて、全体像に結びつける仕組みを、これまでのような行政と地元の役割分担ではなく、建設・不動産業などの地元企業とも一体となった「総力戦としてのまちづくり」のシナリオを描くことが求められている。

第三期：多様な暮らしを組み立てるまちなかと地域マネジメント——次なるシナリオ

鶴岡のような地方の県庁所在都市に準じる規模で、都市圏人口としても三〇万人に達しないような地方中心・中小都市においては、「中心市街地の活性化」という目標は空虚に聞こえる。少子高齢化と人口減少に立ち向かう時期であり、このことは、問題ばかりではなく、まちなかにおいても農山魚村においても空間資源をゆったり活用することが可能になる。

まちなかは、質の高い地域文化の中心として、市民の多様な生活スタイルが重なり合う、居住を中心とした再生を目指し、さらに、広域の農林漁業を生業とする地域との連携により、環境や地域経済の面から豊かな生活圏を目指すことが可能になる。

一 質の高い場づくりのためのまちづくりデザインの共創

ここまでは、事業はできることから、個別の点的なまちづくりを進めて、それらの関係をつなぎ合わせる方法であったが、これらを含め、統合した質の高いまちなかを共創するために、より戦略的にプロジェクトを組み立てる必要がある。すなわち、街区内部の空き地を連続したコモンの遊動空間に再編するなどして、まちなか居住に対応した質の高い場所づくりを進める。今日、空き家や空き地が問題になっているが、このことは複数の居住拠点を季節や曜日、あるいは一日の中でも使い分ける二地域居住、多拠点居住が可能なことも示している。鶴岡のまちなか居住の調査では三世代の大きな家族が、まちなか居住を含め、多様な地域を循環するネットワーク的な居住スタイルの実態が明らかになった。

こうした実態と増える空き地を再編することで、これまでなかった豊かなまちなか空間を生み出すことができ、ここに人々を引きつける活動拠点がにぎわいを伴って形成できる。こうした場所のデザインのために、物的空間と生活像の新たなビジョンとそれに至るシナリオが、各種スケールのまちなか空間の模型を使った連続ワークショップで議論されている。中心市街地を見渡せる三〇〇分の一の立体模型を3Dプリンターで作成し、俯瞰的に都市空間の検討を進め、さらに一〇〇分の一、二〇〇分の一の模型での映像シミュレーションを駆使し、まちづくりデザインゲームをとおしての事業化検討など、多様な共創のデザインプロセスを進めている。

—— 二　広域圏での地域マネジメント

鶴岡市は平成の大合併で江戸期の藩域に匹敵する広域自治体になり、中山間も含め「森林文化都市宣言」(二〇〇五)を行った。広域の生態学的秩序と歴史的環境を保全し、これを基礎とした産業・生業を発展させ、豊かな圏域を形成する構想である。そのためには、この圏域のなかでの多様な資源を有する地域の連携が必要であり、断片的なものではなく、都市・都市圏を総体としてとらえ、部分と全体を統合的に把握し、全体の地域マネジメントを進めるシナリオが必要とされている。

—— まちづくりセンターの設立による多様なまちづくりの統合

以上のシナリオを進めるために、二〇一七年に「鶴岡まちづくりセンター」を、銀座商店街に設置することとなった。このような場をもとにして新たなまちづくりのシナリオを実行しはじめている。

*1 —— このことは当時相当な話題となった。都市計画関係者は規制緩和に「しようがない」という雰囲気であったが、正論をとおす鶴岡市の姿勢は驚きでもあった。鶴岡は、一九七〇年代から周辺の宅地開発に関して、城下町区域に隣接していわゆる細街路網計画図を作成していて、開発許可や道路位置指定は全てこの計画に合致するように指導していて、いわゆる無秩序なスプロールは皆無であった。そのため線引きも必要がなかったが、区画整理の終結や、郊外大規模店の規制、周辺の旧町村の中心中楽などのスプロールを規制することから、線引きを導入することにしたのである。

*2 —— これらのまちづくりと市民事業については、佐藤滋ほか『まちづくり市民事業』学芸出版社(二〇一一)、佐藤滋ほか『新版 図説城下町都市』鹿島出版会(二〇一五)に詳しい。

参考文献

1 —— 『城下町の近代都市づくり』鹿島出版会(一九九五)

4-3 街区像
自律性を前提とした街区再生の目標像

Shinji Nojima
野嶋慎二

街区を単位にしてまちづくりを考える

街区は、これまで都市づくりにおいて、個々の敷地の集積した単位として、あるいは道路に囲まれた単位として一般に用いられてきた。敷地や街路が都市の最小の構成要素であるとしたら、街区は都市づくりを行う際の、空間的、社会的な広がりの最小単位であった。

スーパーブロックとしての一団の開発や、両側町としての街路に沿った市街地整備は、公的な支援もあり比較的行いやすかった。しかし街区を自律的な市街地整備の対象としたものは、多くの事例があるとはいえない。それは民地の集積であり、居住者も暮らしていて、必要性があるが、その街区像やそれが集積した都市像が見いだせなかったといえよう。

近年、人口減少時代になり、全国の自治体が集約型都市構造の構築を目指しているなかで、空洞化したまちなか地区に時間をかけて再び居住を誘導するためには、わが国の緩い土地利用コントロールでは難しい。まちなかでの新しい生活像を市民が実感し、それに向けた整備や開発を実現できることが必要である。まちなかにスーパーマーケットがあるなど生活利便施設の充実は当然のことながら、駐車場と老朽化した空き家が混在した地区に住む魅力を感じないのは当然のことである。

本論では、街区、および街区像の意義を俯瞰しながら、今後、既成市街地を自律的に再生していくための、街区の意義やあり方、および再編するためのシナリオについて述べたい。

街区像の意義と役割
——わが国の街区と街区像

一九九九年、英国のアーバン・タスク・フォースが衰退した都市の再生のために出版した*Towards an Urban Renaissance*において、「密度とデザイン」という章で推奨する街区像を示している。同じ密度で高層、低層、中層の街区像を示しており、ここでは中層の街区**図1**を推奨している。それが示すものは、①居住者のコミュニティに強力な都市の焦点を生み出している、②中層の異なった高さで配置の異なる建物が、コミュニティセンターやオープンスペースのまわりに配置されている、③メインの道路に沿って活力ある通りを維持しながら、商業や公的な活動は一階に配分される、④私的な庭や共用空間などさらなる空間がある、というものである。土地所有権が複雑ではなく、政府の方針が末端まで行き渡る英国においては、こうした街区像は、絵に描いた餅にとどまらない。実際、新しい住宅開発はこのような街区像に則ってつくられている。英国グラスゴーにあるクラウンストリートの開発は、スラム地区を再生するため、アーバンビレッジという概念を用いて開発した。テネメントスタイルという伝統的な居住空間ブロックから出発し、モダニズム建築の影響を受けて空間と機能を分離していく概念のもと大規模な開発が行われた。しかし、これは不況下で安価に建設され、評判が悪かった。そして新しいテネメントスタイルというべき広い共用の中庭を持った中層の街区に再整備された。このように明確な街区像のもとで市街地が大きく変化してきた。

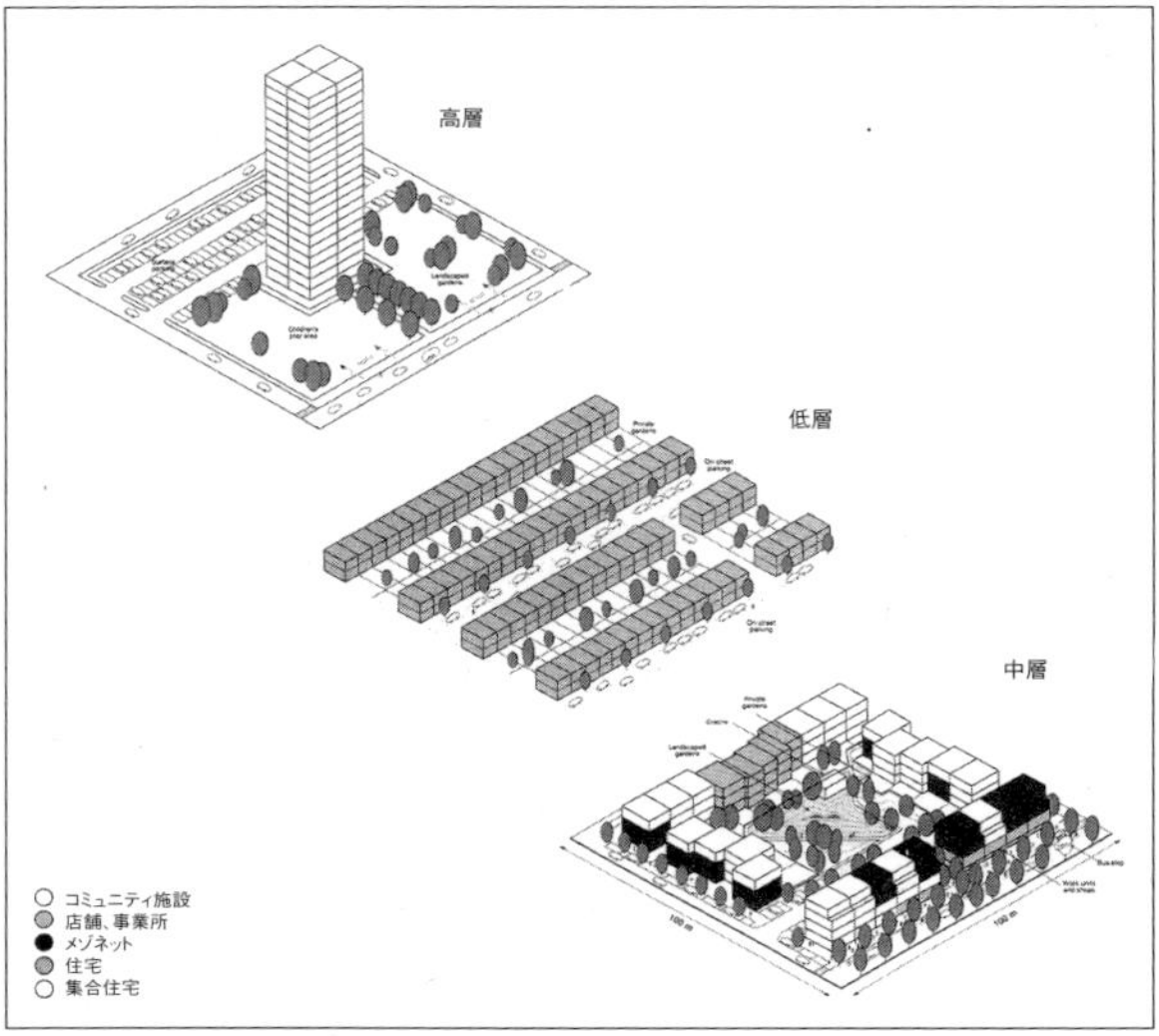

図1　アーバン・タスク・フォースの提案する街区像（出典：*Towards an Urban Renaissance* Final Report of the Urban Task Force　Chaired by Lord Rogers of Riverside, 1999.）

土地所有意識が強く、敷地単位の自由な更新により市街地が形成されてきたわが国の市街地において、このような街区像は描くのは、三つの意味で難しい。一つめは、土地所有権の強い地権者に配慮したとき、勝手に民地に街区像を描くことが難しい。二つめには、実現化が難しい。街区全体の地権者の同意と実現化のための資金において、街区は開発の単位としては大きすぎる。自己更新や敷地の共同化による建て替え、公的整備が開発単位となり、街区は段階的な整備を前提とした将来の目標像、緩やかなイメージとしての単位となる。三つめには、建物が集まった集合体としての空間デザインがさほど重要視されていないことが挙げられる。大切なのは個々の敷地内の空間であって、街区全体の住環境上の価値を重視していない。ここが西欧と大きく異なるところである。よって、西欧のリジッドで明確な街区像をそのまま用いることは適切ではない。さらに、西欧と比較し、わが国の文脈や自律性に依拠した空間整備、および柔軟性のある街区空間に先進性を認める考えも現れており[文献1]、わが国独自の街区像の意義と役割を再検討するときが来ている。

図2 ―グラスゴーのクラウンストリートにおける街区の変遷（上：テネメントスタイル、中：モダニズムスタイル、下：アーバンビレッジ）

――高密度市街地での街区像

図3は、一九八〇年代に、早稲田大学佐藤滋研究室が作成した、東京および東京近郊の文脈の異なる既成市街地にお

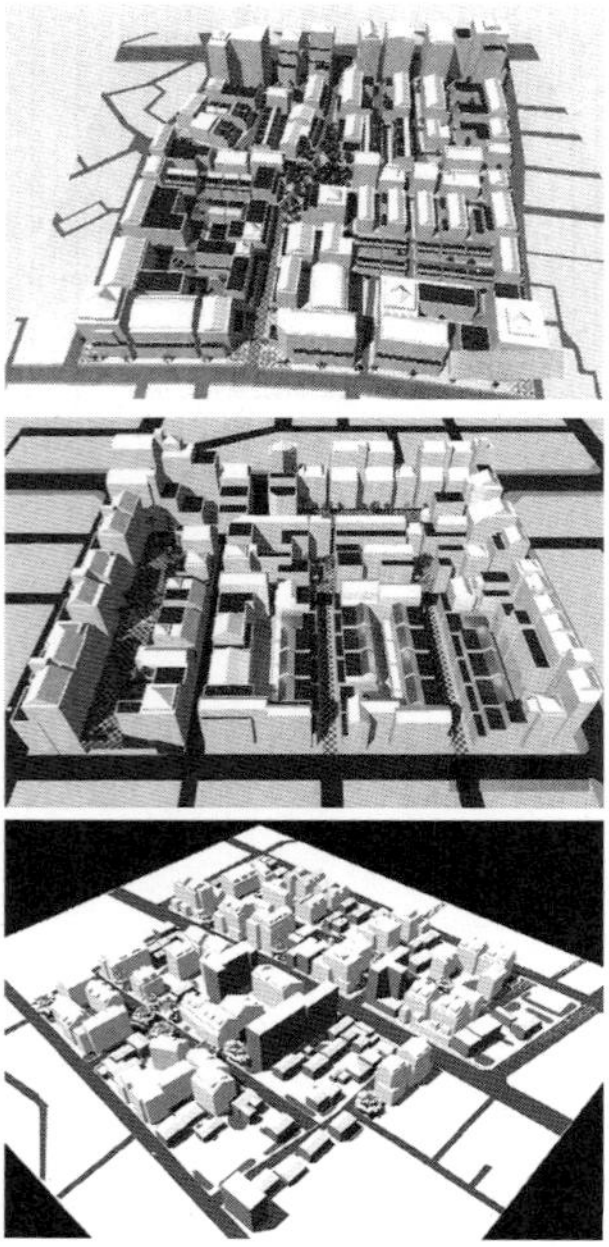

図3―文脈の異なる高密度市街地での街区像（上：滝野川、中：小島町、下：上尾）

いて自律的に更新していくことを前提とした望ましい街区像を示したものである。戦後、高度成長期にかけて、わが国の大都市やその近郊では、もともとの敷地割りや街の成り立ちにおいて、社会的・空間的文脈の異なる様々な市街地が現れ、密集や高度化による都市問題が生じていた。

① 木造密集地区（滝野川）

かつて田畑であった場所に、狭小敷地のスプロールにより形成されたため防災上危険性がある。建物の不燃化や緊急自動車のための区画街路の形成を主な目的とした住環境整備が必要とされる地区。

② 復興区画整理地区（江戸川区小島町）

戦災・震災復興の土地区画整理事業のあった区域であり、幹線道路、区画道路と段階的な街路構成は整備されているが、都心部に近く狭小敷地のため環境空間のない画一的な空間となっており、また建て替え時にはペンシルビルが建つなど、住環境上課題のある地区。

③ 短冊状の敷地基盤地区

埼玉県上尾市の旧中山道沿道市街地など大都市近郊の旧宿場町のような歴史的市街地である。短冊状の敷地割を持っており、路地に面した街区内部では無接道で建物更新ができないという課題や、板状のマンションが建つと日照不良などの環境悪化の問題が起きている地区。こうした地区ごとに異なった都市問題に対して、自律的に街区を再編することを前提としていた。このため、これらの街区像は既存の敷地割りなどの文脈を生かし、個々人の生活再建や建物の更新を行いながら段階的な整備を行っていくなどの整備方法やシナリオを含んだものであった。

——自律的な街区整備を前提とした街区像が示すもの

西欧のように街区整備をスーパーブロックの一団の開発で行うのではなく、多様な主体が街区に関わり段階的に自律的に再編していく場合、街区像が示すものは、①私空間としての建物や機能、②公空間としての街路や広場であり、これらの良好な関係性を持つ質の高い空間である。そしてこれらの空間を創るための事業方法やまちづくりの担い手として関わる多様な主体も含まれたものである。さらに、公民の空間づくりや多様な主体の活動が連動しながら自律性を高めて行くためのシナリオが必要となるであろう。

街区像が示すものとは――蔵の辻の事例より

越前市(旧・武生市)蓬莱町地区における「蔵の辻」という街区の再編の事例から、シナリオを内包した街区像を見ていく図4。

――街区像の変遷の経緯

①大規模再開発による街区像

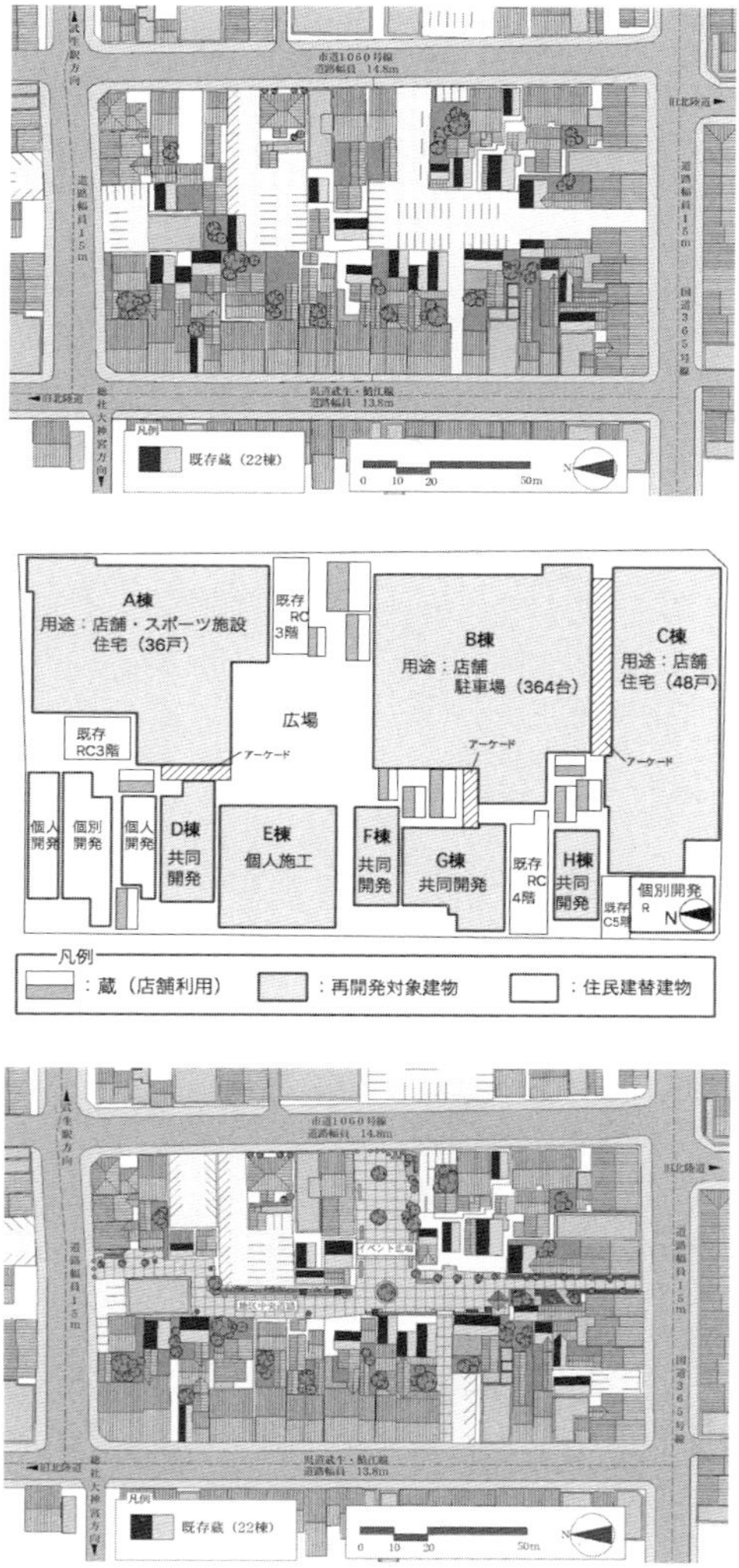

図4―街区蔵の変遷(上:従前の蔵の辻、中:大規模再開発による街区像、下:自律的な整備による街区像)

蓬莱町地区は、武生駅から徒歩五分、旧北陸道沿いの商店街の中心に位置し、一九七六年商業近代化地域計画で商業活性化の最重点地区として位置づけられた。そして当時の経済的社会情勢から商業系再開発が計画され、一九八一年には住民、行政、コンサルタントによる再開発協議会が設立された。当初示された街区像は、蔵をテーマとしながらも三つの再開発と小規模な開発を行い、さらにこれをアーケードで連続させる一体型開発であった(図4中段の街区像)。しかしテナント誘致活動(一九九〇~一九九三年)の交渉がうまく進まず、一九九三年に再開発事業を断念した。

② 自律的な整備による街区像

再開発協議会は「再生事業推進協議会」へと移行し、国の修復型の開発補助推進事業を開始する。以前の再開発計画は一から考え直され、新しい計画は、市施行の整備により通り抜けのできるコミュニティ通路や憩いの広場を街区内に創出し、地権者施行の修景整備により蔵を主とした敷地単位の更新を段階的に行い、街並みの連続性を維持するものであった。すなわち以前の都市空間の特徴を大規模開発によって壊すのではなく、個々の建物の修復や小さな建て替えを組み合わせることにより、歴史的な空間特性を維持し活用しながらにぎわいを再生するものであった。

――街区像が示すもの

① 公民連携による公空間(街区内広場と路地)の創出

街区の内部にあった駐車場を広場化し、小規模な地権者が土地の売却や曳家に応じ、広場につなぐ路地を創出し美装化した。これにより、歩行者のための広場や路地、水辺空間、東屋や街路樹などが創出された。

② 公空間と関係した私空間(建築や機能)の改善

蔵や建物を修景するほか、街区内部の公共空間化により表に現れた敷地の外構のデザイン・修繕が行われた。

また内装も個々の地権者や新しいテナントの要求に合ったリノベーションが行われた。たとえばギャラリーや工芸ショップなどを始めた地権者、また独立するためテナントとして入った日本料理店やバー、ギャラリー喫茶を開いた主婦もいた。新しく修景された街区で、雰囲気の合う一一の店舗が開かれた。

③ 多様な主体が参加する整備と発意

公空間の創出に、多くの地権者が少しずつ協力し参加した。また私空間の整備も、多様な建築の建て替えやリノベーション、多様な主体の発意による多様な機能の積み重ねで実現している図5。また蔵の辻協議会が公共広場の活用を推進し、商工会議所が積極的に支援し、各種市民団体、自治振興会、商店街組合が主な広場活用の担い手となり、骨董市などの運営を行う。「蔵の辻」という街の顔が出来た後、市民団体など様々な組織がこの場所で活動を行い、ネットワークが築かれた。

④　シナリオ

ディベロッパーによる一体型再開発事業というシナリオから、公民連携で段階的に空間や場所をつくっていくシナリオとなった。広場空間をつくり、これと連動して個の発信や生活再建を、リノベーションや建物修景や店舗展開を段階的に行いながら進めていった。また、空間づくりと連動しながら広場を管理運営していくまちづくり組織が形成された。

図5　街区内部の変化（上：従前の街区内部と蔵、下：整備後の街区内部と蔵）

新たな価値を持つ居住街区の再生へ

自律性を前提とした街区再生の目標像としての街区像は、それに関わる主体、プロセス、空間、機能、整備手法を含むシナリオを内包した像である。ただし固定的な街区像ではない、自律性に依拠した、地域住民の参加を前提とした街区像といえる。

人口減少時代、地方都市の既成市街地は、都市機能の低下、まちづくりの担い手の不足、地域コミュニティの低下、空き家、空き地による空洞化と環境の悪化が大きな課題となっている。都市空間の集約化を進めていくには、誘導すべき場所が住みたくなる場所であることが前提となる。そこには個々の生活再建を前提としながらも新しい価値を持った居住地域が必要であり、そのための全体の目標像となる地域の文脈に即した新たな街区像が必要とされている。

参考文献

1——The Urban Taskforce, *Towards an Urban Renaissance*, Routledge (1999)

2——バリー・シェルトン著、片木篤訳『日本の都市から学ぶこと—西欧から見た日本の都市デザイン』鹿島出版会（二〇一四）

3——野嶋慎二「官民協働による事業からまちづくり市民事業への展開—武生「蔵の辻」」『まちづくり市民事業』（佐藤滋編著）学芸出版社（二〇一一）

4-4 まちの再生へ向けた対話と検証のデザイン

二本松の街路事業を契機として

Hideaki Shimura
志村秀明

福島県二本松市竹田・根崎地区におけるまちづくりデザインゲーム

　典型的な地方都市中心市街地空洞化の問題を抱える福島県二本松市竹田《たけだ》・根崎《ねざき》地区図1、2は、地区の中央を走る県道一二九号線（通称：竹根通り）の拡幅整備計画をきっかけに、まちの再生をかけた活動を開始した。竹田・根崎地区は、二本松城下の奥州街道沿いの旧町人地で、まちづくりでは二本松のまちを元気にさせることを第一に、城下町にふさわしいまちなみ景観を創出することなどを目標にしている。一九九七年に、まちづくり協議会にあたる「竹田根崎まちづくり振興会議」が発足し、九九年から福島県、二本松市、大学の支援のもとで、振興会議主催のワークショップ「まちづくりデザインゲーム」が実施された図3。一連のデザインゲームは、振興会議が空き店舗を利用して開設した活動拠点「寄って店」で開催された。「寄って店」には、まちづくりデザインゲームの成果が常に展示されて、多くの住民がその成果を見ることができた。

　一般的に街路拡幅整備は、まちの様子を一変させるが、まちづくりデザインゲームによって、住民は将来のまちの姿（空間像）と、そこで繰り広げられる自分たちの営み（社会像・生活像）をイメージして、さらに目標像に到達するための仕組みを構想した。創造的な対話によって導き出されたまちづくりの仕組みをシナリオの中核としたのである。

　一連のまちづくりデザインゲームの成果は様々な計画と整備、活動に結びついている。成果の大きなものの一つが建て替えデザイン協議による、竹根通りの街路設計と景観整備である。やはり、創造的な対話を経て、デザイン協議という活動成果を検証する仕組みを導き出した。

建て替えデザイン協議

二〇〇一年一二月に「ほんとの空とお城山が美しく見える景観づくり協定」が九割近くの沿道住民の賛同によって締結され、景観協定を運用する「街並み検討委員会」が、住民(四名)と地元建築士(三名)、学識経験者(一名)の計八名で組織された。街路事業によって建て替え、あるいは改築される県道沿道の建築物は、すべて街並み検討委員会によるデザイン協議にかけられた図4。デザイン協議は二段階に分けて行われることなどが「協定運用規則」で定められている。まず第一回目は、街並み検討委員会から施主・設計者に対して、振興会議のまちづくりが目指しているもの、その目標を実現する一つの取り組みとして景観形成があり、デザイン協議があることを説明する。それから、施主・設計者から、建て替えの考え方、建築意匠について説明してもらう。そして街並み委員会は、ルールに基づいて改善の依頼をしていく。施主・設計者は、改善の依頼にどのように対応するのか持ち帰って検討する。第二回目では、改善を依頼した項目に対して、どのように対応したか確認する。これで審査は終了となるが、改善が不十分な場合はさらなる改善をお願いする。

当初、街路事業は二〇〇三年度までに完了する予定だったが、福島県の財政難や家屋の移転に時間を要したために事業が遅れた。また二〇一一年には東日本大震災と東京電力福島第一原子力発電所事故が発生し、福島県、二本松市は

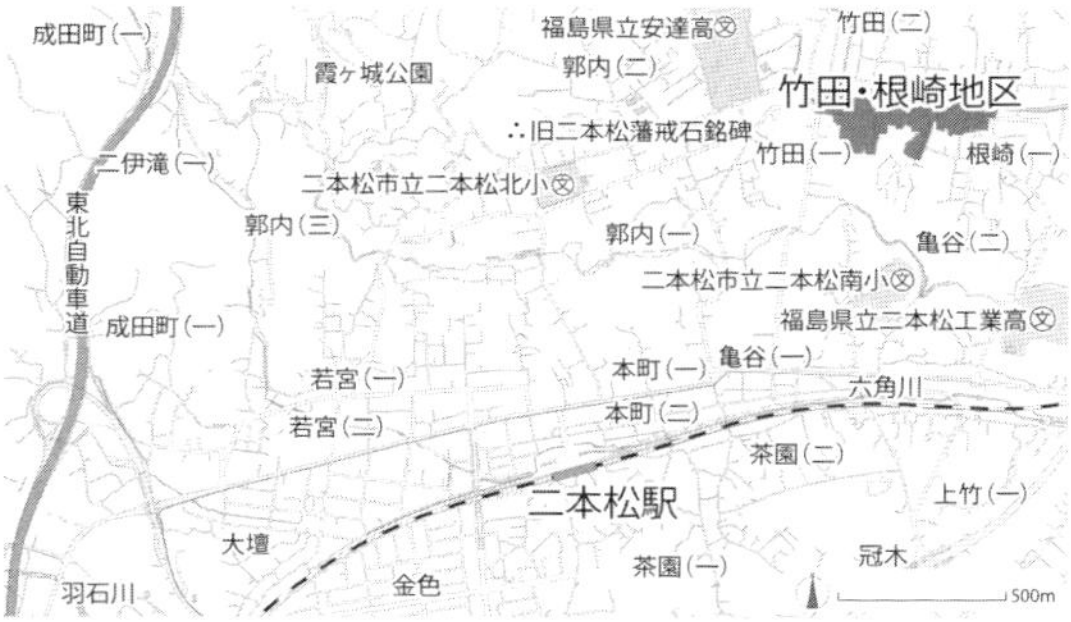

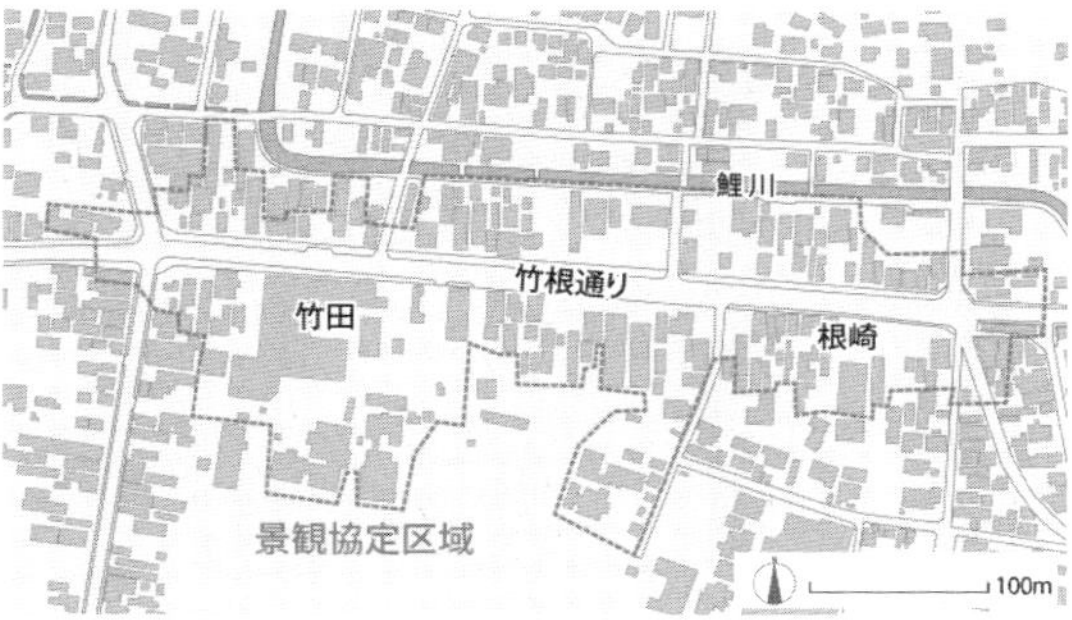

図1 二本松市中心市街地と竹田・根崎地区の位置
図2 竹田・根崎地区

図3―まちづくりデザインゲームの様子
図4―街並み委員会による建て替えデザイン協議の様子
図5―竹根通りの街路デザインと沿道の街並み
図6―建て替えデザイン協議を経て完成した建物

もとより、竹田・根崎地区も大きな打撃を受けた。これらの試練があったものの、デザイン協議や街路事業の用地取得は進められた。当初の予定から大幅に遅れて、二〇一三年度にようやく街路事業と沿道建物がひと通り完成した*1。この十数年の間に、五五物件の建物に対して一一八回のデザイン協議が実施された。一つの建物に対して平均二回以上の協議が実施されたわけだが、多いものでは五回の協議が行われた。

完成したまちなみ景観と街路

竹根通り沿道には様々な業種と住民の営み・活動があるため、統一感があるまちなみよりも個性を尊重しつつ、全体として調和するまちなみが目指されている。高さは三階建てまでとし、また周辺の緑に対応するように緑化を推進した。まちなみの上には「ほんとの空」が広がり、道路の両端には山あてがあり、安達太良《あだたら》山と二本松城址があるお城山が見える。周辺のランドスケープを取り入れたまちなみが実現している図5、6。

街路整備においては、電線地中化が行われたことにより、日本三大提灯祭りの一つに数えられている「二本松提灯祭り」では、市内七町の太鼓台（山車）が「すぎなり」という頂部を倒すことなく整然と曳きまわすさまを復活することができた。またこの祭りにおいて、太鼓台と観客が一体となるように、歩道と車道との段差を極力なくすことにし、代わりに歩道と車道の境界部に車止めを配置した。舗装にも工夫し、城下町の都市デザインの特徴であり、かつ祭りの重要ポイントである竹田見付と根崎見付部分の車道を土風の茶色にし、また車道を狭く見せて歩行者優先の街路となるように停車帯部分の色を歩道に近い茶色とし、さらに横断歩道部の舗装も茶色にしてイメージハンプとなるようにした。

住民活動

まちづくりデザインゲームの成果は、住民活動にも現出している。二〇〇四年には「NPO法人たけねっと」が設立し、まちづくりイベントの開催や竹根通り沿いに二本松の歴史を解説する「歴史ボックス」を設置するなどの活動を行っている。二〇〇五年設立された「NPO法人桑原さん家」は、古い家屋と庭園を活用した小規模多機能型デイサービスセンターを運営している。

沿道の店舗数は減少しているが、中心となる造り酒屋や医院、信用金庫、総菜店、飲食店、書店などが健在である。飲食店については新たな店舗がいくつかオープンしている。歴史的な建築物である土蔵を活用したギャラリー、居酒屋、伝統民芸品の店がオープンしている。

全体的に見ると、まちづくりの成果が出ているが、二〇一一年の原発事故による低線量放射線被害と風評被害の影響はどうしても拭えないでいる。特にまちづくりの成果の一つである鯉川の親水空間は最も大きな影響を受けてしまった。しかし二本松市中心市街地の他地区と比べて、竹田・根崎地区は元気であり、住民活動は活発でコミュニティもまとまっている。二本松市の復興と再生に向けた希望をつないでいるといえる。

まちづくりデザインゲームから生まれた対話の仕組み

この地区のまちづくりのポイントは、まさに住民主導によってまちづくりが進んでいることで、活動初期の一九九九年からの三年間に、一連のまちづくりデザインゲームを繰り返し実施して、住民である振興会議メンバーが、将来の空間像と社会像、生活像を自ら豊かに描き、またまちづくりのプロセスを理解したことにある。またこのときから早稲田大学佐藤研究室の支援を得つつ、住民同士で様々な葛藤を経験しつつ対話を促進させた。その結果、住民同士では難しい景観協定の合意形成を実現することができた。協定の内容は、緩やかなものであったが、協定の運用の仕組みを明確にしたことで、その後の一一八回に及んだデザイン協議が行われることになった。ルール自体を厳しくするよりも、ルール締結をきっかけとして施主・設計者と街並み委員会が対話するという仕組みを重視したのである。この対話の仕組みが住民主導のボトムアップには欠かせないもので、この地区でもうまくいったポイントであった。施主によってすまい方や商いも異なるので、一般的なルールを表現した協定には必ずしも合致するような建築デザインにならないのは当然である。施主の状況に柔軟に対応する協議は、単なる見た目上の景観だけではなく、住民一人一人とまち全体の活力を生み出すことにもなった。当初、住民がまちづくりデザインゲームで描いた将来の空間像と社会像、生活像は仮説であったと言える。振興会議や街並み委員会の対話の仕組みは、まちづくりの目標を検証する作業でもあった。だから住民一人一人の状況の違いに対応しつつも、まちづくりの目標に向かって着実に前進できたといえる。

またこのような対話にもとづいた活動は、想定外だった状況の変化への対応も可能にした。街路事業の遅延は、多くの住民を落胆させたが、振興会議のリーダーを中心として粘り強い住民への説得と、福島県への街路事業の継続を促す運動となった。このように困難を乗り越えて活動を継続できたのは、振興会議のメンバーが、まちづくりデザインゲームによって、まちづくりのプロセスを理解していたこと、対話と検証の仕組みをつくり上げていたからであるといえよう。

最大の危機は二〇一一年の原発事故にあった。竹田・根崎地区も除染が行われたように、まちづくりは多大なダメージを受けた。しかし少しずつ元気を回復しているのは、対話がベースとなった住民主体のまちづくりにあるといえよう。NPO法人たけねっとが二〇一一年当時開設していた活動拠点「竹根まほろば」に、避難生活を送る浪江町職員が立ち寄ったことに始まった二本松市民と浪江町民との連携復興の取り組みも、やはり対話によるまちづくりがベースとなっている。結果的に、竹田・根崎地区のまちづくり活動は中心市街地の他地区のまちづくりを刺激している。浪江町民が二本松市の中心市街地に店舗を出店できているのは、中心市街地を何とかしたいという二本松市民の想いが実現を後押ししている。

まちづくりの仕組みとシナリオ・メイキング

竹田・根崎地区のまちづくりは住民主導のボトムアップなので、必ずしも二本松市行政が、景観形成や地域資源を生かす政策を展開しているわけではない。たとえば、二本松市は景観行政団体にはなっておらず、つまり景観計画も策定していない。今後は竹田・根崎地区を含めた市民と連携するまちづくりを、二本松市として確実に実現していくことが期待される。

まちづくりは長い年月がかかる持続的な取り組みである。竹田・根崎地区では、振興会議の発足から一七年かけて街路事業と景観づくりがひと通り完成した。この一七年を振り返ることでいえることは野球にたとえてみると、まちづくりには走者を一掃するようなホームランはいらないといえる。ホームランは一時的な効果は高いが、それゆえにコミュニティのまとまりを壊してしまう恐れがある。デザイン協議のようなヒットを繰り返すことが大切で、コミュニティが混乱することもなく、状況の変化にも対応できる。時間はかかるが、担い手の育成にもつながるし、少しずつ確実によりよいまちが育まれていく。

ムーブメント育成の起爆剤として、プロセスを理解するものとして、またアイデアを喚起するものとしてまちづくりデザインゲームは有効である。そこで描かれる空間像・社会像・生活像は重要だが、そこで訓練された創造的な対話から導き出されたデザイン協議の仕組みが、竹田・根崎地区におけるまちづくりのシナリオの核心であった。まちづくりの仕組みがシナリオに組み込まれることの重要性や、活動成果を検証していく仕組みの重要性を、この地区のまちづくりは示してくれている。

*1——竹田根崎地区のまちづくりは、二〇一五年に日本都市計画学会・計画設計賞と都市景観大賞都市空間部門・優秀賞を受賞した。

参考文献

1——日本建築学会編『まちづくり教科書 第一巻 まちづくりの方法』丸善（二〇〇四）七八・八一頁

2——佐藤滋ほか『まちづくりデザインゲーム』学芸出版社（二〇〇五）

3——「特集・中心市街地再生の戦略」『造景』三〇号、建築資料研究社（二〇〇〇）四二・四五頁

4——自治体景観政策研究会編『景観まちづくり最前線』学芸出版社（二〇〇九）三五八・三五九頁

5——パンフレット「福島県二本松市竹田根崎 竹根通り沿道地区の景観まちづくり」二〇一五年九月

4-5 シナリオ・メイキングによるまちの復興
柏崎市えんま通り

Kosuke Masuo
益尾孝祐

本稿では、まちの魅力と課題の発見から、将来のまちの目標空間イメージの共有、そして主体の形成とまちづくり事業の創発へとつながる一連のまちづくりの進め方をシナリオとして描き、そのシナリオに基づきまちづくり協議会をベースに迅速に合意形成を図り復興まちづくりを進めた、新潟県中越沖地震被災地の柏崎市えんま通り商店街の取り組みについて紹介する。

中越沖地震で被災したえんま通り商店街

二〇〇七年七月に発生した新潟県中越沖地震では、市街地が広く被災したが、なかでも最も被害の大きかった場所が柏崎市えんま通り商店街である。えんま通り商店街では地区の約半分の店舗や住宅が全壊した。

住民主体の協働のまちづくり体制

えんま通り商店街でのまちづくりは、震災直後、多くの商店街関係者が集まり、再建に向けた集会を開催したことから始まり、地元・新潟工科大学の田口研究室の支援のもと、震災から五カ月めで、言葉によるまちづくりの方向性をまとめた「復興ビジョン」を取りまとめ、市長に提出した。その後、震災から八カ月めで、新潟県中越沖地震復興基金の被災商店街のまちづくり支援メニューを活用し、商店街振興会が直接専門家に委託し、協議会を立ち上げ、復興まちづくりを進めることとなった。協議会を支援する専門家として、新潟工科大学田口研究室、早稲田大学佐藤研究室、早稲田大学都市地域研究所、アルセッド建築研究所が「えんま通りの復興を支援する会」を結成し、支援を行った。

協議会の運営は、「全体会議」と呼ばれる、協議会全員を対象としたワークショップや会議の開催、毎週定例開催の「幹事会」によって推進した。そして、協議会で承認されたプロジェクトの事業化を検討する段階では、プロジェクトの主体と専門家が協働して事業化を検討する「ゾーン検討会」を開催して推進した。また、協議会からの提案を行政側で受け、計画内容を協議検討する会議「えんま通り復興推進会議」や、行政と支援する会がまちづくりの情報交換を行う、「えんま通り復興まちづくり担当者情報交換会」を毎月開催した。

復興まちづくりのシナリオを描く

えんま通りの復興プロセスでは、震災復興において重要な意味を持つ、震災一周年という区切りの時期までに、早急に復興まちづくり構想をまとめることを目標とし、支援する会のメンバーである、早稲田大学佐藤滋研究室が東京都新宿区で実践研究をしている復興模擬訓練でのプログラムを参考にしながら、通常一年程度かかるようなまちづくりの検討を、約四カ月程度で検討する密度の濃いスケジュールを組んだ。そこでは、まちづくりの共有と市民事業の主体を育てるため、以下のようなまちづくりのシナリオで進めた。

まず始めに、復興まちづくりによる将来のまちのイメージを共有するため、えんま通りの大きな航空写真上に、様々なアイデアを記した旗を置いていき、まちづくりを通して、将来どのようにまちが再建されることが望ましいのかを検討した。次に、再建の事業手法やシナリオ、将来のまちについて具体的な空間として理解・共有するため、模型とCCDカメラを用いた建て替えシミュレーションを行った。えんま通り商店街を想定した仮想街区を設定し、参加者は仮想の住民となり、模型を用いて再建方法を検討し、事業手法等についても概略を専門家に学びながら、できたまちの将来模型をCCDカメラで確認した。以上のプロセスにより、まち全体のまちづくりの目標や復興後の空間イメージの共有、様々な再建手法の理解共有を図った。

その後、具体的な地権者とのグループ検討会や全戸ヒアリングを開催し、ヒアリングの結果から、個別で自立再建を希望する人、共同建て替え事業に参加し共同で店舗や住宅の再建を希望する人、福祉施設の事業化を希望する人、高齢などが理由で当面個人では再建のめどが立たない人、商店街の賑わいづくりプロジェクトを立ち上げたい人など、個々の事情に応じながら、えんま通り商店街に戻ってまちづくりを行う主体を発見し、数筆のゾーン単位でまとめ、プロジェクトとして整理していった。

二〇〇八年七月、震災からちょうど一年目で、まちづくり市民事業を中心とした一二のプロジェクトからなる復興まちづくり構想をまとめた図1。

まちづくり市民事業の立ち上げとガイドラインの策定

復興まちづくり構想で提案された様々なまちづくり市民事業の事業化を支援するため、まちづくりプロジェクトごとに地権者や関係者を対象とした「ゾーン検討会」と称する検討会を開催し、事業計画や基本構想を作成した。また、それぞれのまちづくりプロジェクトがえんま通り商店街にふさわしい建物となるように、一八項目からなる「えんま通りまちづくりガイドライン」をまとめた。そして、ガイドラインに基づいた参考の再建イメージ模型を製作し、町の全体模型に埋め込み、将来のまちの姿を共有しながら進めた。同時に、建設組合など、具体的な事業を行うまちづくり組織の立ち上げを推進した。各プロジェクトの進捗状況は、幹事会へ報告し、定期的に協議会の全体会で報告した。行政側は、幹事会へのオブザーバー参加により、常に地元の合意の熟度を把握し、毎月開催のえんま情報交換会の場で、各プロジェクトの最適な支援手法や事業化のスケジュールを協議検討しながら、まちづくり市民事業の立ち上げを推進した。

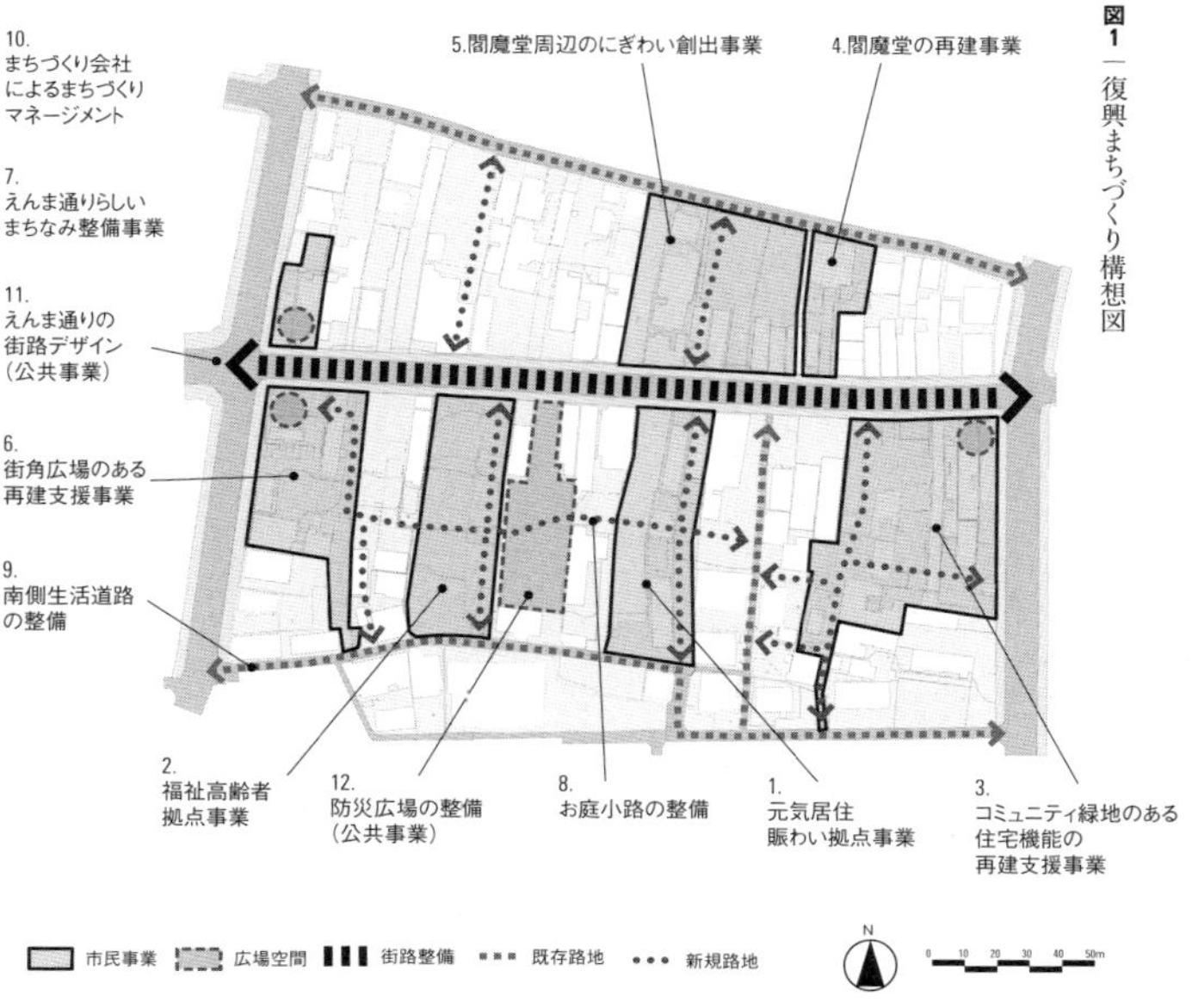

図1 ― 復興まちづくり構想図

連鎖的に実現するまちづくり市民事業

このような復興まちづくりのシナリオにもとづき、様々なまちづくり市民事業が連鎖的に実現している図2。

・元気居住・賑わい拠点事業では、隣接する二つの敷地の地権者が協力し、優建築物等整備事業を活用した共同建て替えにより、解体すら困難であった五階建て鉄筋コンクリートビルを再建。えんま通り沿いに地域の核となる老舗店舗を木造で再建し、敷地背後に四階建て鉄筋コンクリート造の七戸の集合住宅が実現した図3。

・福祉高齢者拠点事業では、震災以前は、老朽化した空き店舗が残っていた土地に、地元柏崎で福祉事業を行っていた民間事業者が、復興まちづくりに寄与するため、震災後事業化を決意し、特定施設の認可を受け、四八床の有料老人ホームや訪問看護ステーション、デイサービスなどの看護福祉事業を展開している。

・コミュニティ緑地のある住宅再建事業では、隣接して被災した五つの敷地の共同建て替え事業で、地権者三者の共同の店舗併用住宅と五戸の分譲住宅、一戸の戸建て協調建て替えを実現した。ガイドラインに則したえんま通りらしいたたずまいの町家型の店舗併用住宅群を目指し、すべて木造で実現した共同建て替えである。沿道には店舗空間を連続させ、中庭や共同駐車場などの空地を豊かに確保し、坂になじむ配置構成とすることで、密集したまちなかでも快適に暮らせるすまいを実現した図4。

・閻魔堂の再建事業では、市指定文化財であり、えんま通り

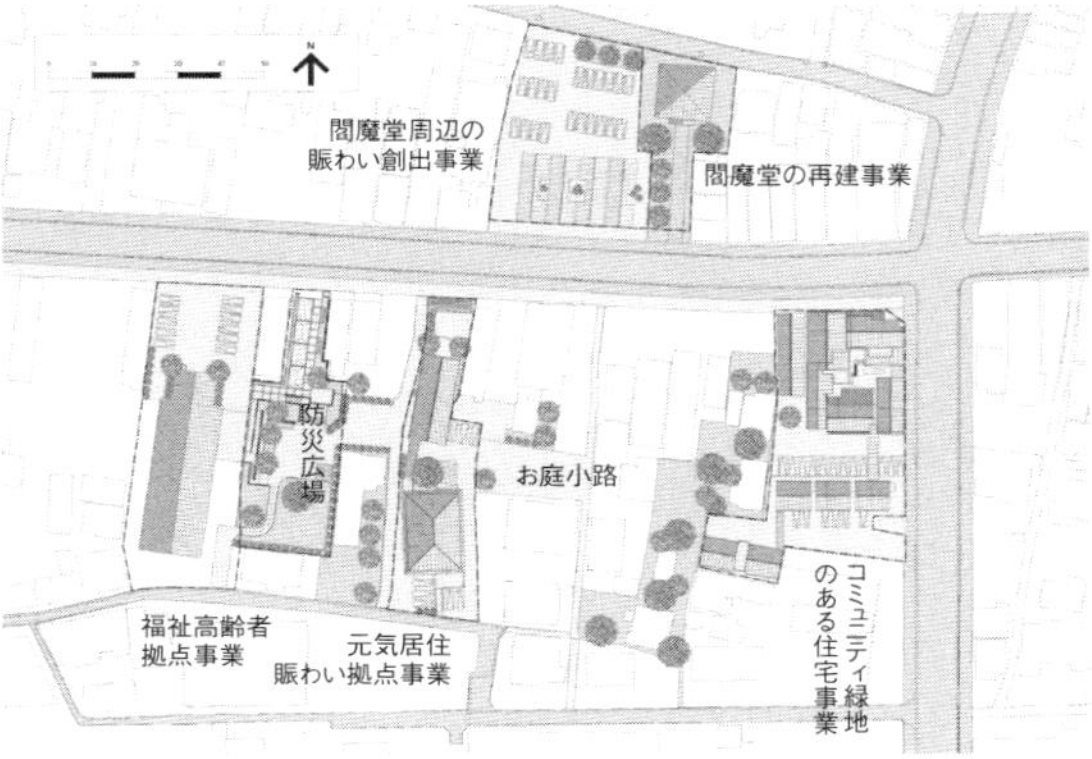

図2―連鎖的に実現するまちづくり市民事業（上）
図3―元気居住賑わい拠点事業（下右）
図4―コミュニティ緑地のある住宅再建事業（下左）

商店街のシンボルでもある閻魔堂が再建された。柏崎市が独自に義援金を原資とした文化財の再建メニューを立ち上げ、地元商店街振興会が中心になって、閻魔堂再建のための募金活動を行い再建が実現した。
・閻魔堂周辺の賑わい創出事業では、えんま通り商店街振興会と地元建築士会の有志がまちづくり会社を立ち上げ、短冊敷地への埋め込み型共同店舗「まちのえき@えんま」など、複数の共同店舗を実現している。
・えんま通りらしいまちなみ整備事業では、地元の建築士会などと連携し、まちづくりガイドラインにもとづき、協議方式によるガイドラインの運営が行われ、えんま通りらしい個別の店舗併用住宅の再建が段階的に進んでいる。
・お庭小路の整備では、個々の再建でコモンズとしての中庭の連続が段階的に実現している。
・防災広場の整備では、柏崎市との協働によるワークショップを経て、「なないろ(七・一六)広場」が実現した。

まちづくり市民事業組織の連携によるまちづくりのマネジメント

えんま通りの復興まちづくりでは、えんま通り復興協議会をプラットフォームに、商店街振興会、町内会の代表メンバー、および専門家が幹事会を運営し、ワークショップや会議を開催しながら推進された。震災以前は商店街振興会、町内会のみが商店街の担い手であったが、復興まちづくりを通して以下のような様々なまちづくり市民事業組織が生成された。商業系市民事業組織として、共同店舗を運営する「合同会社まちづくりえんま」、商店街のイベントの企画運営に携わる女性団体「えんまの手鏡」、まちづくり系市民事業組織として、様々なまちづくりの企画運営に携わるNPO「まちづくりネットあいさ」、ガイドラインの運営や実践を担う建築士会メンバーを母体とした「まち会」、住宅系市民事業組織として、共同建て替えを契機に立ち上がった「合同会社ゾーン六地区共同開発」、「ゾーン九地区管理組合」、福祉系市民事業組織として、福祉拠点を運営する「株式会社えみふる」、「シルバー人材センターやまゆり」など、テーマ別市民事業組織が生成された。また、これらが企画運営する商店街のイベントを通して、えんま通り商店街のイベント出店者、ボランティアなども数多く生まれている図5。

復興まちづくり構想において提案した、まちづくりのマネジメントは、復興まちづくりを通して組成された様々なテーマ別市民事業組織の連携により進められている。

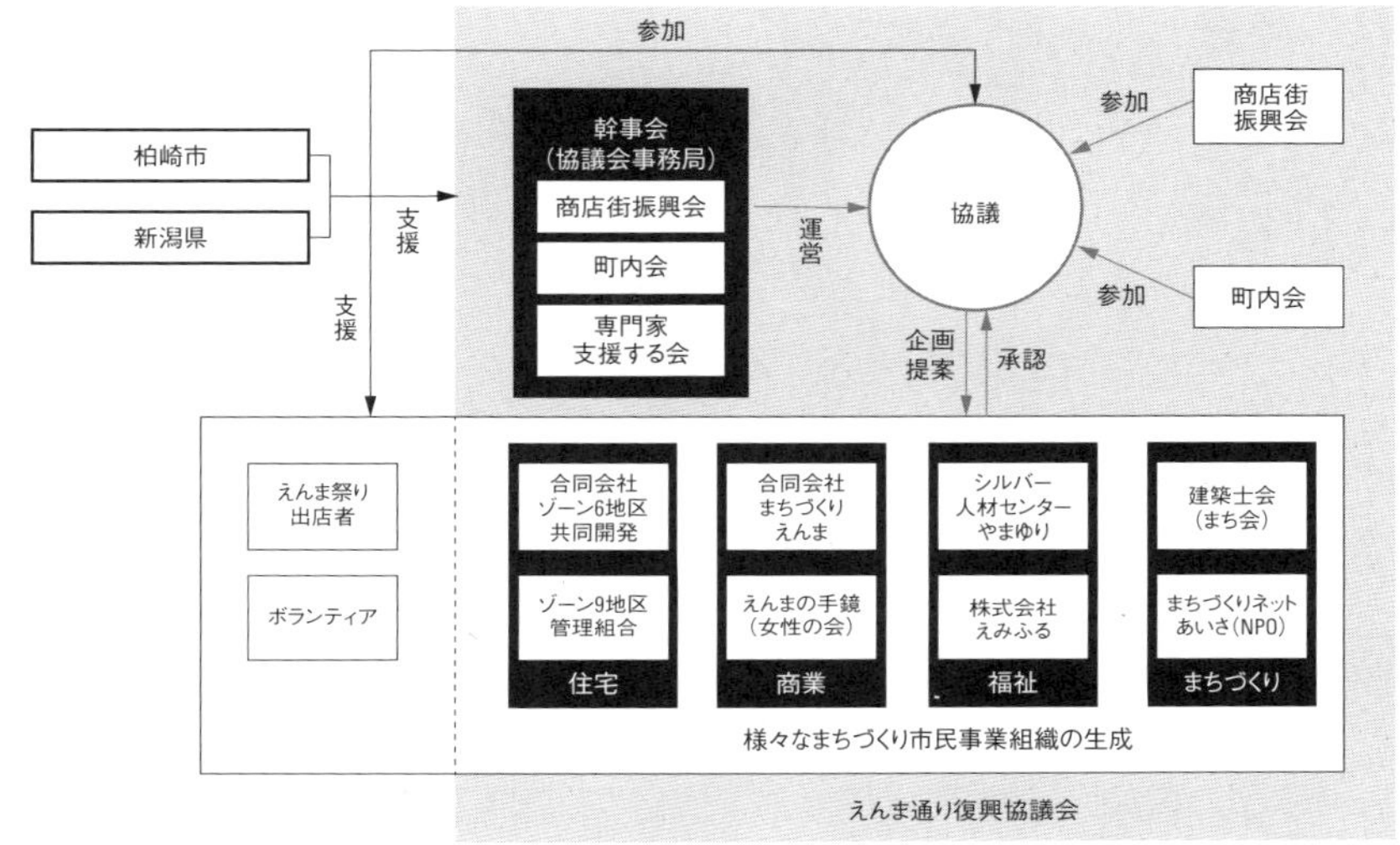

図5―地域マネジメント体制図

市街地復興の今後に向けて

自立再建が進みにくい市街地復興において、災害を契機にまちづくり市民事業による復興を進めることは非常に重要であるが、より広く普及していくための課題は、市民事業のリスクを軽減することであろう。リスク軽減の方法としては、保留床処分の不確定要素を無くすことが必要であるが、災害公営住宅との連携は有効な方法である。また、ステークホルダーによる協議会をベースとしたまちづくりの場だけではなく、市民がまちづくり事業に参画しやすい開かれたまちづくりの場の形成も必要である。一方では、店舗併用住宅の自立再建への支援も充実していくことが望まれる。

参考文献

1――佐藤滋編著『まちづくり市民事業――新しい公共による地域再生』学芸出版社（二〇一一）、九二-一〇七頁

2――益尾孝祐・岡田昭人「市民による共同建替え事業を起点に地域社会の新しい関係を再編する復興まちづくりの進め方」『季刊まちづくり』三二号、学芸出版社（二〇一一・九）、四頁

4-6 まちづくり市民事業の展開と協働関係の構築

富良野市の中心市街地再生

Katsuhiro Kubo
久保勝裕

富良野市中心市街地における事業展開

北海道有数の観光都市である富良野市では、新中活法に位置づけられた「ふらのまちづくり株式会社」（以下まちづくり会社）が中心市街地の再生に取り組んでいる。郊外の観光拠点から、観光客を呼び込むことが一つの目的である。ここでは、地区で発生した新しい課題に対して、新たな主体を柔軟に受け入れ、推進体制を再編することで、公的ディベロッパーとしてのみならず、多様なソフト事業の展開を通じて、多主体協働の地域マネジメントの中核としての役割も担いつつある。

以下では、まちづくり会社が性格を変える契機となった増資の前後で「旧会社」と「新会社」とに分けて表記する。

——駅前整備と「旧会社」の設立

同市の中心市街地再生戦略は、駅前地区の整備から始まった。市街地総合再生基本計画（一九九九年）において、土地区画整理事業と再開発事業等による一体整備の方針が示され、「旧中活計画」に引き継がれた。前者は市施行により二〇〇八年に完了し、市営住宅・店舗・屋内プールなどが導入された再開発事業は二〇〇七年に開業した。

この再開発ビルの管理運営を目的に二〇〇三年に設立されたのが旧会社である。市の保留床取得に際し、ＴＭＯによる管理運営が補助要件となっており、二〇〇七年からは再開発ビルの指定管理者となった。農産物の直売などのソフト事業も行ったが、常勤職員が一名であったこともあり、実質的には市の商工関連部署が主導していた。

――中核病院の移転と「新会社」への増資

事業展開の転機となったのは、地域の中核病院の移転問題である。市有地との交換により、ＪＲ富良野駅東側に二〇〇七年に移転、開業した。

同病院は駅の南側約六〇〇メートルに位置し、駅の対極にある重要な集客拠点であったことから、商業関係者らに強い危機感をもたらした。そこで二〇〇五年には跡地での高齢者福祉機能などの導入を市に提案している。これを受けて市は中活法改正後の二〇〇七年に民間活力による整備方針を示した。同時に、地元商店経営者の発意で中心市街地活性化協議会（法定協議会）が設置され、ここでの議論を受けて「新中活計画」が策定された（二〇〇八年）。

同計画では、歩行者の回遊性の創出と、まちなか居住の推進を主目的とし、多様なソフト事業に加え、フラノ・マルシェ事業（後述）や高齢者住宅の建設などが計画された。

なお、民間中心の実施主体として旧会社を拡充することとし、二〇〇八年に増資した。これが新会社である**図1**。

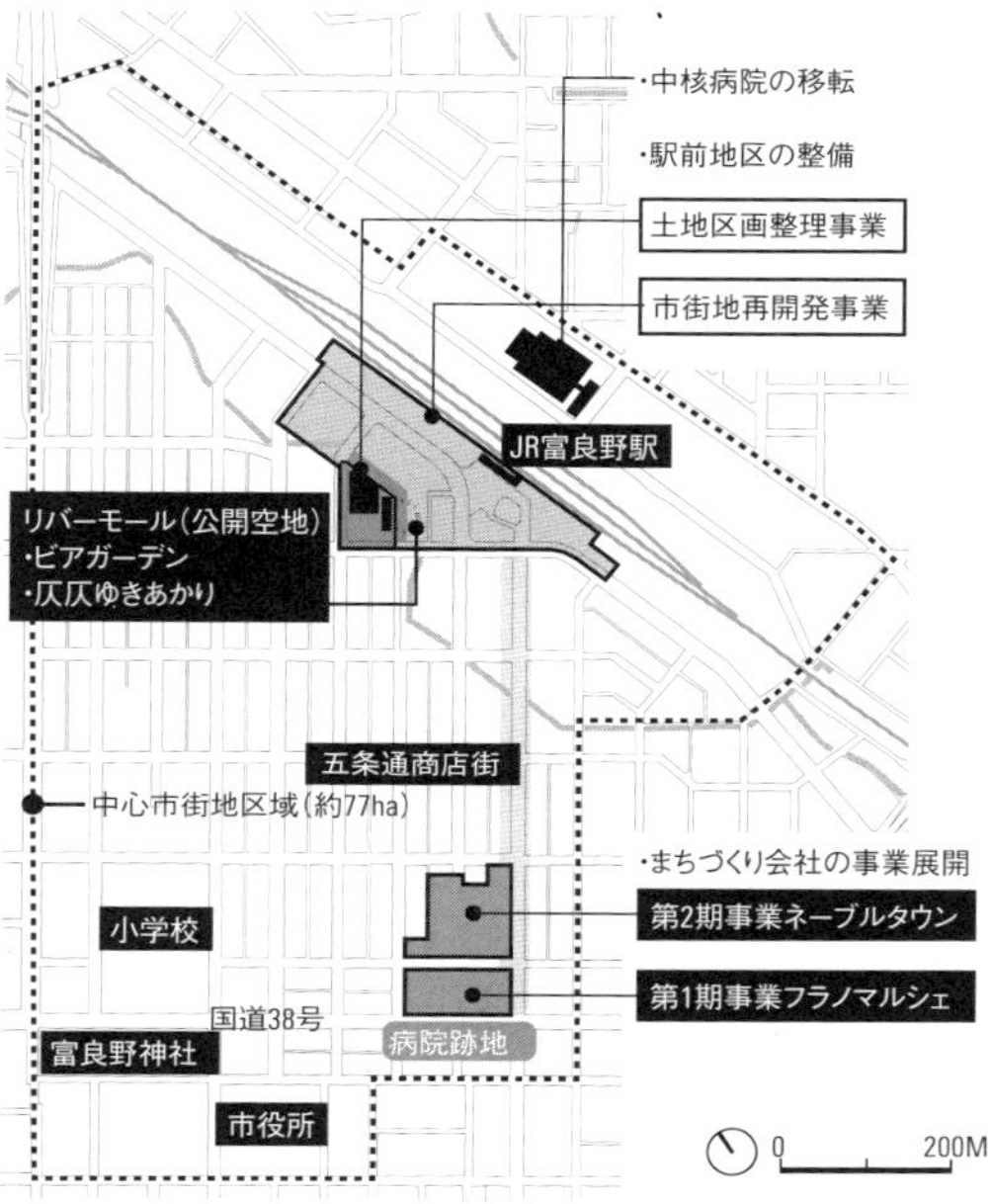

図1―富良野市の事業展開図

まちづくり会社への出資者等の変遷

このように富良野市では、病院移転を契機とする法定協議会の設置を転換点として、まちづくり株式会社が地域社会からの支持を拡大したものと考えられる。そこで、協議会設置や増資といった節目において、その構成員や出資者（以下、出資者等）がどのように変化したかを振り返りたい。

「新会社」が設立される以前の同地区においては、商店街イベントなどを除いて、まちづくり事業は少なかった。しかし、都市計画マスタープラン市民策定委員会（一九九六年）の設置以降、市民団体らが参加した五つの計画策定委員会などが断続的に開催されてきた。ここでは、これらへの参加実績をもってまちづくりへの「参加歴」とし、その有無によって各段階の出資者等の性格を把握したい。

――旧会社設立以前の各種委員会の状況

五つの委員会には、商工会議所・農協・商店街組織・金融機関など、地域で伝統的に活動する団体が多く参加している。構成員はほぼ固定化され、委員はその代表者である。地元の一部には、行政主導の形骸化した構成との評価もあった。

――旧会社への出資者（二〇〇三年一〇月）

一九団体が一〇三五万円を出資した。五一五万円は市と参加歴がある会議所・農協・商店街組織が出資し、そのほかは市の外郭団体などによる。市の出資率は九・七パーセントであるが、公的セクターに近い性格となり、市助役が代表取締役となった。金融機関や地元企業からの出資はなかった。

――法定協議会運営委員会の構成（二〇〇七年二月）

法定協議会は、病院跡地に近接する商店経営者が、跡地での民間主導による集客拠点づくりを主張して発意した。実質的な協議機関である運営委員会の構成を見ると、二三名のうち参加歴がない九名が新たに参加した。その八名は企業経営者であり、全体では一三名を占める。地元の企業経営者（後に運営委員会委員長）が募ったものである。ここでは四部会に分かれて新中活計画が検討され、実施主体として旧会社を増資することが決められた。

――新会社への増資（二〇〇八年六月）

商工会議所会頭が奔走し、運営委員会メンバーを含む地元企業など、四〇団体が新たに出資した。七三一五万円が増資され、資本金は八三五〇万円となった。民間企業の出資率は七六・四パーセント、市は一・二パーセントである。

すでに運営委員会に参加していた企業経営者らに加え、参加歴のない一四名の企業経営者が新たに出資し、その半数はその後に運営委員会に参加している。新規四〇団体の内、参加歴がない出資者が二三名を占める。

役員も一新され、企業経営者である商工会議所会頭と協議会運営委員長が代表取締役となった。二名の取締役も同様である。なお、常勤職員は六名となった（二〇一一年現在）。

――法定協議会運営委員会の再編（二〇〇八年六月）

同時に、計画策定から事業実施段階への移行に伴い、運営委員会は四部会から五ＰＴ体制に再編された。市職員を除く四〇名のうち、二一名は協議会以前の参加歴がない。その一方で旧会社以前に参加歴を持つものが増員された。

以上のように、協議会設置を契機に団体代表を中心とする構成から有志市民の協議の場に転換され、新会社への増資時にさらに有志を獲得した。これらで再生計画を立案する一方で、事業実施段階では、地域社会に一定の影響力を持つ商店街組織等の代表者が運営委員会に復帰している。

ふらのまちづくり株式会社の事業実績

――公益的ディベロッパーとしてのハード事業の展開

新会社への移行後の最大の特徴は、新中活計画に示されたハード事業の実施主体、つまり公益的ディベロッパーとしての明確な位置づけがなされたことである。

図2―フラノ・マルシェ
図3―ネーブルタウン

第一期事業であるフラノ・マルシェ図2は、「農と食」をテーマとした集客施設群とイベント広場で構成され、二〇一〇年に竣工した。市有地である病院跡地を借地し、戦略的中心市街地商業等活性化事業補助金を受けて建設され、開業後にはその盛況ぶりが地元紙などで報道された。

観光客を誘導するには好立地であり、計画に地区の活性化に寄与できる公益性があったこと、種地が市有地であり事業リスクが軽減されたことなどが事業を推進させた。

完成後の企画・管理・運営も新会社が担い、出店した地元飲食店らからの賃料収入などによって、イベント広場での各種企画などを実施している。後述のとおり、こうした場の確保が市民らによる新事業の波及を促した。

さらに第二期事業として、北側の隣接街区においてネーブルタウン図3が、市街地再開発事業（個人施行）により二〇一五年に完成した。商業施設（フラノ・マルシェ2）、保育施設、医療施設、高齢者住宅などが導入されたほか、交流空間として約三〇〇平方メートルのアトリウムも併設された。

――「支援事業」による中心市街地での連携強化

新会社のもう一つの役割は、各種のソフト事業に参画して関連団体との協働関係を構築していることである。

最も特徴的なのは支援事業の存在である。これは他主体の事業に対して「役割を限定」して支援するもので、広報支援、許認可手続き、会場の確保、使用機材の確保などを支援する運営支援型事業が一般的である。

また、媒介型支援事業では、市民らがアイデア段階で新企画に相談すると、多様なネットワークを活用して具体化し、活動費の獲得方法等も助言する。実現した企画には運営支援型事業として参画している。

たとえば、駅前整備の完成祝賀行事として駅前再開発ビルの公開空地で始まった「まちなかビアガーデン」は、その後に商店街等の参加もあって集客性の高いイベントに成長した。三つの商店街の若手有志と新会社で実行委員会が組織され、同社は使用機材の確保と予算管理、および広報を分担している。また、同会場での「ふらの仄仄ゆきあかり」では、新会社が二〇一〇年度からフラノ・マルシェと商店街でイルミネーションを波及させた。駅前地区とフラノ・マルシェの両者で整備された空間を支援事業等でつなぐことで、冬季のまちなかでの回遊を創出し、双方の事業成果の拡大が図られた例である。

限られた範囲で実施されている支援事業ではあるが、活動的な市民が多い富良野市において、アイデアと活動費、団体と団体を結びつける行為であり、市民事業としてのソフト事業を波及させる仕掛けとして機能しつつある。

農業と観光をつなぐ広域的な事業連携の可能性

さらに富良野市では、こうした中心市街地での動きに加え、市全域での広域的な協働関係が構築されつつある。

同市では、一九七〇年代からワイン工場、チーズ工場、ぶどう果樹工場等が建設され、富良野ブランドを開発してきた。こうした地域資源をもとに、地産地消をキーワードとして農業と観光を中心市街地でつなげる動きである。

まちづくり会社と農業生産者との関わりは、旧会社による農産物の直売から継続されており、新会社でもフラノブランド商品開発事業などを実施している。

また、農業と観光を媒介する事業としては、「ふらのワイン祭り」や農協による「秋の収穫祭」がある。ここでは、新会社が単独でフリーマーケットを同日開催して集客の相乗効果を図っている。さらに、新中活計画でのグリーンフラッグ事業では、地場産材を積極的に使用する飲食店を認定し、観光客らに安心な食材を提供している。市と観光協会が推進し、新会社は審査委員会に参加している。

以上の地産地消の動きは、市全体としての戦略的な取り組みではなく、断片的に実施されてきたが、新会社はその幾つかに多様な関わり方をするなかから、農業と観光を中心市街地でつなげていく役割を担いつつある。

地域運営を担う多主体協働の体制づくり

以上のように、富良野市におけるふらのまちづくり株式会社を中核とする中心市街地再生の動きは、国による施策を巧みに活用しながら展開されてきた。

駅前整備を起点とする事業展開において、地区で発生した新たな社会的ミッションに対して、公的セクターに近かった旧会社をより地域社会から支持された新会社へと移行させ、まちづくり市民事業を生成させた。そして、支援事業などを通じた多主体の連携によって市民事業を波及させている。そのなかから第二期事業やソフト事業の展開によって、駅前整備からの一連の事業が相互に関係づけられ、空間的な文脈を形成する段階に展開しつつある。

さらに、中心市街地の枠を超えて、農業や観光との全市的な事業連携の可能性も見えてきている。地域資源を活かして全市域で活動している様々な団体が、中心市街地という限定された地区において、新会社を中核とする多様な事業連携によって関係づけられてきている。

これらの背景として、企業経営者たちが国の施策の趣旨を的確に理解し、変化する地区の状況を柔軟にとらえ、自立的に次のシナリオを描きつつ、新たな主体を巻き込み、地域社会での支持を獲得してきた点は見逃せない。

また、富良野市は空間領域が明快な富良野盆地にあり、同市を含む一市三町はほぼ同じ開拓の歴史を共有してきた。そして市内の農村集落や上富良野町でも、多様な市民事業が育ちつつある。今後は、盆地全域のマスタープランと戦略プログラムを共有し、都市農村連携を進めることで、「都市圏全体のマネジメント」も想定される。そしてふらのまちづくり株式会社は、その中核となる「まちづくりパートナーシップ組織」としての活躍が期待される。

参考文献

1——佐藤滋編著『まちづくり市民事業——新しい公共による地域再生』学芸出版社（二〇一一）、一二七-一四二頁

2——久保勝裕「まちづくり市民事業の展開と多主体による協働関係の構築——ふらのまちづくり株式会社を事例として」『季刊まちづくり』三三号、学芸出版社（二〇一二）、五六-六三頁

3——久保勝裕・中原里紗「出資者の協議会等への参加歴からみたまちづくり会社の展開プロセス——ふらのまちづくり株式会社を対象として」『日本都市計画学会都市計画論文集』第四八-三号（二〇一三）二五五-二六〇頁

4-7 城下町における近代への適応過程

野中勝利
Katsutoshi Nonaka

わが国の歴史都市の一形態である城下町を対象として、社会の変化に応じてどのように都市空間を適応させてきたのか、近世から近代への時間軸でとらえる。そしてその適応過程を位置づけたまちづくりを展望する。

近世城下町の都市空間

近世城下町は、織豊期から連なる城郭建設のノウハウをもとに、戦国期の山城ではなく、強固な城郭とともに建設された。城下の「まち」の建設は、立地する自然風土との応答を繰り返しながら計画・技術が蓄積された。その地の自然的環境を読み取りながら計画され、地形や風土に寄り添いながら建設されたものである。自然支配の思想ではなく、自然と共生する思想だった。

近世城下町が都市として存続するためには、封建制という社会体制と都市空間が対応した都市構造、そして当時の社会背景として外敵から都市を守る閉鎖的な都市機能が必要であり、そこにはこの自然的環境と都市構造・都市機能を有機的に結びつける計画原理があった。

こうした計画原理から建設された近世城下町では、明確な街区計画、ゾーニング、土地利用、軸線、境域を有した秩序のある空間が構成された。そして封建社会における身分制に応じた都市空間は合理的な社会システムの空間化であり、前近世から継続する軍事的性格から導かれた防御的閉鎖性という機能や性質と結びついている。

このように近世における社会・経済・政治体制が都市空間

に適応されたのが近世城下町であり、こうした安定的な都市構造と閉鎖的都市機能が幕藩体制を支えた。

近代国家と都市空間の開放

現在の多くの都市は、近代の社会、経済、技術などを背景として都市づくりが積み重ねられた結果である。必然的に近世城下町を基盤とする城下町都市は、近世の都市空間と近代の都市空間との二重構造という特質をもつことになった。

空間的にも人々の行動的にも閉鎖的な都市空間であった城下町は、明治維新に伴いそれが開放された。

近世城郭は、「廃城」と「存城」に分けられ、「廃城」になった城址では、城郭建築が取り壊され、公園化や施設の立地が進み、それまでごく限られた人間しか入れなかった城郭は一般に開放された。

行動や移動の自由化は架橋を促し、近代の技術や材料によって橋の架け替えが進んだ。時代を経るごとに架橋は増加の一途であり、市民生活の利便性は向上した。城址への進入路を増やすため濠に架かる橋も増え、城下町内を流れる川や水路にも漸次、架橋された。特に城下町の中心であった橋の架け替えは注目の的だった。木橋から鉄橋、コンクリート橋に、歩行者専用橋から歩車共用橋、軌道敷設橋になることは、近代都市化を認識する格好の対象になった。

近世城下町が有する特徴の一つである閉鎖的な道路網の再構築も必要だった。道路の幅員、鍵曲がりや三叉路などの交差点などの道路網の特徴は、閉鎖的な都市空間を演出する上で有効だった。しかし近代化に伴うヒト・モノの円滑な移動を促す都市空間の開放のためには、道路の拡幅、交差点の十字路化、道路線形の直線化などが求められた。

近代国家を支える軍備体制の強化は、近代技術の導入に伴い、全国規模での軍事輸送を求め、鉄道網の構築が進ん

図1　濠の一部を埋め立てた鉄道敷（山形）筆者所蔵絵葉書
図2　駅前通りの先に仰ぎ見る天守（姫路）

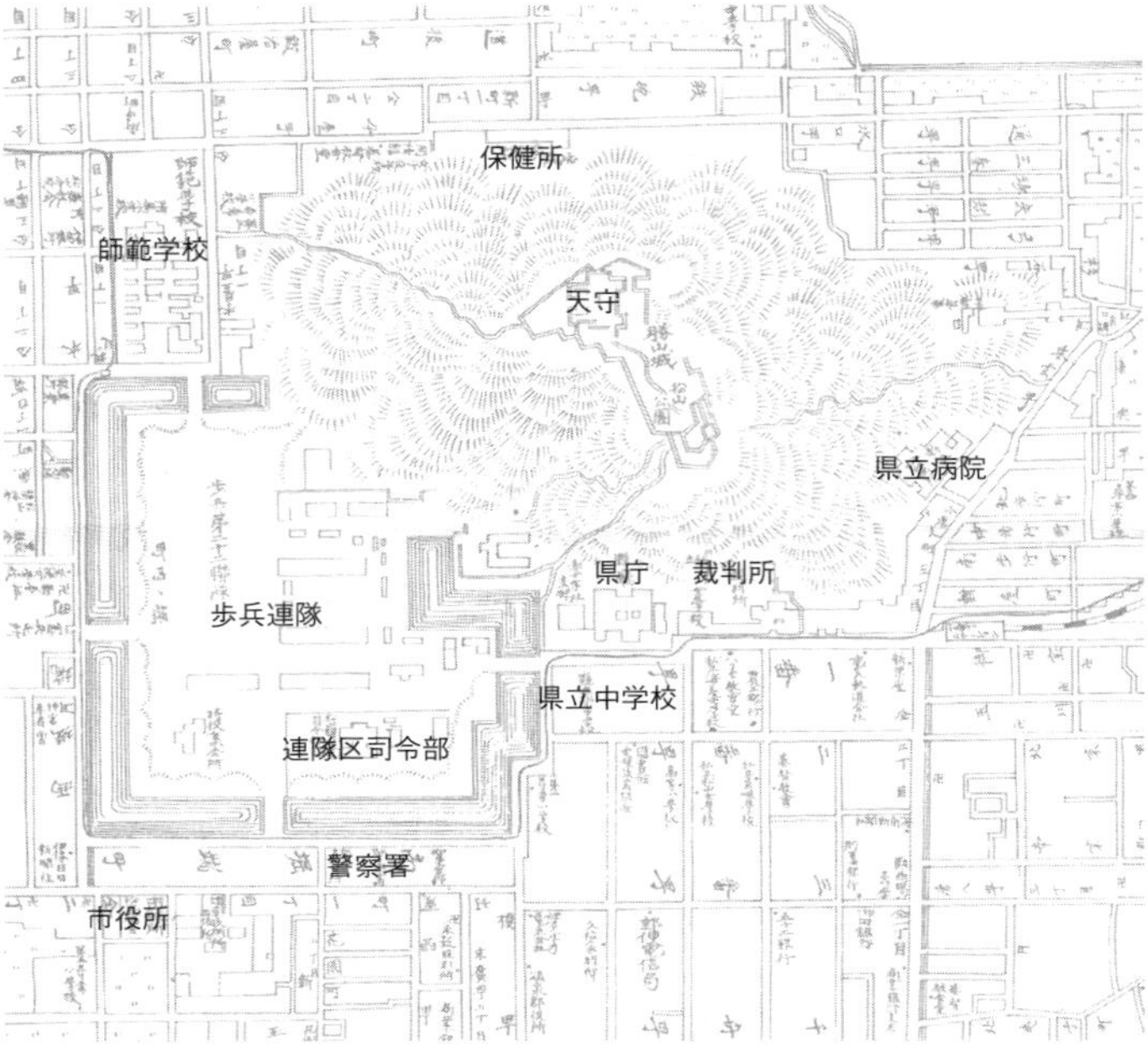

図3―松山城址周辺の公共施設（一九一一）。広大な平地が軍用地として利用されたほか、城山の麓に県庁や裁判所などの施設が立地した（松山）「改正松山市全図」（明治四四年『松山市史料集第十三巻付図』）をもとに作成

だ。城下町都市では、鉄道の敷設に際し、その多くは市街地を迂回するようにルートが設定された。また濠を埋めて鉄道敷にするなど、用地買収や移転補償にかかる費用や期間を圧縮する合理性を背景に、近世城下町から引き継ぐ市街地の構成は概ね維持された。

駅の立地は駅前通りの整備を伴う。静岡市のように藩政期からの中心商業地であった街道と連絡がしやすい位置に駅が立地したり、それぞれの都市の諸条件に応じて選択された駅の開業だった。また彦根市や姫路市では、駅を背にして駅前通りの先に藩政期の天守を仰ぎ見ることができる。こうした視線を生み出す位置に駅が設置された。このように駅の立地から各都市の選択意図を読み取ることができる。

近代国家体制の構築では、近代的な政治、軍事、経済、社会体制の整備が喫緊の課題だったため、それに応じた場や空間が求められた。軍隊、県庁、裁判所、学校などの公共施設の整備は、西洋列強に対峙するためにも必要だった。

明治政府はそうした施設や機能を藩政の中心だった城下町の都市空間の中に配置した。こうした施設群は、特に城址や武家地跡など、維新後の広大な空地に立地した。都市機能の中心はまた城址とその周辺になった。権力の中枢の場を前近代から継続することで適応した。

城の開放と近代的土地利用

明治維新によりその存立条件を喪失した城址では城郭建築の売却や取り壊し、濠の埋め立てが進んだ。身分制を区分けする濠はその価値を失い、宅地化や道路整備、汚濁や悪臭などの様々な理由を背景として排除された。

城址の多くは公園になった。城地の保全、オープンスペースの確保のために、近代的土地利用の一つである公園が利用された。風致の荒廃、石垣の崩落、大典記念、招魂祭の場など、都市によってその契機は様々であるが、城址という場が地域社会の共有財になった。

土地利用としての近代公園は、滝のある庭園、桃や桜などの花木の植樹や花壇、曲線を多用した園路など、藩政期の空間履歴とは無縁であったが、市民の生活空間として浸透した。都市生活者の憩いの場、生活文化の場、そして戦没者を慰霊する招魂祭のような大規模な集会の場として機能した。

平面的計画や動線計画を優先し、それを阻害する桝形や石垣の撤去、濠の埋め立てが盛り込まれることもあった。近代公園の誕生は、城址の史跡としての性格を否定する都市化だった。また図書館や学校などの文教施設、動物園のよう

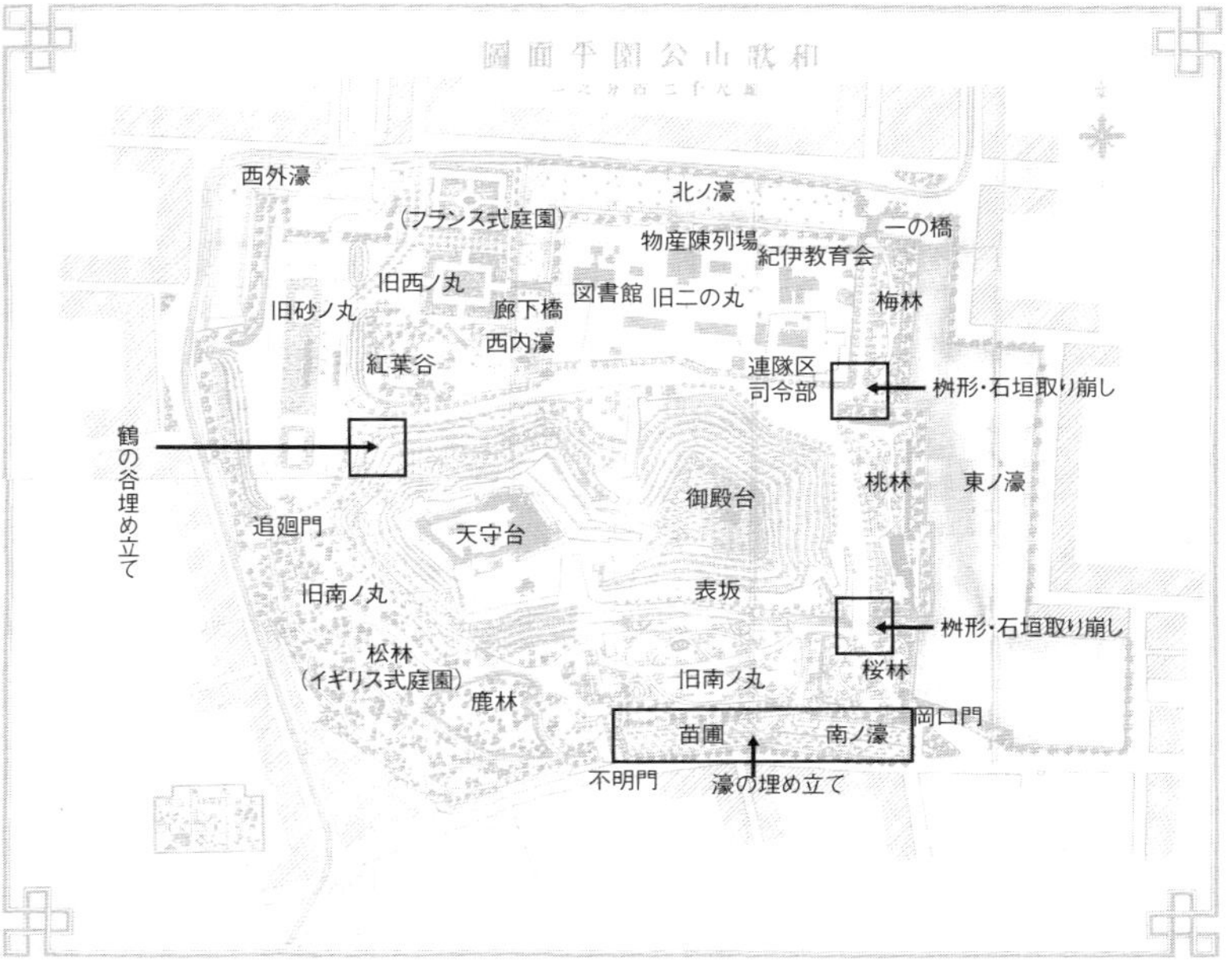

図4―和歌山城址の公園設計図（一九一五）。洋風庭園や図書館などの開設のほか、桝形の撤去や濠の埋め立てなどが計画されている（和歌山）『和歌山公園設計案』和歌山市役所（大正四年）付図（筆者所蔵）をもとに作成

な社会施設も公園計画の中に組み込まれた。

現在、桜の名所として知られる公園の多くは城址である。藩政期の城郭にはなかった植生である桜(ソメイヨシノなど)によって近代的な都市景観が生まれ、それが地域社会に受容された。

近代都市の中央公園的性格を城址公園が担った。

近代化への葛藤と否定

現在、藩政期の濠がそのまま残っている城址はない。その意味では近代化は濠の埋め立ての歴史でもある。汚水化による衛生問題、宅地や道路用地の確保など、近代都市化を背景として、埋め立てはおおむね地域に受容された。

しかし一方的に埋め立てが進んだわけではない。埋め立てに反対する世論があったことも忘れてはならない。濠はすぐれて城郭を特徴づける要素の一つであり、近代においては遺構として位置づけられる。濠は城下町都市にとって存立基盤を明快に表す空間である。その喪失は、都市の独自性を揺るがすことになることから保存の声が挙がった。

城郭内にある桝形や石垣も同様である。城址の公園化にあたって、「洋風化」に伴う動線や植栽などを優先し、遺構を取り崩す計画が立案され、批判の的になった。

行政が主導したこうした計画に対して、風致や遺構の保存を訴える世論の高まりが議論へと昇華し、運動へと展開して、計画が撤回された例もある。

架橋でも同様の議論があった。コンクリートや鉄の橋は確かに「永久橋」として、自動車や路面電車の往来をも支える耐力は、木橋よりも勝れている。ただしすべてが地域に受容されたわけではなかった。その意匠に対する抵抗もあった。せめて藩政期の木橋にあった擬宝珠を望むという声が聞こえた。そして擬木の欄干も生まれた。

昨今では史跡としての城址の整備が進められている。そこでは藩政期の姿への回復が志向されている。

近代に濠に架けられた歩行者専用橋は、城址を日常的な市民生活に溶け込ませる装置だった。しかし市民に親しまれたその橋は藩政期にはなかったことから撤去の対象になった。また城址に公園とともに設置された動物園も同様に移転を余儀なくされている。城の近代化過程で地域社会に提供された装置や施設は排除される運命にある。

各地で増えている濠の復元も同じである。史跡整備、観光拠点整備、中心市街地活性化など、その背景は多様である。しかし埋め立てられたのは当時の様々な社会的要請があったからである。その跡地が宅地化され、形成されたコミュニティを排除することには慎重に対処する必要がある。

近代都市化を背景として新たに付加されたものを失うこと、失ったものをまた取り戻すことは、近代の空間履歴を消し去ることである。藩政期への無批判な回帰は、近代化の過程を否定することでもある。

変化と適応による歴史の厚み

城下町の歴史というと、得てして本来の城下町として機能していた近世に目が行きがちである。天守や濠の復元、櫓や城門の再建など、近世の景観への回帰は確かにわかりやすい。しかし単に前近代の空間を求める志向、安易な「らしさ」を取り入れる志向は、近代化を否定するとともに、景観・文化の貧困を招く。

前近代から近代を経過した空間履歴と記憶を紡ぐことは、地域に共感されるまちづくりの方法の一つである。閉鎖的な城下町を特徴づける道路空間に三叉路や鍵曲りがある。近代化の過程で十字路や直線状に改修されることが多い。交通量の増大、円滑な通行のためには確かに合理的な事業だった。その一方で、それが回避された道路も存在する。日常的には多少の不便があっても、それを受け入れることによって、その都市の独自性を再確認できることも事実である。

濠には近代化の過程で架橋が進み、四方から城址に入りやすくなり、生活空間として身近な存在になった。史跡整備と称して、近世の城郭空間への志向を前提にすると、近代に架けられた橋の存在は邪魔になる。架橋から数十年を経て、十分に地域に受容された橋の撤去は近代化を自己否定することになる。藩政期の橋、近代の橋、現代の橋が並存する様相から、当時の社会情勢を背景としたまちづくりの成果を理解することができる。

歴史都市では、前近代から近代を経て現在に至る一連の適応過程に独自性が見られる。つまり、前近代の都市空間を読み取り、近代の社会・経済などの変化に伴う新たな都市空間を適応させて再構築された多重構造に現在の城下町の価値があり、魅力が生まれるのである。

これからは近代化の過程を正当に評価し、城下町を基盤として積み重ねられたまちづくりを重層させることで、その都市の歴史の厚みを醸し出すことが求められる。

参考文献

1——佐藤滋編著『新版 図説城下町都市』鹿島出版会(二〇一五)

4-8 震災復興によって生じる変化への適応

石巻における新しいコミュニティ創造と実践

Akihiro Noda
野田明宏

震災復興によって生じる変化とは

二〇一一年三月に発災した東日本大震災は、人的・物的被害などの数字からは推し量ることはできない、多大な変化を東北地方に与えることとなった。

最も大きな変化は時間の流れ方である。被災前から進行していた人口減少、高齢化、郊外大型店舗の影響により疲弊していた沿岸部の中心市街地は、被災の影響により、課題の顕在化が一〇年ほど進行してしまった感がある。

しかし一方で、被災前から推し進められていた移住促進政策の時期と重なったことや、立地的優位性から関東都市圏より多くのボランティアが能動的に被災地を訪れ、地域とのつながりをつくったことで、被災地への移住が進むことになった。

長年停滞していた土地や建物の利用・流通が動き出し、都市の新陳代謝が被災をきっかけとした移住が進んだことで加速化し、違う側面から地域の急激な変化を生み出し、様々な歪みを生み出すこととなった。

しかし歪みが生じることで、それに対抗もしくは利用といった適応するための動きが生まれ、都市のダイナミズムを生み出す原動力となり、地方の中心市街地を様々なものが混在する多様なまちへと再構築するのである。そのような新しいコミュニティ想像の実践として、宮城県石巻市の試みを本稿で紹介する。

石巻市中心市街地の概要と新たなコミュニティの芽生え

宮城県石巻市の中心市街地は、北上川を活用した港町として江戸時代より栄えた地域であるが、先述の他都市と同様に中心市街地の衰退という課題を抱えていた。対策を講じるために、中心市街地活性化計画を策定したところに、3・11東日本大震災が起こった。

中心市街地は日和山《ひよりやま》による守られた立地性や、古くから栄えた繁華街として堅固な建物が一定程度存在していたため、二メートルの浸水被害を受けながらも、疎らな被害状況となった。しかし、被災後の公費による解体制度は、格好の店を畳むきっかけとなり、まちなみとしてはいっそうの歯抜け化が進んでしまった。

しかし被災都市のなかで最も大きな被害のあった石巻には、多くのボランティアが集まることとなった。その数は被災後一年間において、石巻市の人口の一・五倍となるのべ二八万人（『石巻災害復興支援協議会活動報告書』より）であり、同市の一年間の交流人口のおよそ一五パーセント程度（平成二六年石巻市観光復興プランより）を占める。

そのように多くの若者たちが石巻を訪れ、また支援活動などにより継続的に関わる人々も現れたことで、地域とのつながりを継続し、現地の社会的企業や漁業を中心とした一次産業への就職を果たす若者などが現れはじめた。また被災前は東京などで仕事をしていたが、被災後故郷に戻り、新規事業の立ち上げや出店をした、いわゆるUターン者も多い。

まちのなかに生まれた新たな活動の中心となっているのは、それまでのまちづくりには関わってこなかった、地域の若者層や移住者などを中心とした石巻2.0である。

歯抜けかつ空き店舗が並んでいた商店街に若い商店主の店や、人が集まり様々なアイデアや活動が生まれるソーシャルスペースが続々と生まれ、復興を一つのきっかけと

図1 空き店舗を改修したオープンスペース「まちの本棚」（提供：石巻2.0）
図2 石巻2.0のオフィス+コワーキングスペース+カフェ「IRORI石巻」

して地域経済の新たな担い手が育ち、これまでになかった多様な価値観からの中心市街地再生がスピーディーに動きつつある図1、2。

震災復興から日常化に向けた取り組み
――なりわいづくりのサポート

しかし、スピーディーに動きつつある現状は、復興という過渡期だからこそという不安定な状態を示している。商店としても被災地観光や、ボランティア・工事関係者が客層の一定程度を占めており、復興から日常へと移行するなかで、なりわいとして確立できる事業へと転換していかないと、様々な年代が集い、暮らしていける環境は復興期の一過性のものとなり、淘汰されてしまう恐れもある。

地方都市の可能性として、大都市部では得られない活躍のチャンスが若者にも身近にある、という点がある。ＴＭＯ「街づくりまんぼう」では、その機会を享受できる場としてチャレンジショップ図3をつくり、また事業主として必要な知識となる税関係の講習などを定期的に実施することで、起業から人材育成、運営サポートを行っている。

――新たなコミュニティが生まれる、すまいづくり

また、生業づくりのサポートと対を成す重要なものとして、豊かな日々の暮らしの場の確保がある。ここでいう豊かさとは、外部から来た人でも地域とのコミュニケーションが身近にあり、独立したコミュニティではなく、老若男女・新旧の住民が共存し、新たな関係性が生まれる環境であり、震災によって生じた大きな変化に適応し、地域を再構築するための試みである。

震災後三か月後からスタートした地域住民と有志による「松川横丁の再建を考える勉強会」を発端とし、二〇一五年八月に完成した「COMICHI石巻」は、まさにそのような豊かな住商複合、新旧混在のコミュニティ創造の場を目指したリーディングプロジェクトである。

アイトピア通り商店街と旧北上川を結ぶ松川横丁沿道の四七〇平米内という小さな敷地だが、「もういちど中央地区に戻って暮らしたい」「被災後の多世代が共生できる、都市ならではの暮らしを一過性のものとしたくない」という居住者、権利者の強い思いと、その思いに共感したサポーターが話し合いを繰り返しながら具現化した。

横丁沿道の細長い敷地に、従前居住者用住宅二戸や若者向けのハウスシェア用住戸図6、また一階にはテナント（三区

画）が内包されている。被災後に新たに石巻と関わりを持った多様な世代の人々が、これからもここで生活していくための基盤をつくり、またもともと中央地区で営業していた商店主や、Ｉターン・Ｕターンをきっかけにこれから店を出す人の受け皿をつくることで、住商近接のまちなかを再構築することを目標としたためである。

——地域主導で、スピーディーな事業の組み立て

また本プロジェクトのもう一つの目標として、被災した多くの中心市街地の住民に向け、郊外への転出か、災害公営住宅に入居するか、だけではない第三の選択肢として、まちなかで住み続けられる新たな形態を示すことであった。

そのため、「横丁」という小さく、身の丈スケールから計画を具体化することで、スピーディーにまちなか再生の動きを起こし、それに多くの人々を巻き込むことに主眼を置いた。結果として、中心市街地内で被災後に計画された災害公営住宅や再開発事業等のなかでもっとも早く竣工・入居を迎えることができた。また身の丈事業のメリットは、合意形成のスピードだけでなく、地域主導で進められる点である。

図3―コンテナによるチャレンジショップ「橋通りCOMMON」
図4―アイトピア通りから見るCOMICHI石巻と松川横丁の夜景
図5―上棟式の餅まきの様子
図6―若者向けハウスシェア「COMICHIの家」
図7―COMICHI石巻の中庭、ウッドデッキテラスを見る

些細なことも市民同士で話し合い、自ら解決策を実践することを何度も繰り返すことで、建物完成後も主体的にマネジメントしていける行動力と信頼関係を築くことができる。

市民事業の醸成と熟成に向けて

このような地域主導の事業を具体化し、継続させるために、機運を醸成させ、事業化を図る「プロセスデザイン」と、多様な団体、人々が関わりながら運営を進める「マネジメントスキームの構築」が必要となる。それによりプロジェクトが権利者のものだけでなく、もしくはデザイナーの思いどおりではない、社会性を帯び、その時々の変化に適応できる場へと昇華するのである。

――プロセスをデザインする

本プロジェクトがスタートした二〇一一年六月、その時点では中心市街地一帯に建築制限がかかり、現地での再建が可能なのか、またそれがいつ可能なのかもわからず、地域住民は不安な状況であった。そのため被災した年の夏祭りには子供マルシェ、年末には横丁での餅つきなどを行い、再建機運の高まりを目に見える形で示すことを心がけた。

計画段階においては、権利者だけでなく、入居・出店候補者や近隣の居住者、まちづくりに携わる若手メンバーなど多様な面々と連続ワークショップによるブレインストーミングを行い、またより広く・多くの地域の方々に向けた発信を行うことにより、まちに認知され愛される場に育てるため、地鎮祭や上棟時の餅まき図5、地域の祭りと合わせた模擬店の出店や模型展示、横丁を専有したグランドオープニングセレモニー図8を実施した。

図8―オープニングセレモニー
図9―一周年記念イベントでの屋外ライブ

――持続的なマネジメントスキームの構築

そのようなにぎわい創出を継続させ、地域内の団体や若手専門家との協働を繰り返すことで、第二、第三の場の創出につながる。そのための組織として、権利者・居住者だけでなく、商店街組合、街づくりまんぼう、石巻2.0の共同出資により「合同会社ＭＹラボ」を立ち上げ、一階テナント部のオーナーとした図11。テナント賃貸料を収入源とし、先述のようなイベントや出店希望者・移住希望者のサポートを継続できる長期収支計画を立てている。

建物完成から一年経過した時点であるが、二階のコモンリビングや共用部分では居住者のみならず、周辺住民含めた多種多様な集まりが実施され、これからライフスタイル創造・発信の実験的試みも行われている図9。

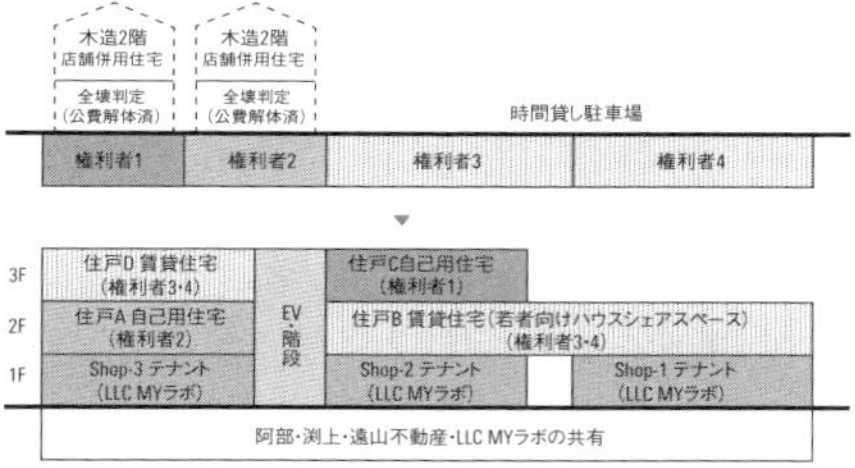

図10｜「COMICHI石巻」の従前従後の権利関係模式図

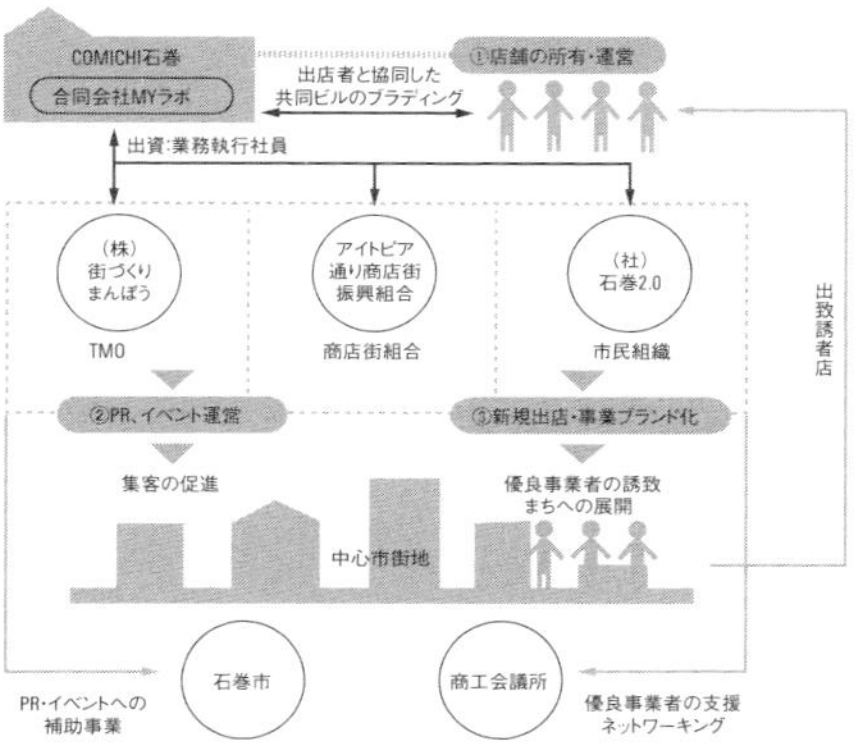

図11｜ＭＹラボの組織形態と事業

――不完全をデザインする

元来、日本のすまいは外部との境界が明確に区画されておらず、余白や不完全な場所が多くある。そのファジーな空間である縁側が社会との交流の場となっていたように、外部から入りやすい、完成されて入る余地のない場になっていない状態をハード・ソフトの両面からつくり出すことが、多様な人々が主体的に活動し、交流できる場となる。

そのため、プランナーの計画どおりに進むことは矛盾するが、小さなコトが起こり継いでいくことが都市の新陳代謝、再構築にとって何より重要であり、デザインしすぎないことをデザインする、その立ち位置と見極めこそが、これからのまちづくりにとっても必要であろう。

参考文献

1――真野洋介「地域イニシアチブを起点とした地方創生の思考と脱構築」『都市計画』三二〇号（二〇一六）、六四頁
2――野田明宏「コンパクトな共同作業によるまちなか居住再考～石巻市中心市街地における共同化プロジェクト～」『都市住宅学』八六号（二〇一四）、二四頁
3――野田明宏・渡邊京子「コンパクトな共同建替えから始まるこれからのコミュニティ創造　松川横丁共同化プロジェクト」『季刊まちづくり』四二号（二〇一四）、五二頁
4――真野洋介「石巻復興プロセスのデザイン」『季刊まちづくり』三四号（二〇一二）
5――真野洋介・東工大真野研究室「新たな次元をひらく、石巻復興プロセスのデザイン」『季刊まちづくり』三三号（二〇一一）、七六頁

4-9 構造再編に向けた市街地集約化

夕張コンパクトシティ

Tsuyoshi Setoguchi
瀬戸口 剛

ボトムアップによるコンパクトシティ

拡散した都市構造を持つ多くの地方都市では、人口減少や財政の悪化、社会基盤となるインフラの老朽化により、居住環境の悪化や公共サービス水準の低下、社会基盤の維持補修にかかる財政負担の増加が深刻化している。財政負担を低減し、公共サービスの質を保ちつつ、安心できる生活環境を維持するには、都市の拡大を抑制するだけでなく、人口規模に見合った集約型コンパクトシティ*1を形成する必要がある。

多くのコンパクトシティ論では、都市を効率的に維持するために市街地の集約化を図り、人口に見合った都市規模に縮小させることに主眼があるが、その都市の将来像は、一極集中型や多極分散型など様々で明確とは言い難い。都市の特質を考慮し、独自に導き出されるべきである。ただ、コンパクトシティの形成過程においても市民は住みつづけており、都市を集約化させながらも市民の生活環境を維持することが最も重要な課題である。

都市の集約化を進めるには、市民および集約化の対象となる地区の住民の理解が得られなければならず、行政によるトップダウン的な計画だけでは実現できない。市民の意向をボトムアップ的に反映した、集約型の将来像を導き出すことが求められる。単に物理的な都市像として集約型のコンパクトシティをとらえるのではなく、市民の生活実態や生活意向に即した将来都市像を描かなければ、市民に共有されずコンパクトシティの実現はない。

北海道夕張市では、人口減少による低密度な居住形態が地域コミュニティの崩壊や孤独死の増加、生活環境の低下を招いている。また自治体としても、人口の減少により税収が減る一方で、市街地の維持管理費の負担増加が財政圧迫を生み出している。

筆者は、人口減少が極めて著しいうえに、財政再生団体[*2]として自治体財政も極めて深刻な状況にある夕張市とともに、市街地集約化を進めている[*3]。本稿では、夕張市を対象として、公営住宅の集約化による維持管理コストの削減を進めるとともに、人口減少に適応した都市構造へと再構成し、コンパクトシティを進めながらも住民の生活環境の向上を図る、市街地集約化の方法論を示す。

夕張市は二〇一二年三月に策定した、都市計画マスタープランにおいて都市の集約化を位置づけている。真谷地地区内では、市街地の集約化が進められており、筆者の研究室は夕張市とともに地区の集約化事業を行った。

夕張市の課題は人口減少の問題を抱える多くの都市にとって、いずれ直面する課題である。その意味で、夕張市はわが国の地方都市が抱える最先端の課題に取り組んでいる。

筆者は夕張市のコンパクトシティの取り組みについて、スイス国営テレビから取材を受けた。スイスの山間地域でも同様な課題を抱えていると言う。わが国のみならず世界中の地方都市にとって、夕張での取り組みは参考になる事例である。

夕張市街地の概況と課題

——生活の質を担保するための市街地の集約化

かつて旧産炭地として栄えた北海道夕張市は、炭鉱の鉱口に合わせて分散的に市街地が形成されてきたが、現在では人口が最盛期の約一〇分の一にまで激減した。かつての人口規模で形成された市街地と現在の居住域との違いから、社会基盤の維持負担が増大し、高齢者の孤独死がみられるなど、コミュニティ崩壊の問題が深刻であり、地域の生活を維持するためにも、都市の集約化が求められている。

一方、産炭都市であったことから、地区への強い愛着を持つ住民が多く、現住の地区に住み続けたい意向や、市民の生活の質をある程度担保しなければ、集約型の将来都市像は共有されない。集約型コンパクトシティでは、この二点が考慮される必要がある。

——著しい人口減少

夕張市の人口は国勢調査によると、最も多い一九六〇年

図1 分散する夕張市の市街地構成

北海道夕張市の概要
人口:10,922人(2010年国勢調査)
面積:763.20km2(うち90%が国有林)
高齢化率:43.8%(2010年)
2030年人口:5,613人
2030年高齢化率:53.2%(人口問題研究所推計)
2007年財政再建団体指定
2009年財政再生団体指定

の一〇万七九七二人から、二〇一〇年には一万九二二人へと大きく減少しており、二〇一六年一一月では八七一一人と減少を続けている。人口減少は今後も続き、国立社会保障・人口問題研究所による二〇〇八年に公表された推計値では、二〇三〇年には五六一三人とおよそ半減し、さらに二〇四〇年には三八八三人へと、現在の人口のおおむね三五パーセントにまで、減少すると予想されている。

——分散する夕張市の市街地

夕張市の市街地は、産炭都市の特徴として、山間部の谷沿いの細長い平地部分に、炭鉱の坑口ごとに形成されてきた。夕張市は分散した都市構造となり、市街地は大きく本庁地区、若菜地区、清水沢地区、南部地区、沼ノ沢地区、真谷地《まやち》地区、紅葉山地区の七つに分散する図1。

さらに、真谷地地区や南部地区は、夕張市の都市軸ともいえるJR石勝線(夕張支線)や国道四五二号線から離れているために、地区の人口は急激に減少しており、商店などの生活利便施設もわずかで、日常の生活に大きな支障をきたす。特に真谷地地区ではすでに商店が一店舗もなく、住民は日常の買い物のために他の地区に行くか、宅配サービスに頼って生活している。両地区では、夕張市全市と同率の人口減少が進んだと仮定して、二〇三〇年には真谷地地区で一三七人、南部地区で三二人と、人口が極めて少なくなり、地区の維持が困難となる。

——多くを占める市営住宅

夕張市では、各地区に多くの公営住宅が分散して立地しており、合計管理戸数は約四〇〇〇戸にのぼり、その多くが旧炭鉱住宅を夕張市が移管を受けて改築した改良住宅である。現在では公営住宅全体の約三割が空き家となり、地区別では真谷地地区で五〇パーセント、清水沢地区では四二パーセントと、空き家率が高い。夕張市では公営住宅比率が高いため、公営住宅の移転集約により、市街地の集約化を図ることができる。

——社会基盤の維持管理

公営住宅や道路など、社会基盤の維持管理や修繕に要する費用は、人口減少が進む夕張市では大きな負担である。今後、さらに人口の減少と高齢化が進むため、社会基盤の維持管理コストを縮減し、効率的な地域経営を図ることが不可欠になる。二〇〇九年に国土交通政策研究所が行った調査によると、公的住宅、道路、橋梁、上水道、下水道、公共施設、道路除雪と凍結防止に関する、維持管理費および修繕費などは、二〇三九年には市民一人当たりのコストが現状の約二・七倍になると予想されている。

夕張市は大幅に人口が減少しているにもかかわらず、市街地の面積はあまり変わらない。用途地域内の可住地面積での人口密度は全市平均で一四・七人／ヘクタールで、低密度な市街地となっている。このため、人口の大幅な減少に見合うように、道路や公共施設など社会基盤とその維持管理、さらには医療・福祉など行政サービスの提供のあり方などを、抜本的に見直すことが喫緊の課題となる。

都市計画マスタープランによる真谷地地区集約化事業

二〇一二年に策定された夕張市都市計画マスタープランでは、夕張市の各地区の特徴や人口分布、都市基盤施設の維

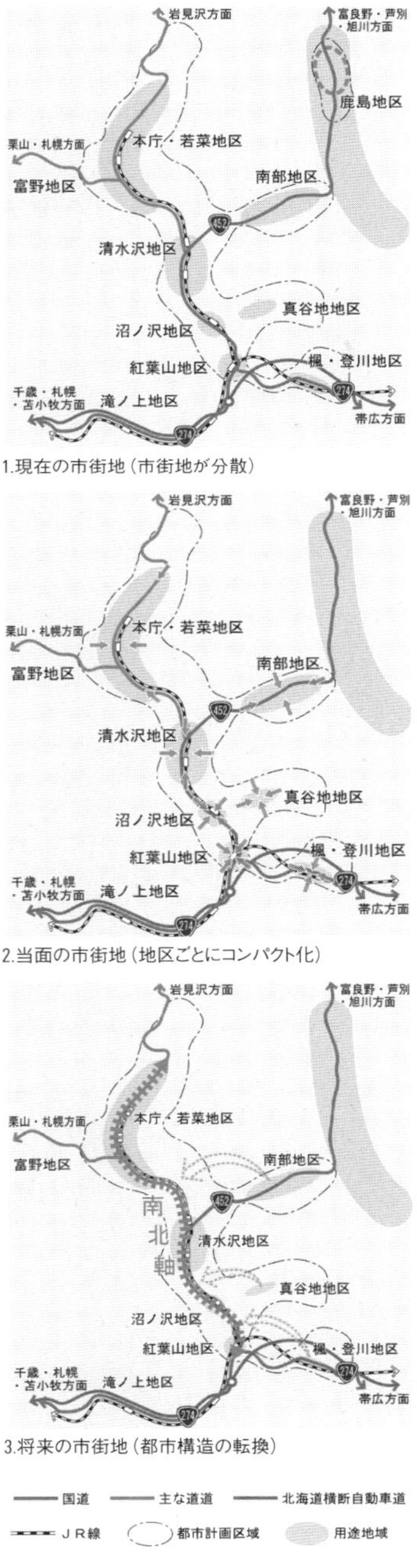

図2—夕張市の将来都市構造（夕張市都市計画マスタープラン）
＊JR石勝線のうち、新夕張—夕張間は廃線が二〇一六年に合意されている

持管理費用の縮減などを考慮し、長期的には都市骨格軸を中心とした、集約型コンパクトシティへと再編することが示されている図2。

計画では二〇年をかけて、国道や道々に加え、JR夕張支線、下水道、市営住宅、官公庁、その他公共公益施設等の既存ストックが集積する、夕張市の都市骨格軸である南北軸に市街地を集約化し、持続可能な地域社会へ再編する。その際、南北軸の都市骨格軸上に位置していない南部地区と真谷地地区は、都市骨格軸上の市街地へと移転集約化を図る計画である。夕張市の都市骨格軸から外れている真谷地地区は、都市計画マスタープランを受けて、今後一〇年で地区内の市街地を集約化させる。

ただ、将来の都市構造の再編にあたっては、住民の理解と合意が前提となり、それぞれの住民が地区に住み続けられる環境を整備することが必要である。都市計画マスタープランでは、今後一〇年間の中期的には、現住の住民が住み続けられるように、地区ごとに市営住宅の再編や集約化により市街地の集約化を進め、高齢者も安心して住み続けられる環境づくりを進める。

夕張市真谷地地区は、かつては北炭真谷地炭鉱の坑口として栄えた地区である。一九八七年の炭鉱の閉山以降、多くの人口が流出しており、真谷地地区は夕張市のなかでも人口減少の著しい地区である。さらに、夕張市の都市軸であるJR線および国道より離れており、新たな都市機能の立地は難しく新規の流入人口も見込めない。都市計画マスタープランでは、特に人口減少が著しく新規の居住者が見込めない真谷地地区を地区集約化の対象としており、地区内の真谷地団地は集約化を進めるべき対象となった。

市街地集約化の方法論

真谷地団地の集約化事業は、前述した計画どおりに、二〇一三年一〇月から地区内の移転が進められ、二〇一四年八月で事業が完了している。ここでは、実際に真谷地団地の集約化事業を進めた経験から、七つの重要な項目を示す。

――集約化による維持管理費の削減効果の把握

住民の移転集約による地区の維持管理費削減の効果を、段階的に把握する必要がある。本事業では、階段室の封鎖、住棟の閉鎖、浄化槽の廃止の、三段階で効果を明らかにした。その結果、浄化槽の廃止に至るまで集約化事業を進めないと、削減効果が限定的であることを把握した。

――集約化事業に対する住民意向の把握

集約化事業に対する住民の意向を、町内会へのヒアリングと住民ワークショップにより把握した。その結果、団地内の共同浴場は廃止してはならないことが把握できた。浴室を新たに設置する居住環境の向上よりも、共同浴場のコミュニティを重視する住民の意向は、住民ワークショップから把握できた。また、利便性のなかでも、地区内の施設である共同浴場や集会所に近いことは重視するが、地区外施設への利便性では日常の買い物や通院などは、何とか対応できていることが明らかになった。

――集約化事業における移転世帯の負担軽減

さらに、集約化事業に対する住民アンケートを行うことで、集約化事業に関する住民の負担が明らかになった。移転対象世帯は、「家賃が上がらないこと」「引っ越しの負担が少ないこと」などを、移転の課題として挙げており、集約化事業ではこれらの課題の解消が求められた。

――集約化事業による生活環境の改善

集約化事業は行政の維持管理費の低減とともに、生活環境の改善も図らなければならない。そこで、アンケートおよび住民ワークショップでは、住戸の改善、給排水管の改善、隣近所が入居することによる温熱環境の改善、同じくコミュニティの形成など、集約化事業を行うことによる、生活環境の改善を説明した。

――住民意向に基づく集約化事業の効果と限界

移転対象世帯の希望移転先をアンケートにより把握し、集約化事業の効果を検討した。その結果、住民の希望だけでは住棟を閉鎖するにとどまり、集約化事業の財政的効果が限定的であることがわかった。そこで、浄化槽を廃止できる段階にまで集約化事業を進めるために、住民との合意形成を積極的に進めることとなった。

――集約化事業に対する団地全体の合意形成

集約化事業では移転対象世帯のみを合意形成の対象としがちだが、本事業では非移転対象世帯も含めて合意形成を図った。それらの世帯にとっても効果となる、共同浴場の維持継続および改修、団地内の全住戸の窓ガラスとサッシの交換による住戸の温熱環境の向上、移転先住棟の階段室への手すりの設置を行った。これら団地全体の住環境を向上する改善により、非移転世帯からも集約化事業に対する理解を得られた。集約化事業を進めるにあたって、団地全体の合意を得ることも重要である。

集約化は住民からも求められている

筆者の研究室では、真谷地団地の集約化事業に対する居住者の評価を行った。その結果、五段階評価の三・三で、特に隣近所のコミュニティの形成や、冬季の住戸の温熱環境の改善など、生活環境の改善が評価されている。集約化事業が居住者からもある程度評価されている。しかも、集約化事業を終えてから、他の地区の自治会からも集約化事業を行ってほしいと要望がきている。当初は想像もできなかったが、それだけ地区の維持が深刻化している。

コンパクトシティへ向けた市街地の集約化は、行政の財政効率の観点からしか論じられておらず、それでは事業としては実現しない。行政効率とともに、住民のためのインセンティブとして、生活環境を改善することが求められる。

住民は現住の地区に住みつづけられるために、若干の住宅の改修や高齢化への対応を求めている。住民にとっては、加齢が進んでも札幌などの大都市に移転することなく、真谷地地区あるいは夕張市に住みつづけられることが重要で、それを実現する市街地の集約化、コンパクトシティが求められている。市街地集約化は維持管理コストを削減するとともに、住民が住みつづけられ生活環境を維持できる必要がある。夕張市での集約化事業は、その要望に応えている。

*1——一般にコンパクトシティ構想は、市街地域を集約化して縮小する都市像だけではない。公共施設などを中心市街地に移転・集約化するが、市街地域を拡大させないにとどまり、縮小しない都市像を示す例もある。本稿では市街地を集約化させる都市像を示し「集約型コンパクトシティ」と「集約型」の語句を用いた。

*2——夕張市は二〇〇七年四月に財政再建団体となり、その後二〇一〇年三月に財政再生団体へと移行した。財政再生団体では、財政再生計画が総務大臣の同意を受けられれば、まちづくりに関する新たな事業を進めることができる。財政破綻している都市は、市街地を維持管理するコストの縮減が大きな課題であり、人口激減対策と併せて、市街地の集約化が強く求められる。

*3——筆者は、夕張市都市計画マスタープラン策定委員会の委員長として、計画策定に深く関わるとともに、計画づくりの過程での調査や将来都市像の提示を行った。

参考文献

1——北海道夕張市『夕張市都市計画マスタープラン(夕張市まちづくりマスタープラン)』(二〇一二・三)
2——北海道夕張市『夕張市営住宅等長寿命化計画』二〇一一・三
3——国土交通政策研究所『人口減少地域における地域・社会資本マネジメントに関する研究』(二〇〇九・四)
4——瀬戸口剛、長尾美幸、他「集約型都市へ向けた市民意向に基づく将来都市像の類型化——夕張市都市計画マスタープラン策定における市街地集約型プランニング」『日本建築学会計画系論文集』巻号六九八、(二〇一四・六)九四九・九五八頁
5——瀬戸口剛、加持亮輔、他「コンパクトシティ形成に向けた住宅団地集約化の相互計画プロセスと評価——夕張市都市計画マスタープランにもとづく真谷地団地集約化の実践」『日本建築学会計画系論文集』巻号七二二(二〇一六・四)、八九九・九〇八頁

4-10 地域住宅生産システムの再編

益尾孝祐

Kosuke Masuo

復興まちづくりにおける自立再建住宅支援の展開

量の住宅供給を通じて消費財で形成された雑然とした市街地は、地域性の喪失、画一的な風景という地域全体の価値の低下をもたらし、同時に、地域固有の住宅生産システムはそのシェアを奪われ、弱体化が進んできた。さらに、また、近年多くの地域で自然災害が多発しているが、災害復興では、短期に大量の住宅の供給が求められ、外部の住宅産業が押し寄せることで、地域固有の住宅生産システムは平時より一層困難な状況に陥ることとなる。しかし、災害という困難に立ち向かうことを契機に、地域が慢性的に抱えてきた課題を克服する創造性や連帯を生み出す「自立再建住宅支援」の取り組みが拡がっている。

自立再建住宅支援とは、地域の大工や工務店などの住宅生産者が連携して地域型住宅のモデルを開発し、地域性を守ることを共通テーマとし、新たに供給体制を構築することで住宅再建者の自力再建を支援する取り組みである。

ここでは、全国で初めて自立再建住宅支援に取り組んだ新潟県中越地震(二〇〇四年)での山古志地域の中山間地型復興住宅(以下、山古志型)の取り組み図1、自立再建住宅支援を復興まちづくりのシステムとして構築した能登半島地震(二〇〇七年)での、石川県の能登ふるさと住宅(以下、能登型)の取り組みを取り上げる。これら二つは、自立再建住宅支援により地域型住宅の供給効果が見られた取り組みである。

図1―自立再建住宅による山古志の復興イメージ図
図2―山古志地域のモデル住宅

対象地区の概要とその供給結果

対象両地区の自立再建住宅支援を通した地域型住宅の供給結果は、山古志型では三二八戸の全壊戸数に対して、自立再建の新築一九戸、災害公営住宅と自立再建住宅支援の連携が三三戸、モデル住宅が二戸の計五四戸であった。能登型では六八六戸の全壊戸数に対して、自立再建の新築二八八戸、改修一九六戸、災害公営住宅の供給と自立再建住宅支援の連携が四九戸、モデル住宅三戸の計五三六戸であった。全壊戸数に対して比較すると山古志型一六パーセント、能登型七八パーセントとその供給効果に大きな差がある表1。

ここからは二つの取り組みについて、供給効果に差が生じた要因を分析し、より効果的な地域住宅生産システムの在り方を考えていきたい。

モデル住宅の設定

モデル住宅の役割は、自立再建者にとっては地域工務店共通の住宅展示場としての役割、施工者にとっては仕様や納まりなどの共通の見本としての役割がある。ここではモデル住宅の設定についてみていく。

それぞれのモデルは、既存環境への差し込みが想定され、中門造(山古志型)、浜屋造(能登型)など、地域の民家をベースにモデルを開発している。それぞれ高齢世帯向けの最小限のすまいとし、面積設定では、能登型では公営住宅面積との連携が図られ、単身者一般型誘導居住面積基準五五平米から公営住宅の最大面積である八五平米程度以下の幅を目指している。山古志型では、豪雪により平屋では対応できないことから二階建て以上の規模が必要となり面積が大きくなっている。そのため二階部分を内部増築できる未完成の家の計画としている。資金計画では、それぞれ国の被災者生活再建支援金、県や各自治体の被災者生活支援への独自支

表1｜地域型住宅の供給結果

名称	全壊戸数	自立新築	自立改修	公営住宅	モデル住宅	計
山古志型	328	19	対象外	33	2	54
能登型	686	288	196	49	3	536

表2｜自立再建を支える資金

名称		面積（㎡）	自己資金（万円）	被災者生活再建支援金（万円）		義援金（万円）	復興基金等（万円）	支援金合計（万円）	再建費合計（万円）	単価（万円/㎡）（万円/坪）
地区	No.			国	県					
山古志型	1	93	511	0	100	459	180	739	1250	13.4（44.4）
	2	146	611	0	100	459	180	739	1350	9.2（30.5）
能登型	1	50	330	300	100	170	200	770	1100	22.0（72.9）
	2	75	480	300	100	170	200	770	1250	16.7（55.3）
	3	80	580	300	100	170	200	770	1350	16.9（56.0）

表3｜復興基金による支援メニュー

地区＼項目	耐震・耐雪	バリアフリー	景観配慮	県産材活用	地域材活用	建て起し	合計
山古志型	40	20	20	100	—	—	上限180
能登型	50	60	40	60	—	75	上限200

援メニュー、復興基金や既存の補助金、義援金などを積み上げている表2。なお、二〇〇四年の中越地震発生時には国の生活再建支援金が住宅再建に直接活用できなかったため、山古志型では国の生活再建支援金はゼロとなっている。復興基金による支援では、それぞれ耐震・耐雪、バリアフリー、景観配慮、県産材活用などを公的助成の根拠としているが、能登型では景観配慮や建て起しなどの改修支援も充実させ、地元のまちづくり協議会を核としたまちづくりを進める制度として組み立てている表3。

モデルの設定における地域型住宅の供給効果を高める要因としては、最小限モデルの自己資金を極力低く設定すること、公的支援メニューをパッケージ化し、自立再建住宅支援のインセンティブとして復興基金をうまく活用すること、まちづくりを進める制度として地元のまちづくり協議会を核とした制度とすること、景観配慮の項目や建て起しなどの修復の支援メニューを充実させ新築だけでなく改修での自立再建への支援を手厚くすることなどが大切といえる。

自立再建住宅支援の供給段階での体制と仕組み

震災復興では限られた期間内に、多くの住宅を合理的な仕組みで効率的に供給することが必要となる。ここでは各地区の供給段階の体制と仕組みについてみていく図3。

施工者の組織化は、山古志型では被災規模の大きかった山古志地域の工事施工者を長岡市の工事施工者が支援するかたちで組織化を図っている。能登型では、事業者協議会を立ち上げ、地域型住宅での再建を支援する施工者を登録するかたちで組織化を図っている。

再建者の組織化は、能登型は住民協議会を立ち上げグループ化を行っており、すまいづくりとまちづくりを連動させている。住民協議会が協定を締結し支援項目を満たすことで復興基金により支援する仕組みとしており、基金への申請も協議会でまとめている。協議会を立ち上げ景観形成基準(協定)を策定した地区は二四地区であった。地区レベルの協議会と市町村レベルの協議会の両方を設定し、支援のバランスを取っている。山古志型の取り組みでは、モデル住宅の公開や説明会の開催などは行っているが、再建者自体のグループ化は行われていない。

設計体制の組織化は、山古志型ではモデル設計者と長岡市内の設計者による設計支援体制を立ち上げ、設計支援相談会を開催し、設計支援を要望する再建者のリスト化と個別の住宅再建のカルテを作成し、個別に設計支援をしている。能登型では、地域型住宅での再建を支援する設計アドバイザーを登録するかたちで組織化を図るとともに、復興基金を活用し、モデル住宅に住宅再建アドバイザーを配置し、事前相談、各種申請を支援している。両地区とも設計支援ではモデル住宅の標準設計図書をベースとしながらも、規模や意匠、構成の異なる多様なバリエーションを提示している。

事務局の役割は、モデル住宅等の説明の段階から具体的な自立再建者への相談対応の段階がある。山古志型では、モデル住宅の説明に対して常駐者を置いて対応しているが、具体的な自立再建者への相談対応は常駐対応ではなく、合同相談会を開催し、設計支援体制で対応している。能登型では、復興基金のアドバイザー派遣制度を活用し、モデル住宅に住宅再建アドバイザーを配置し、事前相談、各種申請まで支援している。事前相談として設計相談も対応できる人材が常駐している。

自立再建住宅支援と連携した補助制度の仕組みは、山古志型では復興基金によるインセンティブを供給体制に連動しており、申請は施工者が行う仕組みとしている。能登型も同様に、復興基金によるインセンティブを供給体制に連動させているが、まちづくり協議会を申請の受付窓口として

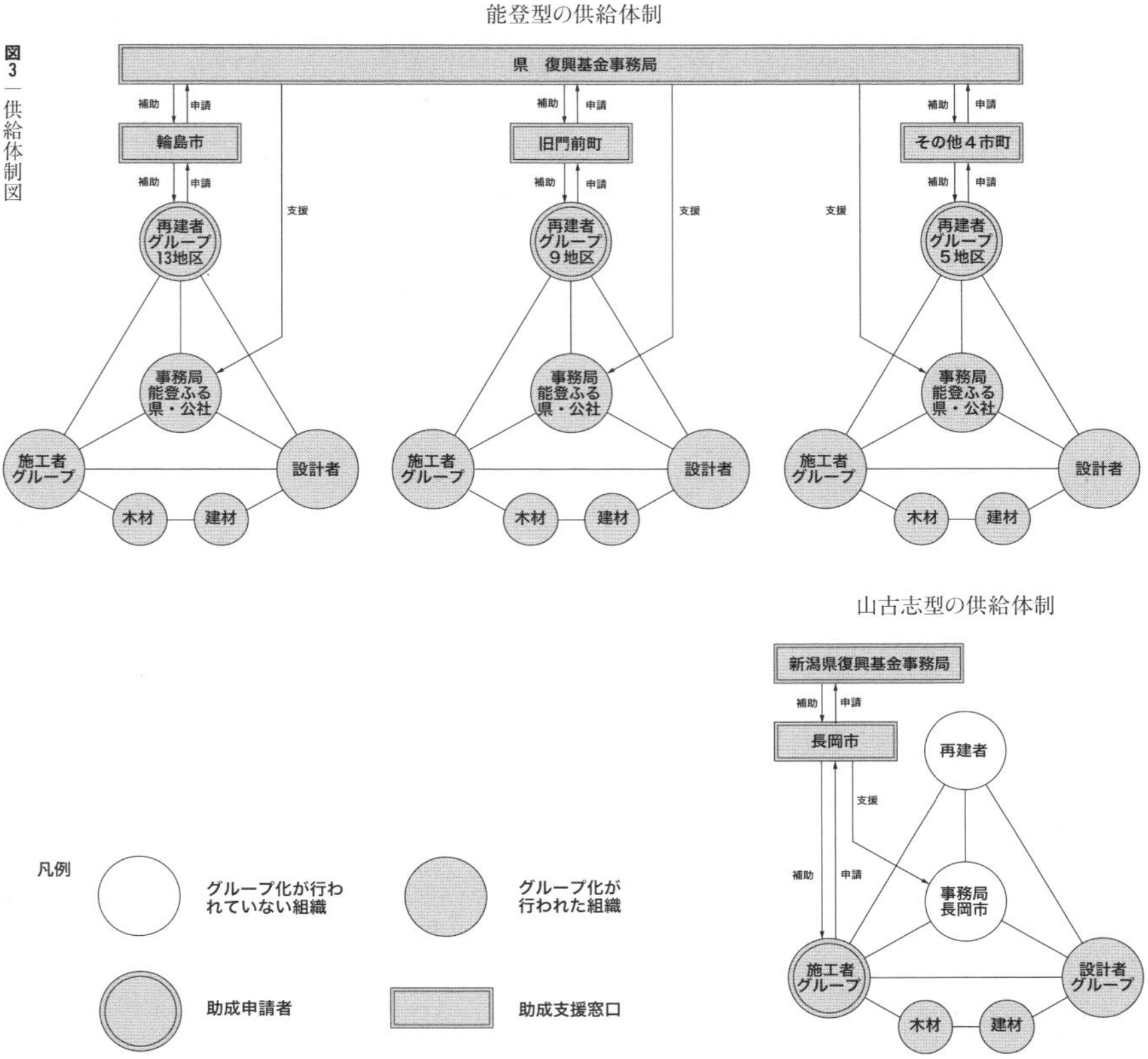

図3―供給体制図

おり、申請は協議会を通して再建者が行うこととしている。

供給段階の体制とは、仕組みにおける地域型住宅の供給効果を高める要因としては、地域の施工者(木材・建材)や設計者を組織化すること、ルールに基づき規模や意匠の異なる多様なバリエーションの設計に対応すること、まちづくりを通した再建者のグループ化を図ること、相談対応までできる事務局の体制を構築すること、自立再建住宅支援の仕組みと連携した補助制度は再建者への直接的な仕組みとすること、広域連携をスムーズにするため県や復興基金などが調整機能を図ることなどが大切といえる。

自立再建住宅支援と災害公営住宅政策の連携

自立再建住宅支援と災害公営住宅政策との連携については、自立再建住宅の考え方を踏襲した多様な地域型災害公営住宅の整備と自己所有地型災害公営住宅制度が取り組まれている表4。自己所有地型災害公営住宅制度とは、被

表4｜災害公営住宅政策との連携による供給戸数

連携方策	山古志型	能登型
多様な地域型災害公営住宅	33	45
自己所有地型災害公営住宅	—	4
計	33	49

災者が自ら所有する土地を市に寄付し、その土地に災害公営住宅を建設、元の土地所有者が入居し、一定期間後に適正価格で払い下げ、土地は無償譲渡する制度である。

多様な地域型災害公営住宅の整備は両地区で展開しており供給量も多いが、自己所有地型災害公営住宅制度は能登型のみで推進されており供給量は少ない。しかし、自己所有地型災害公営住宅はその施策展開において被災者が災害公営住宅へ入居するか自力で住宅再建をするかの判断材料として、自立再建での自己負担と災害公営住宅の払い下げ時の自己負担についてコストシミュレーションを行い、シミュレーションの結果として、自立再建の方がコスト負担の観点から払い下げより有利となることを情報提供している。そのため、結果としての供給量は比較的少ない。

自立再建住宅と災害公営住宅政策の連携における地域型住宅の供給効果を高める要因としては、災害公営住宅自体の地域型住宅としての整備、コストシミュレーションの情報提供による自立再建の推進と災害公営住宅の供給量の適正化などが大切といえる。

地域住宅生産システムの再編によるすまいまちづくりの統合

山古志型と能登型では、復興を契機に地域住宅生産システムの再編が行われ、バラバラであった地域のすまいづくりがまちづくりと連携し、改めて地域の住宅文化を継承する取り組みが生まれ始めている。地域の価値を回復していく際に、民間の地域住宅生産体制が主体的に地域のすまいづくり・まちづくりに関わることを制度や関連事業に位置づけて総合的に取り組んでいくことは非常に重要である。

しかし、課題としては、山古志型や能登型のように供給効果が見られた自立再建住宅支援の取り組み方法がその後の被災地であまり継承されていないことである。今後、このような効果的な地域住宅生産システム再編の取り組みが、多くの被災地で発展継承されるとともに、歴史まちづくりや景観まちづくり、事前復興まちづくりなど、平時のまちづくりにおいて発展展開させていくことが重要である。

参考文献

1——益尾孝祐・武田光史「山古志から東日本大震災へ」『季刊まちづくり』三二号、学芸出版社（二〇一一・九）、七頁

4-11 庭園生活圏でネットワークするまちづくり

松浦健治郎
Kenjiro Matsuura

はじめに

これまでのまちづくりは小学校区スケール程度の狭い範囲で成立する概念として主に認識されてきたが、市町村の枠を超えた広域で展開されるまちづくりの動きが近年見られつつある。本稿では、冒頭で紹介したネットワークコミュニティを念頭に入れながら、広域まちづくりのあり方について、「庭園生活圏」という新しい理論を提案した上で、具体的な事例を参照しつつ考えを述べたい。

広域圏を対象としたまちづくり

筆者らは二〇〇四年に広域圏を対象としたまちづくりの理論として「庭園生活圏」を仮説的に提示した[文献1]。この理論について改めて紹介し、庭園生活圏を検討する上で参考にした山形県最上《もがみ》地域の最上エコポリス構想が、その後、どのように展開されてきたのかを検証する。

——コンパクトシティを超えて

少子高齢・人口減少社会が現実のものとなりつつあるなかで、持続可能な都市形態として「コンパクトシティ」が提唱されている。これまでのように無秩序に拡大した都市スプロールを批判し、中心市街地に集中投資しようという考え方である。

しかしながら、現実の社会ではコンパクトシティとは反対の現象が広がりを見せている。例えば、トマス・ジーバーツは、都市が溶解しつつあること、すなわち、都市化された田園地域、田園化された都市地域が世界中で広がっていることを指摘し、コンパクトな都市という古典的な都市ではない都市像や、計画論の必要性を指摘している[文献2]。現実の都市の姿を見据えた計画論が求められているのではないだろうか。

「居住」を例に挙げて、あえて挑発的にコンパクトシティを批判してみよう。現在の日本では、大都市の高層マンション建設ラッシュの波が地方都市にも押し寄せ、地方都市の中心市街地、特に駅前に高層マンションが次々に建設される現象が全国的に見られるようになった。高層マンションは、ある意味では、コンパクトシティを実現する都心居住のモデルになっているかのように見える。しかしながら、住環境や都市景観などの観点から言えば、高層マンションは周辺への配慮に欠ける面があり、明らかな問題点も抱えている。このような高層マンションの連なりだけでは持続可能な都市をつくりだすことはできないといってよい。また、ル・コルビュジエがパリのヴォワザン計画などで提案したような高層建築群と足下の広大なオープンスペースといった人間的スケールではない空間像は否定されていることは言うまでもない。都心居住のモデルがほかに確立していない現在では、コンパクトシティの標語が空しく響く。

一方、地方都市では中心市街地の人口減少が問題化されて久しい。かつては、町家の表で商売をして、町家の裏に住む職住近接型の居住形態が一般的だったが、町家に住んでいた商店主は住環境のよい郊外に移り住むことを希望し、郊外に住宅を構えるようになった。郊外とはいっても車で一〇分ほどの距離であり、十分に職住近接である。コンパクトシティ論者は、職住近接型の中心商店街に再生すべきと主張するが、現状では、中心商店街で良好な住環境は確保できないため、その実現は難しく、前述した高層マンションができてしまうのが関の山である。

地方都市では、都市と郊外は一体のものであり、これらを明確に区分することには無理がある。都市居住・郊外居住のよい面を尊重し、多様な居住のかたちが地域全体に用意され、ライフステージに合わせてそれらを選択して住み替えていく、といった地域全体のすまいの循環構造をつくりだす必要がある。

コンパクトシティは一九九〇年代にヨーロッパで注目された概念である。ヨーロッパの都市の多くは、都市と田園地域を城壁で明確に分けた中世の城塞都市を起源に持っている。建築レベルで見ると、ヨーロッパに多く見られるレンガ造りの住宅には開口部が少なく、自然と切り離された生活様式である。一方で、わが国の都市の多くは近世城下町を成立起源としている。近世城下町はヨーロッパの城塞都市のような城壁を持たず、都市と田園地域とが穏やかに連続する空間構成を特徴としている。建築レベルで見ても、軸組構造である木造建築は開口部を大きく取ることが可能であり、内部空間と庭空間が一体となっていた。武家屋敷の庭には菜園があり、建築と自然とが融合した生活様式を持っていた。

以上のような歴史を踏まえると、都市と田園地域を明確に区分するコンパクトシティの考え方は日本にはなじまないのではないだろうか。ヨーロッパでも、一九九〇年代後半から都市と田園地帯を一体とした都市圏（シティリージョン）単位で連携を図っていく取り組みが注目されている。

——庭園生活圏とは

このようななかで、わが国の地方都市では、都市の概念を拡大した「庭園生活圏」の考え方が重要ではないだろうか。「庭園生活圏」とは、これまでのように、市街地・郊外・農山漁村といった従来の概念による圏域に分けて考えるのではなく、それらを一体の地域社会としてとらえる考え方である図1。例えば、吉阪隆正が開発した魚眼マップ文献3のように、部分と全体とを分けるのではなく、部分が全体性を持つことである。現状の溶解された都市、都市化した田園地域を否定するのではなく、それらの現象を受け入れて、バラバラになった

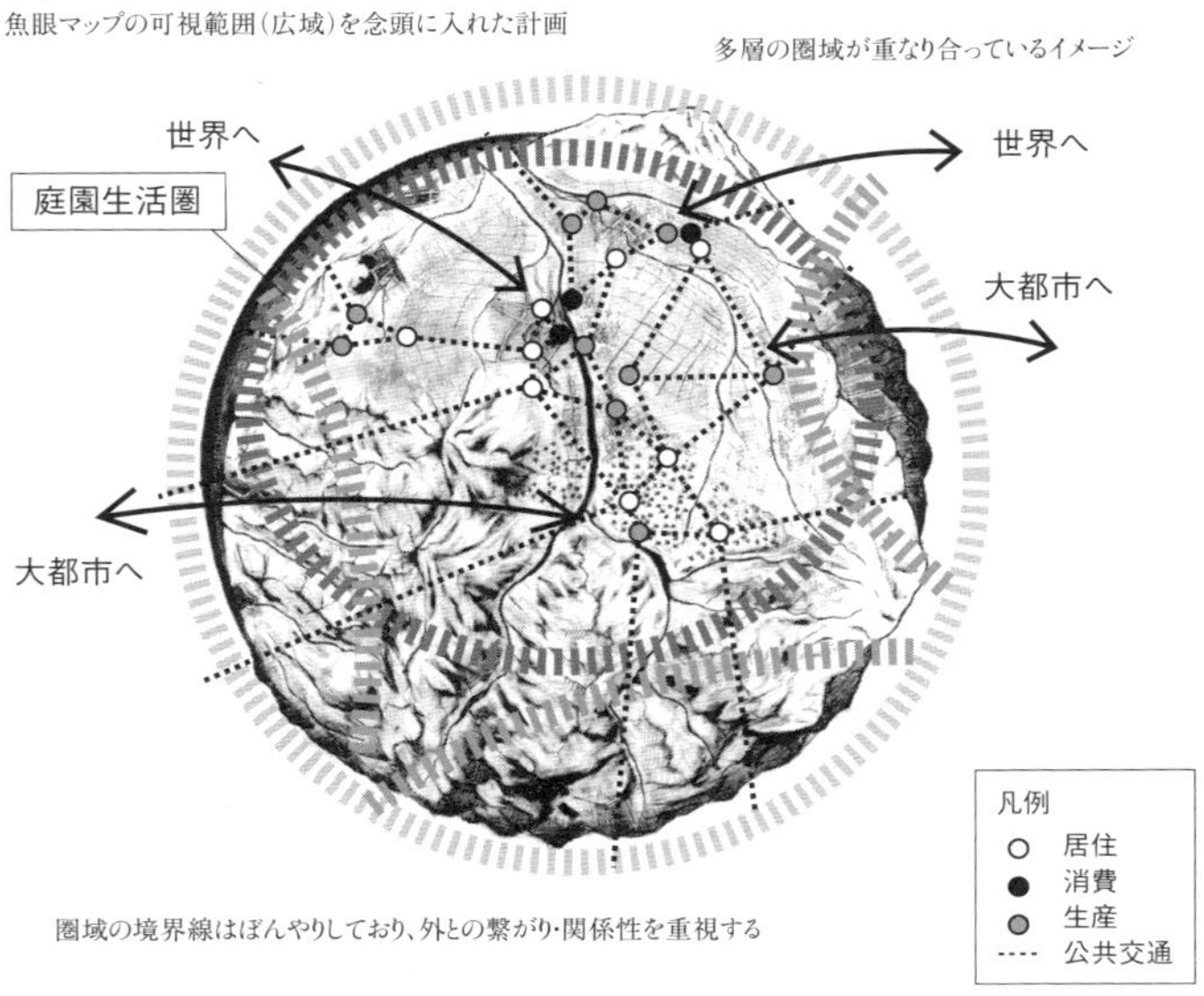

図1 庭園生活圏のイメージ（鶴岡魚眼マップ（「鶴岡中心市街地区土地利用調査検討事業報告書」）を基に作成）

地域社会を再編集することにより一体的な庭園生活圏としてマネジメントすることが大切である。

――外国人が見た庭園生活圏の姿

わが国の地方都市は、歴史的に市街地と周辺に広がる農山漁村や自然が、空間的にも経済的にも社会的にも一体である庭園生活圏を形成していた。

空間的な広がりとまとまりは、一望のもとに認識できた。明治初期に日本を訪れた外国人にはその姿が新鮮に、かつ感動を持って受け止められた。

一八七一（明治四）年、廃藩置県前の福井藩から教師として招かれたグリフィスは、二つの山の壁に挟まれた盆地にある福井のまちを初めて見た時の感動を次のように記している。「あの突然はじめて町を目にした時の感動は生涯忘れないだろう。町は雪片を帯びた空気の中を、盆地の向うにぼんやりと、樹木にこんもり囲まれ、嵐雲にあたって反射した光の中に見えていた。[文献4]」また英国女性のバードは、一八七八（明治一一）年、山形を訪れた時、次のように指摘している。「私は、うれしい日光を浴びている山頂から、米沢の気高い平野を見下すことができて嬉しかった。米沢平野は、長さ約三〇マイル、一〇ないし一八マイルの幅があり、日本の花園の一つである。木立も多く、灌漑がよくなされ、豊かな町や村が多い。[文献5]」

異文化経験によるこうした観察は再確認するに値する。これらは欧米と相対化した様相としての印象なのか、日本を移動した中で新たにあるいは改めて再認識したのか、少なくとも絶対的価値のある姿を映したものであろう。

こうした姿は、わたしたちは近代化の過程で失ってきた。というよりも、関心を払わなかったという方が正確かもしれない。

――これまでの広域圏計画

ここで、わが国のこれまでの広域圏計画を検証してみたい。国土計画の歴史を紐解くと、第三次全国総合開発計画（以下、三全総）と二一世紀の国土のグランドデザイン（以下、五全総）で広域圏の構想がある。

三全総では、開発方式の柱として定住圏構想が謳われた。定住圏とは「都市・農村漁村を一体とした山地・平野部・海の広がりを持つ圏域で、地域開発の基礎的な圏域であるのと同時に流域圏・通勤通学圏・広域生活圏としての生活の基本的圏域」であり、四〇圏域がモデル定住圏に指定された。しかしながら、本間義人[文献6]も指摘しているように、結果的には巨大土木事業や工場誘致事業といった従来型の地域開発手法を超えるものではなかった。

五全総では、参加と連携により多自然居住地域をつくることが謳われた。多自然居住地域とは、「中小都市と中山間地域等を含む農山漁村等の豊かな自然環境に恵まれた地域」であり、この多自然居住地域に「都市的なサービスとゆとりある居住環境、豊かな自然を併せて享受できる誇りの持てる自立的な圏域」を創造するとしている。五全総はこれまでの総合計画のような開発主義を脱却することを狙いとしたが、実際にはその整備手法は大規模公共事業に依存する以外の選択肢がないままである。

要するに、都市と田園地帯を一帯のものとして圏域を設定する取り組みはこれまでの国土計画で再三検討されてきたにも関わらず、その実現手法が大規模公共事業しかなく、福祉・教育・居住などの他の分野を含めた総合的な施策が用意されなかったのである。

庭園生活圏を実現するためには、多様な主体、多様な分野、多様な空間を結びつけ、相互に調整・編集できる仕組みが必要とされる。省庁単位の縦割りではなく、自治体単位の総合的なマネジメント能力が求められていると言ってもよい。

――庭園生活圏に向けて

硬直的な計画体系・仕組み・計画者の意識等により、一体的な庭園生活圏は分断されている状況にある。経済・社会動向の変化により、中心市街地は商業拠点としての役割を失いつつあり、農山漁村は大都市の消費者やグローバル経済と直接に結びつき、中心市と農山漁村との関係は徐々に崩れつつある。さらには、中心市街地の周縁部に広がるアーバン・フリンジの問題も顕在化しつつある。また、平成の市町村合併が進展するなかで、合併した新市の都市計画をコンパクトシティの考え方で計画すると、中心市にのみ社会投資が向けられて、旧町村が見捨てられてしまう危険性が高い。しかしながら、都市部と周辺部を一体的にマネジメントする計画論が現状は不在である。 このような状況下のなかで、豊かな自然環境に抱かれた雄大な地域観と、多様な生活と生産の場・多様な生活者と生産者の関わりが重層する地域像、そしてこれらを相互デザイン(編集)する庭園生活圏の考え方による計画論の必要性が生まれる。

――最上エコポリス

以上のような庭園生活圏を提案する際に、そのモデルとして、最上エコポリス構想をイメージしていた。最上エコポリス構想とは、山形県内陸部の最上部に位置する最上地域の将来像として、周辺の豊かな自然環境と都市、農村が一体となって、「人と自然にやさしい定住環境の整備を目指す」

図2―最上エコポリス構想イメージ図（出典：山形県・最上広域市町村圏事務組合・早稲田大学理工学総合研究センター、一九九三）

ことを目標として策定されたものである図2。この最上エコポリス構想の理念に基づいて、関係する自治体（山形県、八市町村、最上広域市町村圏事務組合）が短期・中期プロジェクトを策定し、実践した。

今回、二三年後の成果と課題を整理するために、改めてすべてのプロジェクトを巡り、担当者の方々に対してヒアリング調査を実施した。また、調査を進めていくなかで、当初は予期していなかったような市民まちづくりが展開されている状況を確認することができた。

最上エコポリスの到達点

まず、広域交流拠点「ゆめりあ」には、交流広場、会議室、ホール・アベージュ（多目的ホール）などの機能があり、最上地域の中心駅である新庄駅舎と直結している図3。年間の利用者は二〇一五年度で一五〇万人である。最上地域の人口八・四万人（二〇一〇年国勢調査）、新庄駅の一日平均乗車人数一五一三人（二〇一四年度）に比べると、一日平均四千人以上の利用者があるのは驚異的である。交流広場では常に様々なイベントが開催されており、筆者が訪れた際には、絵画展が開催されていた。駅に直結されていることもあって利用者は多く、夕方頃には交流広場にあるテーブルで高校生が勉強している姿が見られた。

集落デザインについて、最上地域に点在する集落を自然と共生した美しい集落に再生する「モデルエコタウン整備事業」が金山町で実施された図3。金山町の景観づくりの歴史は古く、昭和三〇年代に岸宏一元町長がアメリカ・ヨーロッパ各地を視察して、農村景観の美しさに感銘を受けたことを契機に、一九六三年から金山景観運動がスタートした。一九八四年からはＨＯＰＥ計画、一九八六年には景観条例を制定し、公共下水道整備と一体化した生活道路の整備、まちの中心部のポケットパーク整備、使われていない蔵を活用した金山町街並みづくり資料館（愛称：蔵史館）の整備（一九九五年）など、景観整備に取り組んできた。また、金山の景観づくりの特徴のひとつとして、地場の金山杉を用いた「金山住宅」があり、景観助成をしながら修景整備を実施している。景観整備を行うことにより、観光客が増加したことをきっかけとして、町民が「まちなみ案内人会」を結成して観光まちづくりに取り組んでいる。

　環境デザインについては、最上地域の豊かな自然環境資源を活用した環境デザインは大きな成果を生んでいる。最上町の「前森高原整備事業」では、高原の雄大な景観を生かして、レストラン、ハムの加工施設、陶芸体験教室、アスレチック広場などを段階的に整備していった図3。一時、利用者数が伸び悩んだ時期があったが、町内で検討した結果、民間活力を導入することになり、二〇〇八年から指定管理者制度を導入して民間企業が参画し、利益が上がっている。

　最上町では、最上町全体が屋根のない博物館だという「もがみまち田園空間博物館」という構想を立ち上げ、封人の家（重要文化財）・分水嶺・日本一の大カツラ・瀬見温泉・赤倉温泉などを展示物と称してPRしている。また、最上町では、町域の八四パーセントを占める森林資源を活用したバイオマス利用が盛んであり、冷暖房・給湯にバイオマスを用いたウエルネスプラザ（保健・医療・福祉の複合施設）がある。自然環境

図3｜上から広域交流拠点「ゆめりあ」（新庄市）、「モデルエコタウン整備事業」（金山町）、エコロジーガーデン」（新庄市）、「前森高原整備事業」（最上町）

を生かしてキャンプ場や広場などとして整備している事例はこの他にも、「あゆっこ村整備事業」（舟形町）、「鮭川村エコパーク整備事業」（鮭川村）など多く見られる。現地調査では、管理面などで問題があると思われる事例もみられた。「風水に触れる里整備事業」（大蔵村）では、風水に触れるための環境体験学習の情報交換拠点の場として、「稲沢の渡し公園」と「鎮守の杜」が整備されたが、現地を訪れてみると、担当者に尋ねても場所がわからなかったり、草が生い茂っていて看板が見えないなど、維持管理や利用が適切になされていないように思われた。また、当初の理念とは異なる方向に整備が進んだ事例も見られた。戸沢村のモモカミアルカディア眺河の丘整備事業である。戸沢村では、平成元年に最上川流域を最上川の自然景観を活かした環境整備を目指した「モモカミアルカディア開発基本計画」を策定した。この計画のもと、最上川に隣接した丘陵地に最上川への眺望を活かした公園、および韓国との交流施設「高麗館」を整備したのだが、最上地域とは関連性のない韓国風の建築物により異様な景観となっている。当時、韓国人との国際結婚が多かったことから、韓国人女性の交流拠点として位置づけられたとのことだが、施設の一部にすることや、村内の空き家を活用するなど小規模な建築物でも実現できたはずであり、なにより当初の理念から外れた整備になってしまったことが残念に思われた。

ネットワークについては、「ふれあい回廊道路整備事業」（山形県）が挙げられる。各拠点を道路ネットワークでつなぐというものだが、山形県へのヒアリング調査では、エコポリス構想実現のための事業というよりは、もともと整備する予定だった道路を事業として組み込んだものであり、例えば、環境と共生するエコロードといった道路整備ではなかった。

最上エコポリス構想では、ソフト事業として環境教育のための支援（最上エコポリス遊学事業など）を最上地域全域で実施していたが、予算が二〇〇〇年までだったため、その後は人材支援の仕組みがなくなってしまった。そのようななかで市民主体の動きがいくつか見られるようになった。たとえば、新庄市の「エコロジーガーデン（原蚕《げんさん》の杜）」では、農林省の蚕糸試験場の建物（国指定登録有形文化財）を利活用する際に、市民の意見を聞くグランドワークの取り組みを行い、建物の一部を「ＮＰＯもがみ」などの市民グループに開放し、そこではカフェやマルシェが開催され、市民交流の場がつくられている図3。

また、金山町の「谷口がっこそば」では、地元有志により立ち上がったＮＰＯ法人「四季の学校・谷口」が、廃校になった分校の建物を活用して、環境学習の場を提供したり、山形県の特産である蕎麦を打ったり食べたりできる場を提供している。

以上のように庭園生活圏の原形として、最上エコポリスを検証した結果、成果と課題が見えてきた。成果として、第一に、「最上エコポリス」という最上地域が目指すべき将来像を共有できたことである。二〇一〇年三月に策定された第三次山形県総合発展計画の最上地域の発展の方向に「森と里山の文化が息づく暮らしの豊かさと厚みのある産業が織り成すエコポリス「最上」の創造」とあり、山形県の広域計画でも、「最上エコポリス」という言葉が残されていることからも二三年経った現在もその理念は継承されているといえる。第二に、具体的な取り組みを各自治体の主体性に委ねたことである。このことによって、自律的なまちづくり・地域づくりが各地で展開されたことは大きな成果である。

課題として、第一に、成果の第二の裏の部分、すなわち、各自治体の主体性に依存したために最上地域全体のマネジメントが行き届いていないことである。言い方を変えれば、各自治体の取り組みが地域全体で共有されていない。第二に、基本的に、各自治体(行政)が取り組む内容をプロジェクトにしているため、市民まちづくりとの関係性を想定できていない点である。今回の調査で、いくつかの場所で、最上エコポリスに関連した市民主体のまちづくりの取り組みが浮かび上がってきた。このような市民まちづくりを最上エコポリス推進の柱に位置づけて、広域的に支援するような仕組みが求められる。ネットワーク・コミュニティが圏域全体に張り巡らされていくイメージである。

これからの広域ネットワーク型まちづくりに向けて

以上のように、「庭園生活圏」という視点から広域ネットワーク型まちづくりについてみてきたが、最後に、これからの広域ネットワーク型まちづくりを検討する上で重要と思われる点を整理したい。

第一に、広域圏全体の将来像の共有が重要であることである。最上エコポリスの場合には、首長のリーダーシップのもとに将来像が共有されたが、これからは、市民参加で広域圏の将来像の共有を図ることも重要となるだろう。第二に、個別の取り組みについては各自治体や地区住民が主体となりつつ、広域ネットワークを活用しながら行うことである。たとえば、最上エコポリスでは、「ＮＰＯもがみ」のように広域で活動する市民組織が広域ネットワークを支える受け皿になり得る可能性が見えてきている。第三に、広域圏全体でまちづくり情報の共有が必要であることである。たとえば、年に一回程度、関係主体が集まって、それぞれの取り組みの報告会や意見交換会などを開催することで、うまくいっている取り組みを他地域が参考にしたり、うまくいっていない取り組みに対する対応策を検討するといった地域全体をもり立てていくような仕組みが考えられる。

本稿は参考文献（1）、（7）を基に大幅に加筆修正したものである。

参考文献

1—松浦健治郎ほか「まちづくりブックレットNo.3 庭園生活圏（都市圏）のデザイン」早稲田都市計画フォーラム、二〇〇八
2—トマス・ジーバーツ著、蓑原敬監訳『都市田園計画の展望』学芸出版社（二〇〇六）
3—吉阪隆正［一九七〇］「魚眼レンズ的世界把握について」『日本建築学会大会学術講演梗概集』六七七・六七八頁
4—W・E・グリフィス著、山下英一訳『明治日本体験記』平凡社（一九八四）、二二〇頁
5—イザベラ・バード著、高梨健吉訳『日本奥地紀行』平凡社（一九七三）、一四八頁
6—本間義人『国土計画を考える』中央公書（一九九九）
7—松浦健治郎「最上エコポリスの検証」『早稲田まちづくりシンポジウム二〇一六「まちづくりのこれまでとこれから」講演資料集』二〇一六・七、二〇八・二一三頁

4-12 福島原発被災地におけるネットワーク・コミュニティ

佐藤 滋、菅野圭祐
Shigeru Satoh, Keisuke Sugano

広域分散避難を乗り越えるネットワーク・コミュニティの構想

福島県浪江町は、二〇一一年三月の東京電力福島第一原子力発電所事故により、福島県内を中心とした日本各地に全町民と各種の機能が広域分散避難を余儀なくされている。震災から五年半たった二〇一六年一〇月時点で、すべての町民は浪江町外の避難先自治体で生活を送っており、浪江町内に帰還可能となるまでの当面の期間、「町外コミュニティ」を充実させ、安定した生活を送らなければならない*1。図1にあるように、現存する仮設団地も含めて多様な町外コミュニティをネットワークして全体として機能させるのがネットワーク・コミュニティである。一方福島県内の避難先自治体には、地域固有の風土を基盤とした成熟した市街地が既に存在しているが、その多くで空洞化が進み、衰退の一途をたどっている。これら二つのコミュニティが、文化の違いによる衝突を超え、協働に向けた活路を見いだし、衰退した市街地の活性化に共に取り組む連携・協働の復興まちづくりを行うことができれば、成熟しやや沈滞している地域社会と、ダイナミックにネットワーク・コミュニティを形成し続けなければならない避難者コミュニティの重層により、新たな可能性を生むことになる。これを連携復興ビジョンと呼ぶ。

世界的な視野で見れば、避難指示により故郷を追われた、原発避難民は、まさに難民である。中東からヨーロッパに流れてきている大量の難民、パレスチナで避難生活を送るアラブの人々と、政治情勢は異なっても同じ状況に置かれている。あるいは、世界で大規模な災害が頻発するなかで避難生活を元の居住地から離れて送らなければならない被災者は多い。たとえば、イタリア中部では地震被害が頻発しているが、二〇〇九年のラクイラ地震により必要とされた仮設住宅団地群*2は、被災後ほぼ半年で完成し、積雪と寒気が厳しい秋が深まる前にすべての被災者が入居を済ませているが、広域に分散居を強いられており、ほぼ同様の状況である。

安定して成熟した地域社会と、不安定で分散・孤立しがち

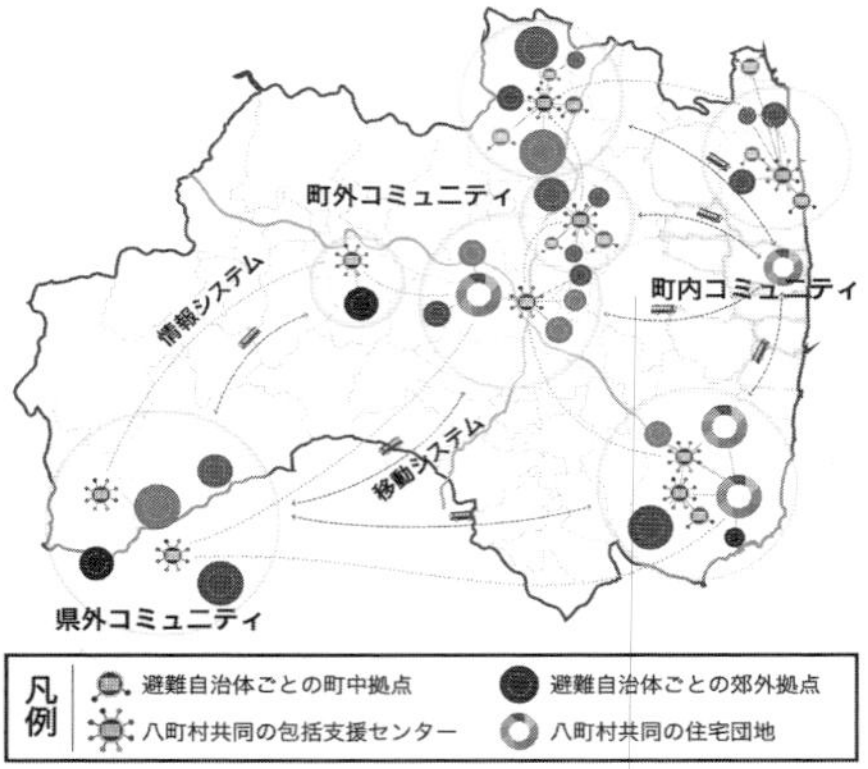

図1—福島連携復興ビジョン

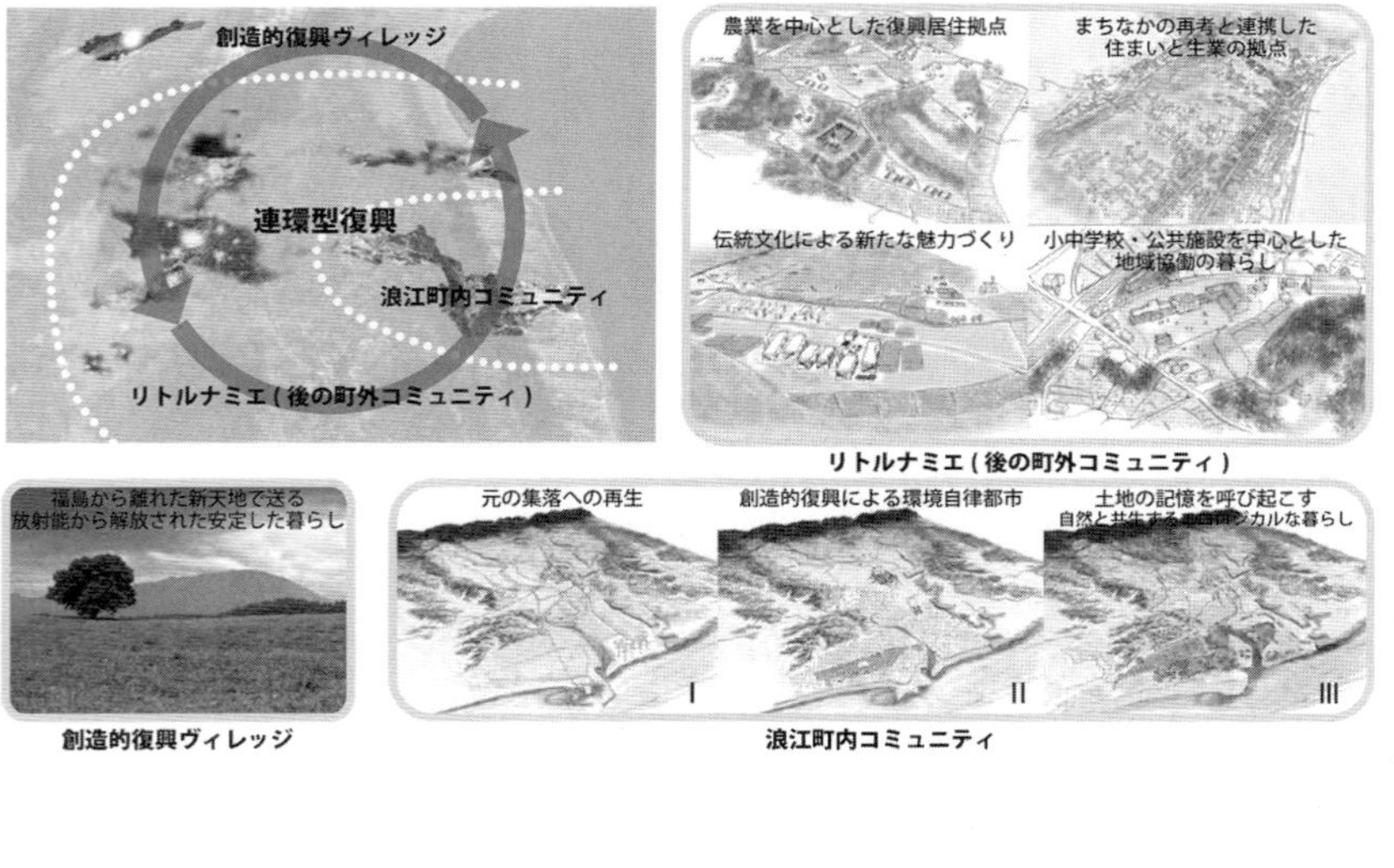

図2—広域での連環型復興構想（出典：佐藤滋ほか『季刊まちづくり』三四号、学芸出版社（二〇一二））

なコミュニティが重なり合う状況は今の世界を象徴しているようにも見え、ここでのネットワーク・コミュニティの取り組みは、成熟と不安定が重なり合う時代のモデルでもある。

私たち、浪江復興プロジェクトチームは[*3]、各地に分散避難している仮設住宅団地を災害復興公営住宅や自立再建住宅、商店街や各種の施設からなる町外コミュニティに転換し、これらを相互に連携させるネットワーク・コミュニティの構想を、被災から一年半後に、多くの住民と町長をはじめとする行政職員が集結したシンポジウムで発表し多くの賛同を得た[*4]。町内に再建される「町内コミュニティ」も含め、これら各地に分散した避難者コミュニティを、情報システムや移動システムでつなげることで、ふるさと浪江の文化や自治体そのものを継承していく「ネットワーク・コミュニティ」を実現し、福島全体の避難先自治体と協力しながら、地域の再生へとつなげる構想である[図1]。

以下、まず避難先の自治体における定常的なコミュニティと、組織化の過渡期にあり、その姿を現しはじめたネットワーク・コミュニティの像について、次に、これら二つのコミュニティが連携・協働するための町外コミュニティの具体像を示す。最後に、ネットワーク・コミュニティが、福島全体の避難先自治体と協働して地域の再生を担っていくビジョンを示し、次世代のまちづくりへの展望としたい。

移動手段など支援システムに支えられるネットワーク・コミュニティの計画

ネットワーク・コミュニティ構想の原形である「連環型復興構想」[*5、図2]は、避難先自治体の定常的コミュニティとネットワーク・コミュニティとの関係で、当時はリトル浪江と称した町外コミュニティのほかに、より自律性が高く農業や牧畜が可能な「創造的復興ビレッジ」も含めて、長期間を要するもとの浪江との関係を循環的に維持しながら、広域の地域を再生させようという構想である。原発被災地は、避難指示が出された地域だけではなく、福島県全域、あるいはその外にも広がっている。ネットワーク・コミュニティはこうした被災地でもある避難先自治体の衰退傾向のあるコミュニティと、避難者・避難自治体を中心とした多様なコミュニティとの連携・協働によって実現する。町外コミュニティは、ネットワーク・コミュニティと避難先自治体における定常的コミュニティが統合される結節点なのである。

そしてこれらは、支え合い・シェア型のオンデマンド移動

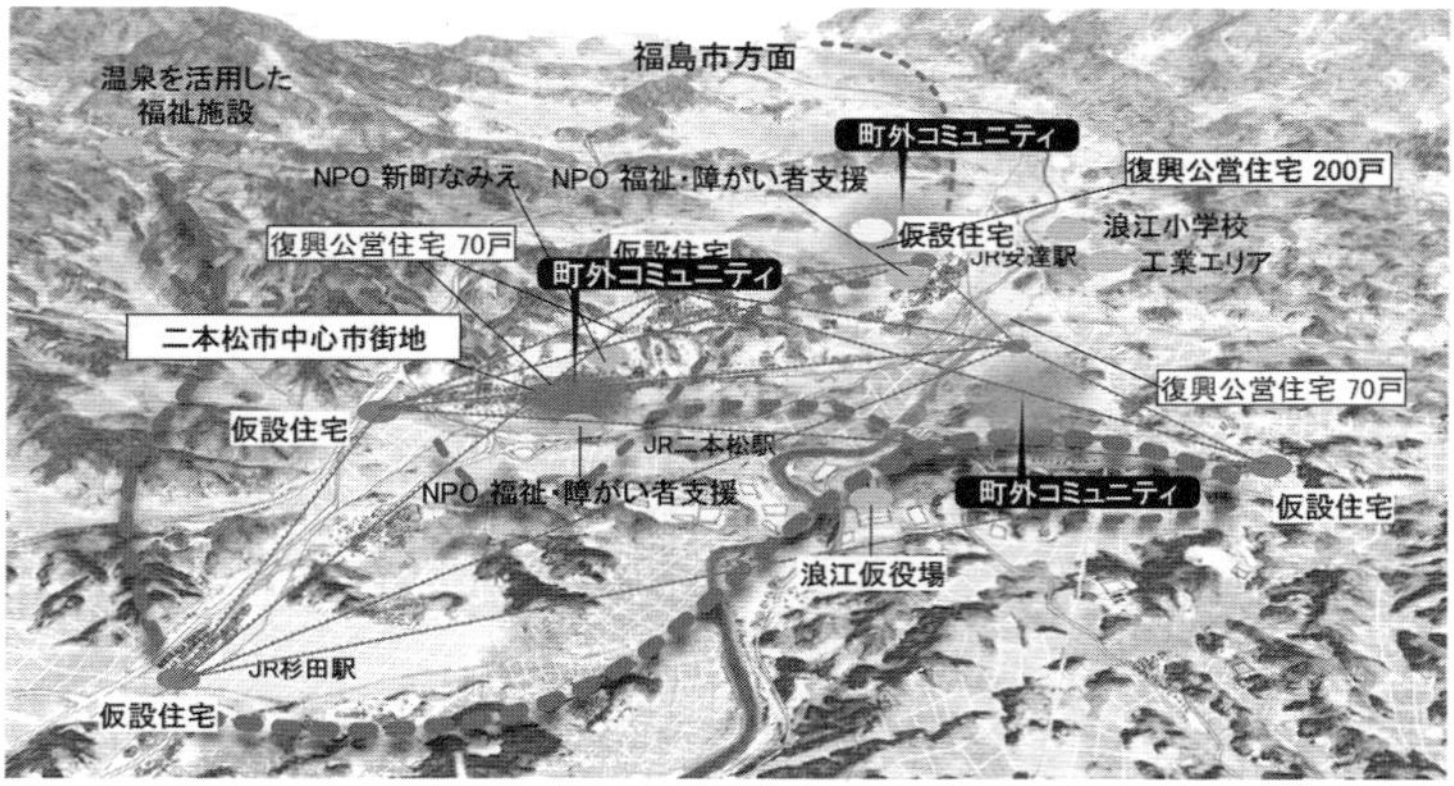

図3　二本松市におけるネットワーク・コミュニティの形成

支援システム「新ぐるりんこ」[*6]などの仕組みや自治会長による「浪江復興まちづくり協議会」での連絡調整などにより、ネットワーク・コミュニティは運営されている。図3が、その支える仕組みも含めて、全体像を示したものである。

連携・協働復興まちづくりのための町外コミュニティの具体化

両コミュニティの結節点として連携・協働を進めるためには、町外コミュニティの具体像を共有するため、避難先の中心市街地に協働復興街区を建設する「まちなか型町外コミュニティ」と、仮設住宅団地と周辺に形成される「郊外型町外コミュニティ」という二種のコミュニティを検討した。まず、「まちなか型町外コミュニティ」である。

避難先自治体の中心市街地では、空き地や空き家などを活用した「中心市街地活性化計画」などが進められている。これらに、被災した商工業者や、福祉事業者などが参画し、避難先の衰退傾向が著しい「まちなか(中心市街地)」と連携して事業化し、中心市街地の再生へとつなげていくことを計画した。具体的には、共同住宅や商業・福祉拠点を実現することを想定した。

そして、郊外型町外コミュニティとして、郊外に点在する仮設住宅には、避難者自治会を中心とした良好なコミュニティが育まれている場合が多く、この資源を元に展開する

図4　安達石倉地区の町外コミュニティ・ワークショップのまとめ

町外コミュニティの即地的な検討として、8月に行われたワークショップの結果のまとめた。斜面の上に二本松市でもっとも規模の大きい安達仮設住宅が有り、この仮設住宅の住民を中心に、復興公営住宅の建設が決まった近傍に、自立再建住宅や各種の施設、商店などからなる町外コミュニティを、模型を組み立ててまちづくりのイメージをデザインした。これを実現するには、民間事業者、まちづくり会社など事業推進主体が必要で、商工会議所などを中心に検討を進めている。

提案1
復興公営住宅建設と周辺のまちづくりを一体として進める町外コミュニティの整備
県の復興公営住宅の建設と合わせて、その南側の地区に商店や、自律再建住宅、公共施設などを整備して、浪江町の町外コミュニティのモデルとなるようなまちづくりを、民間と連携して進めていくこと。
提案4
明確な二つの考え方に基づいた町外コミュニティの整備
全体の団地の計画は、下の模型で表現されているように、①緑豊かなゆったりした暮らしができる街区と、②賑わいのある都市的な雰囲気の街区に明確に分けて、好みの生活が選べるようにすること。
提案5
地域コミュニティの賑わいの拠点として整備する診療所
診療所等の医療施設が復興公営住宅団地の中に整備される際、その近くに集会施設や広場などを配置して、さらに、商店などが整備できるようにして賑わいの拠点とすること。
提案7
復興公営住宅建設用地北側の斜面空地の多様な活用
北側の斜面空地を、魅力的な住環境を整える為の憩いの空間として、菜園、コミュニティガーデン、緑の散策路やゲートボール場、パークゴルフ場等を併せて整備し、周辺住民も利用できる地域のコモンスペースとして整備すること。

① 低密度で自然豊かな市街環境を整備し、広場や菜園等の従前のライフスタイルを継承できる場の実現をめざした「自然豊かにのんびり暮らせるまち」
② 分散避難している町民がなるべく多く集まって、便利に安心して暮らせる場の実現を目指した「色々な施設が充実しているにぎわいのあるまち」
提案2
既存の生活サポートセンターを拡充して整備する生活サービス・福祉拠点
現在ある生活サポートセンターを、介護予防などの施設、あるいは子育拠点などを充実して、生活サポート施設を隣接地か復興住宅団地内に整備すること。
提案8
町外コミュニティの建物建設と併せた住民の移動交通サポートのしくみの整備
現在、安達運動公園仮設住宅団地において、浪江町役場が運行させている定期運行バスのような、移動交通サポートの仕組みを、復興公営住宅の整備と併せて整備すること。
県営復興公営住宅２００戸
集会所、診療所
←二本松市塩沢地区へ地へ
二本松市安達市街地へ→
二本松市旧市街地へ→
北
提案3
復興公営住宅の隣接地を浪江町などが取得することによる福祉・業施設等の事業用地確保
復興公営住宅の隣接地に、浪江町などが土地を取得して、生活サポートセンターなどの福祉施設や商店などを再開する用地を確保すること。
提案6
豊かな緑地や公園を確保する為の駐車場の配置の工夫
復興公営住宅の駐車場は、1戸あたり1台半程度を確保して、なるべく多くの緑地や公園を確保する工夫をすること。その他に、みんなが共同で使える来客者用などの駐車場を整備して対応すること。
提案9
浪江町民が復興公営住宅に優先入居できるしくみの整備
ここで検討したような魅力的な復興公営住宅が建設され、周辺整備が進めば多くの町民が復興公営住宅への入居を希望することとなる。ここに建設される復興公営住宅は、浪江町民、特に二本松へ避難している住民が優先入居できるようしくみを整備すること。

※ 住宅・コミュニティ再建デザインゲーム（午後の部）での検討に使われた最終成果物の模型写真に加筆して作成

ことを検討した。こうしたコミュニティを継続するために、仮設住宅の隣接地に復興公営住宅や分譲宅地を整備し、全体を長期にわたって安定的に利用していく。隣接地に整備される住宅へ移住が進むことで、居住者のいなくなった仮設から撤去し、空地はコミュニティを継続するために転用する。町民が帰還した後に土地・建物が引き渡されることも視野に入れ、将来的に地元行政や市民にとっても利用可能なプログラムが検討された。

そして当初からモデル的に検討していた二本松市安達運動場仮設住宅団地（以下、安達仮設）の隣接地・石倉地区で町外コミュニティが実現に向かっている。隣接地に県営の復興公営住宅の建設が進行し、自立再建のための戸建て住宅地も復興協議会の提案を入れて民間が事業化し、附属施設として安達仮設住宅で既に開設されていた浪江町の診療所や生活サポートセンター、集会所が併設されることとなった。こうして、核となる福島県営復興公営住宅二〇〇戸の建設を機に、隣接空地への民間開発と連携し、仮設住民がそれぞれの方法でまとまって住むことのできる統合的な町外コミュニティのモデルが実現する。図4は住民ワークショップを通して作成した町外コミュニティのイメージである*7。

このほかにも、より拠点性の高い町外コミュニティの計

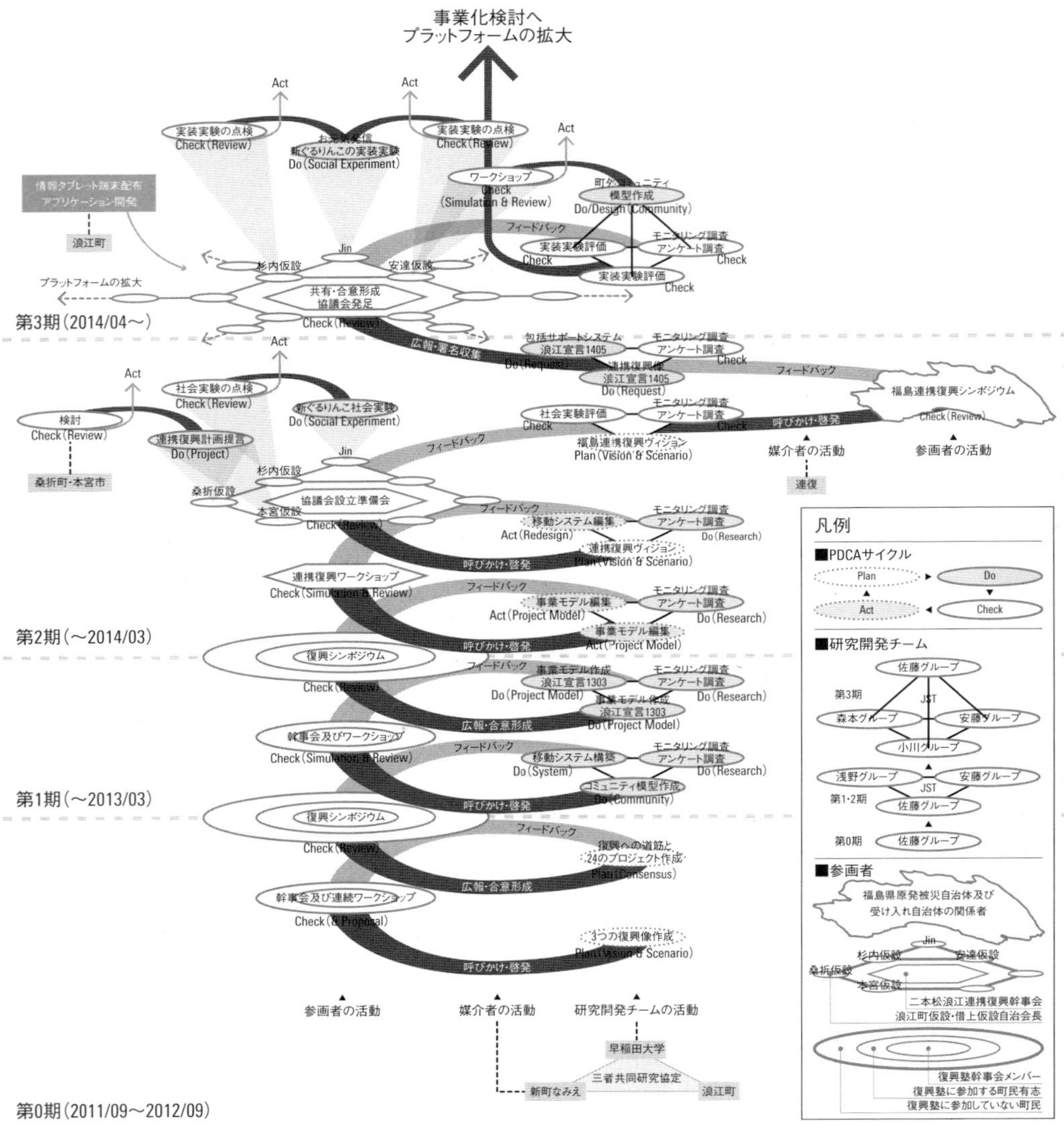

図5｜アクションリサーチとしてのプロセスの表現。ネットワーク・コミュニティの形成プロセスをアクションリサーチとしてらせん状に描いている。アクションを起こした主体を「研究開発グループ」、対象となった主体を「参画者」、両者を繋ぐ役割を「媒介者」とし、四期のプロセスをPDCAサイクルによって、Planは目標像や概念の計画、Doはオンデマンドの移動支援システム新ぐるりんこの社会実験や模型や映像を用いたシミュレーション、Checkは社会実験やワークショップを通しての評価、Actはこれらの結果を踏まえた改善する作業を示す。0期では、ネットワーク・コミュニティの基本的な概念の共有、第一期はネットワーク・コミュニティのビジョンを視覚化し目標像として確認、第二期は町外コミュニティによる連携復興ビジョンと新ぐるりんこの社会実験、そして、第三期では、安達仮設住宅の隣接地の郊外型町外コミュニティをワークショップでデザインの検討（図4参照）を進めた。

画が、福島市の近郊で地元地権者と行政の協力で事業化が進められている。福島市では、市内に避難する浪江町民約三五〇〇人の多くが市内移住を希望している。また、各地に分散配置される町外コミュニティと県外避難する町民の受け皿となる一定規模のコミュニティ再建を求める声は多く、こうしたニーズを踏まえた自律拠点型の町外コミュニティを、各関係者らと連携し建設することとなった。

重層するネットワーク・コミュニティの統合による地域の再生

こうしたネットワーク・コミュニティの形成を、歴史的な地域形成に重ねてみると、城下町を中心とする一体的な地域が、近代化の過程で拡大する一方、現在は虫食いのように、スポンジのような*8地域が広がっているが、そこにネットワーク・コミュニティが重なることで、地域の活力が再生するように見える。少子高齢化でコンパクトシティがいわれるなか、沿岸部の地域がそのままネットワーク・コミュニティとして移転しているのであり、こうしてできあがった安定したネットワーク・コミュニティを長期にわたる避難生活のよりどころとして、次には沿岸部も含めて広域をネットワーク・コミュニティとして再生させるビジョンも可能となろう。

こうしたネットワーク・コミュニティによる復興まちづくりは、浪江町だけではなく、すべての原発被災自治体が目指す姿であり、さらには、被災自治体が別々に考えるのではなくそれぞれのネットワーク・コミュニティが絡み合い融合して、福島全体の被災自治体、避難先自治体が一体となって連携復興を進める「福島連携復興ビジョン」図2が見えてこよう。こうして、成熟から衰退に向かう定常的コミュニティと、ダイナミックに形成されるネットワーク・コミュニティが統合され、地域の再生へと向かう。

広域巨大災害を想定するだけではなく、高齢者の移住拠点として日本型CCRCが各地に構想され、あるいは地方への移住が若年者にも選択されつつある時代、共有される移動システムや情報システムを備えて、市民の生活圏はより広域に拡大し、流動的な暮らしがネットワーク・コミュニティの形で現れる可能性が見えてきた。しかし、われわれは土地から切り離して暮らしを考えることはできず、依然、固有の風土を基盤に構築された既成市街地の将来を考える必要がある。本稿で示したように、複数の異質なコミュニティが衝突を超えて協働・連携へと歩みはじめる時、ネットワーク・コミュニティによる地域の再生の姿が現れてくる。

*1――本プロジェクトに関しては、参考文献3、参考文献8、に詳しい。また、資料は、早稲田大学都市計画佐藤滋研究室の以下のHPにアップしてあるものを参照されたい。http://www.satoh.arch.waseda.ac.jp/satoh_lab/modules/project/content023.html

*2――仮設住宅といっても日本の災害時の仮設住宅とは異なり、いわゆる工業化住宅で、通常の法的手続きをすべて中央政府の市民防衛局の権限のもとで緊急に建設されたもの。地震発生からほぼ半年で、二〇〇〇戸の免震コンクリート人工地盤の上に三階建ての集合住宅というプロトタイプを中心に、低層のテラスハウス（これはオンナ村という壊滅した集落の隣接地に村の構成を対照に移したパターンで建設されている）も一部含めて、被災後ほぼ半年で完成し、積雪と寒気が厳しい秋が深まる前にすべての被災者が入居を済ませている。

*3――本稿で紹介する町外コミュニティ像は、早稲田大学、まちづくりNPO新町なみえ、浪江町の三者共同研究協定の基で、早稲田大学都市・地域研究所＋佐藤研究室が行った活動を通して、町民との協働の成果として共有されたものを対象としている。二〇一二年一〇月から二〇一五年九月までの間はJST・RISTEXの「コミュニティで創る新しい高齢社会のデザイン」プロジェクトとして推進した。

*4――（Youtube 上にアップ公開されている、ドキュメンタリー映像・浪江シリーズ一～六（早稲田大学都市・地域研究所製作：第一巻 浪江復興塾No.1 https://www.youtube.com/watch?v=DqDONI8B8tO を参照）

*5――本構想は、早稲田大学都市・地域研究所＋佐藤研究室が、二〇一一年九月から仮説的・長期的な浪江町復興ビジョンとして作成したものである。ヴィジョンの内容については、参考文献5に詳しい。

*6――早稲田大学浅野研究室によりシステム開発され、現在も一〇〇名を超える被災者の日常の移動を支える仕組みとして、県などからの支援を受けて「まちづくりNPO新町なみえ」により運用されている。被災前に、「まちづくりNPO新町なみえ」の母体である浪江町商工会が、オンデマンドシステムを運用していたこともあり、その頃のノウハウもありまた、経験もあってとてもうまく運営されている。

*7――このイメージは二〇一七年にはほぼ実現するように推移している。

*8――饗庭伸『都市をたたむ』でまち中の市街地の現在を表現する言葉として用いられている表現。

参考文献

1――佐藤滋監修「福島県浪江町 夢を復興の力に」『東日本大震災 復興まちづくりの現在二〇一三年秋』DVD第七巻、丸善（二〇一四）

2――浪江町復興まちづくり協議会、なみえ復興塾、まちづくりNPO新町なみえ、早稲田大学都市・地域研究所「浪江宣言一四・〇五 福島連携復興まちづくりと地域再生」浪江町復興まちづくり協議会（二〇一四）

3――佐藤滋（二〇一四）「ふるさとから切り離された地でのネットワーク・コミュニティづくりの試み――浪江町と市民組織の活動」『都市計画』第三一一号、日本都市計画学会、二八・三一頁

なみえ復興塾、まちづくりNPO新町なみえ、早稲田大学都市・地域研究所「浪江宣言一三・〇三 協働復興まちづくりに向けた具体像と、実現へ向けた協働の仕組みの提案」（二〇一三）

4――佐藤滋、阿部俊彦、白木里恵子、荒井唯香、菅野圭祐、関谷有莉、下田瑠衣、二宮彬、松村尚乙、N・ラロンシュ、チョンナギョン「原発被災地・浪江町はどのように復興できるか 広域避難者のための多拠点型ネットワーク・コミュニティの構想とデザイン」『季刊まちづくり』第三七号、学芸出版社（二〇一三）、二二-三〇頁

5――佐藤滋＋早稲田大学都市計画系佐藤滋研究室「原子力発電所事故災害からの地域再生試論 多様な生活再建とコミュニティの絆による複線的復興シナリオ」『季刊まちづくり』第三四号、学芸出版社（二〇一二）、一〇-一七頁

6――なみえ復興塾、まちづくりNPO新町なみえ、早稲田大学都市・地域研究所「浪江町・復興への道筋と二四のプロジェクト」（二〇一二）

7――千葉景房映像制作（二〇一二）「なみえ復興塾 浪江町「協働復興まちづくりワークショップ」の記録 2012.5.12～2012.8.18」早稲田大学都市・地域研究所

8――菅野圭祐、佐藤滋「福島県浪江町における広域分散避難からのコミュニティの復興」『震災後に考える：東日本大震災と向きあう九二の分析と提言』早稲田大学出版部（二〇一五）、二八六-二九七頁

9――佐藤亘、泉貴広、丹野勝太、益子智之、沖津龍太郎、箱崎早苗、星直哉、小林真大、菅野圭祐、茂木大樹、白木里恵子、佐藤滋「仮設住宅から町外コミュニティ移行へのデザイン：福島県浪江町民との協働の取り組み」日本建築学会学術講演梗概（関東）、建築デザイン（二〇一五）、六二一-六二三頁

4-13 アクションリサーチまちづくりの試み

気仙沼市内湾地区

阿部俊彦
Toshihiko Abe

はじめに

東日本大震災の被災地の復興まちづくりでは、復興のスピードが優先されたこともあり、行政によるインフラ整備、民間事業者による産業の再生、商店街による商業の再生、そして被災した地域住民による住宅再建などの事業が、相互に調整されることなく個々バラバラに進んでしまっている。そのため、基盤整備が完了したのにもかかわらず、建物が再建されずに、まだら状に空き地が放置されている地区もある。

宮城県気仙沼市内湾地区(以下、内湾地区)も、震災発生から約二年間は、他の被災地と同様に、復興に向けて多様な主体が立ち上がったが、それぞれの復興まちづくり目標イメージに差異があったこともあり、連携どころか、情報共有すらも難しい状況があった。

このように、異なるガバナンスが複数生成された状況下において、不連続性を許容しつつ、それらをつなぐために、地区で沸き上がる複数のガバナンスの節点を見いだし、どのようにジョイントさせ、よりよい全体性(=不連続価値)を形成すればよいのか。本稿では、地区のまちづくりの全体システムの中で、機能を分担する異なる組織間が、その独立した機能を尊重しつつ、その望ましい恒常的な同調を確保する「ジョイントガバナンス」の可能性と、その実現のための「アクションリサーチまちづくり」の方法論について述べる。

アクションリサーチまちづくりの方法の提案

――まちづくりにおけるアクションリサーチ

アクションリサーチは、Kurt Levin（一九四六）が最初に提唱したと言われており、出来事が生起している「場」全体をシステムとしてとらえ、現実の課題を解決するアプローチの過程に研究課題を見いだした。また、筒井（二〇一〇年）は、様々なアクションリサーチの定義があるなかで、以下の三点が共通して用いられていることを示している。

①研究者が現場に入り、その現場の人たちも研究に参加する「参加型」研究である。

②現場の人たちとともに研究作業を進めていく「民主的な活動」である。

③学問的な成果だけでなく「社会そのものに影響を与えて変化をもたらす」ことを目指す研究活動である。

――アクションリサーチを実施するに至った経緯

内湾地区では、被災後に市の事務局のもとで、地域住民、商店主、市内の産業人らによる内湾地区復興まちづくり協議会（以下、協議会）が設立されたが、他の被災地と同様の課題を抱えており、基盤整備後の建物再建の検討が進んでいなかった。そのような状況で、筆者は協議会のコーディネーターに任命され、自らが復興まちづくりのプロセスに参与し、課題解決のために、協議会メンバーと他の支援専門家の協力のもとでアクションリサーチを実施する機会を得た。

――仮の復興シナリオ

まず初めに、行政による都市計画、協議会活動、ゾーンごとの復興事業に検討において、時期ごとに協議すべき内容を整理した仮の復興シナリオを作成し、これに基づいて協議を進めることを提案した**図1**。

①協議会設立期：協議会設立や地域住民への意向調査

②協議会活動・前期：ワークショップによる、復興まちづくりのアイデア出し、土地利用計画の検討

③協議会活動・後期：グランドデザインを踏まえた、まちづくり市民事業などの建物再建の検討

④事業推進期：建物再建などの復興プロジェクトを事業化

⑤地域運営：事業が完成した後の持続的な地域運営

――復興まちづくりの推進体制の提案

次に、復興シナリオの遂行に必要となる事業化のための推進体制を構築するために協議会の体制を提案した**図2**。

協議会の中心メンバーによる幹事会としての役割を担う「運営会議」に加えて、公共施設や観光戦略の検討を行うための「公共施設観光部会」、商店街の再生を図る「商業部会」、災害公営住宅や自力再建などの住宅再建について話し合う

図1—復興シナリオの提案

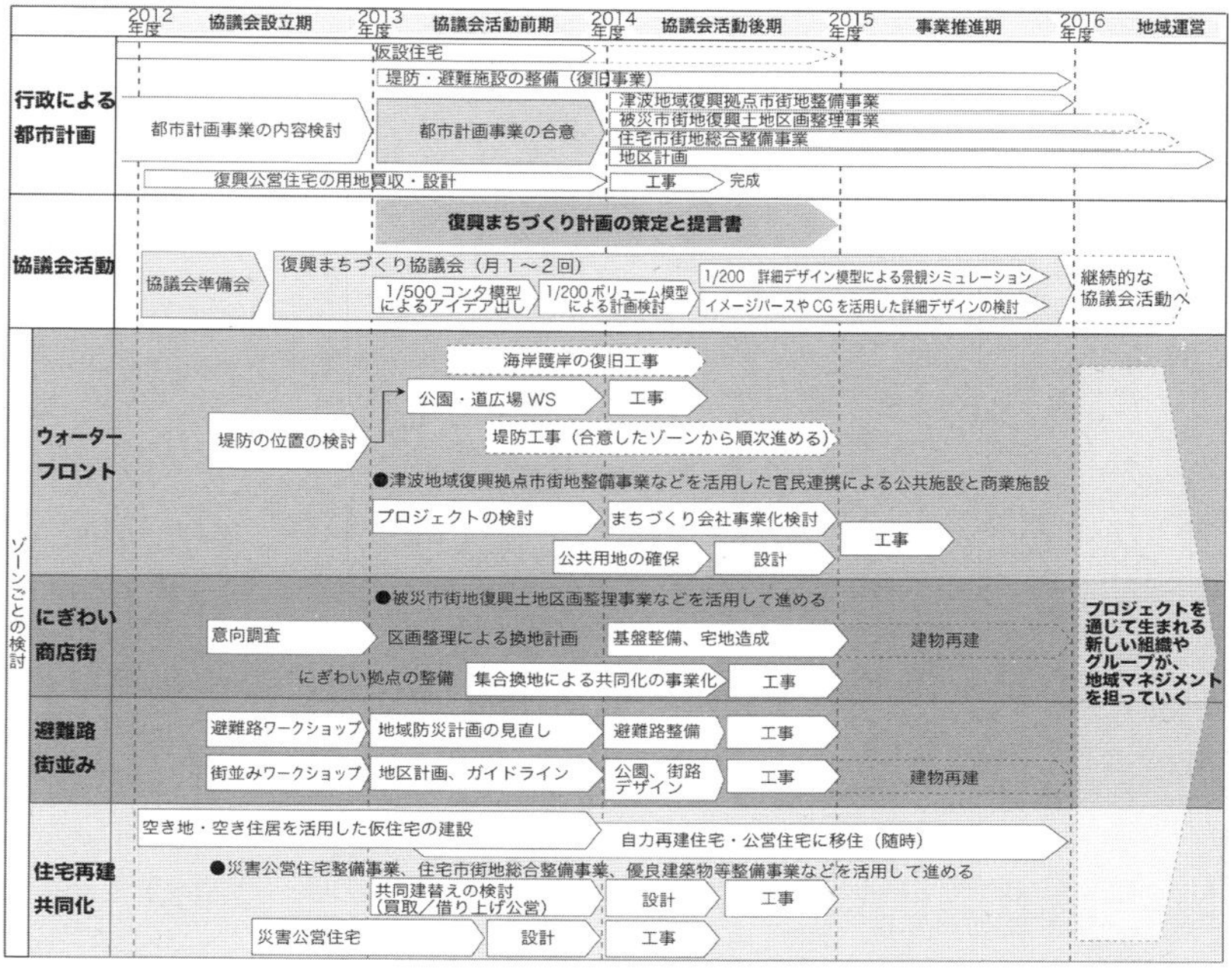

図2—まちづくりの推進体制の提案

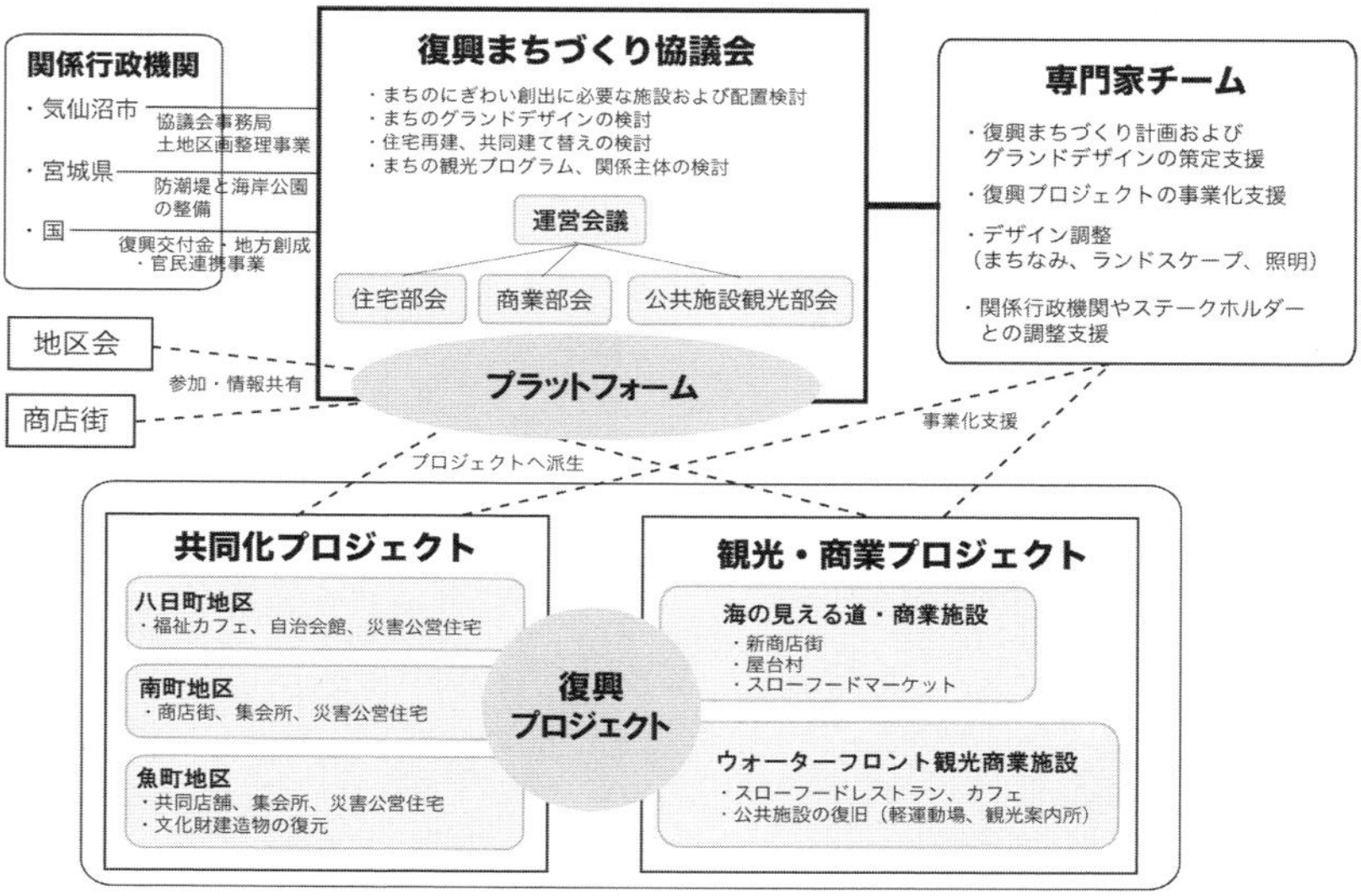

「住宅部会」の三つの部会を設置することを提案した。そのねらいは、部会で議論された創造的なアイデアを運営会議でとりまとめ、全体会でこれを地域住民や市民に説明し、復興まちづくり計画の合意形成を図ることにあった。

協議会においてグランドデザインを共有し、そこで検討された復興プロジェクトに賛同するメンバーが、これまでに培われたネットワークを生かしてグループでまちづくり会社を設立し、協議会で検討した構想を事業化の段階へ昇華させる。これを県や国（復興庁）、専門家チームがサポートし、協議会はプラットフォームとして、地域住民と行政と専門家が各事業の内容や進捗状況を共有する場となる。

——アクションリサーチまちづくりのサイクル

以下の①〜④の手順でアクションリサーチのサイクルで進めることを提案した。

① 復興まちづくりの計画やプロジェクトの提案をする。

② 協議会の体制を再編し、復興まちづくりの計画の検討の場で、模型やCGを活用したシミュレーションとワークショップによる検討結果を復興まちづくり計画に反映させ、提言書の案としてとりまとめる。

③ 提言書の案を協議会の全体会議や広報物を通じて市民に説明し、内容に問題がないかどうか確認し、修正する。

④ 復興まちづくり計画を提言書にとりまとめ、これを協議会が行政に提出し、合意する。また、その計画の実現に向けた事業体として、市民協働によるまちづくり会社を設立し、建物再建などの復興プロジェクトの事業化を図る。

なお、一般的にデミングらが提唱した経営管理論などで用いられるPDCAサイクルのDはDo（実行）、AはAct（改善）であるが、本研究では、Dをまちづくり事業のシミュ

図3　アクションリサーチまちづくりの方法

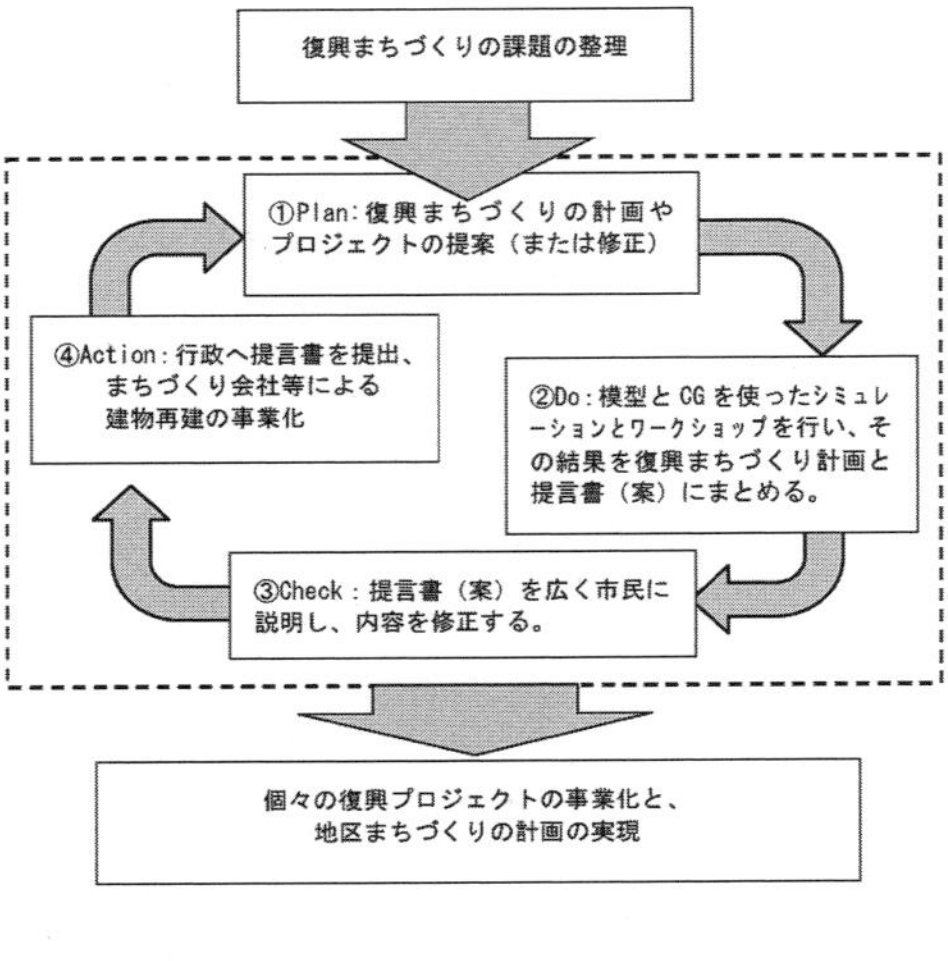

復興まちづくりの課題の整理
①Plan：復興まちづくりの計画やプロジェクトの提案（または修正）
②Do：模型とCGを使ったシミュレーションとワークショップを行い、その結果を復興まちづくり計画と提言書（案）にまとめる。
③Check：提言書（案）を広く市民に説明し、内容を修正する。
④Action：行政へ提言書を提出、まちづくり会社等による建物再建の事業化
個々の復興プロジェクトの事業化と、地区まちづくりの計画の実現

レーション（試行）、Aをまちづくり事業の実現のためのAction（行動）と置き換え、①がP、②がD、③がC、④をAとしたPDCAサイクルと考えることができる図3。

アクションリサーチの実行

――アクションリサーチによる復興プロジェクトの具体化

二〇一三年度の協議会活動・前期から、運営会議と三つの部会による協議会の体制に再編され、復興まちづくり計画の検討のPDCAサイクルを計四回繰り返した。その結果、当初は、平行して進められていた行政による計画と民間事業者によるプロジェクトの提案の接点が生まれた。さらに、個々バラバラだった協議会メンバーがグループ化され、共同事業による建物再建の復興プロジェクトが具体化していった。そして、複数の復興プロジェクトの関係性があらわになり、地区全体のグランドデザインに位置づけられていった図4。

――共同化による買取型災害公営住宅プロジェクト

提言書Ver.1作成期では、商店街の再生や住宅再建のための共同店舗と災害公営住宅が併設した共同化事業の検討が中心に行われ、各地区でプロジェクトの事業化のための建設組合やまちづくり会社が設立された。

当初、内湾地区にも災害公営住宅を建設する計画が市から示されていたが、用地の確保が難しい状況であった。一方で、土地区画整理事業の完了を待っていては商店街の再建が遅れてしまうことが懸念されていた。早期再建を検討している商業者の土地を集約して先行街区とし、共同化によって低層部を共同店舗、二階以上に住宅を確保するアイデアが提案された。地区ごとに、協議会のメンバーがグループをつくり、建設組合やまちづくり会社などを設立し、四つのプロジェクトの検討が進められることになった。当初は、各地区でバラバラに検討されていたが、協議会の場で、それらの検討状況を共有し、一〇〇～二〇〇分の一模型を使って、店舗構成や建物のデザインなどの調整がなされた。各地区で、プロジェクトのイメージが具体化されていく中で、気仙沼市は、住宅部分を災害公営住宅として買い取ることを決定した。二〇一六年一〇月までに筆者が設計した八日町地区を含め、三地区のプロジェクトが完成し、二〇一六年度中に一四七戸が完成する予定である図5。

――防潮堤とウォーターフロント観光商業施設プロジェクト

提言書Ver.2作成期では、防潮堤問題を契機とした議論から派生した、ウォーターフロントの景観とにぎわいづくり

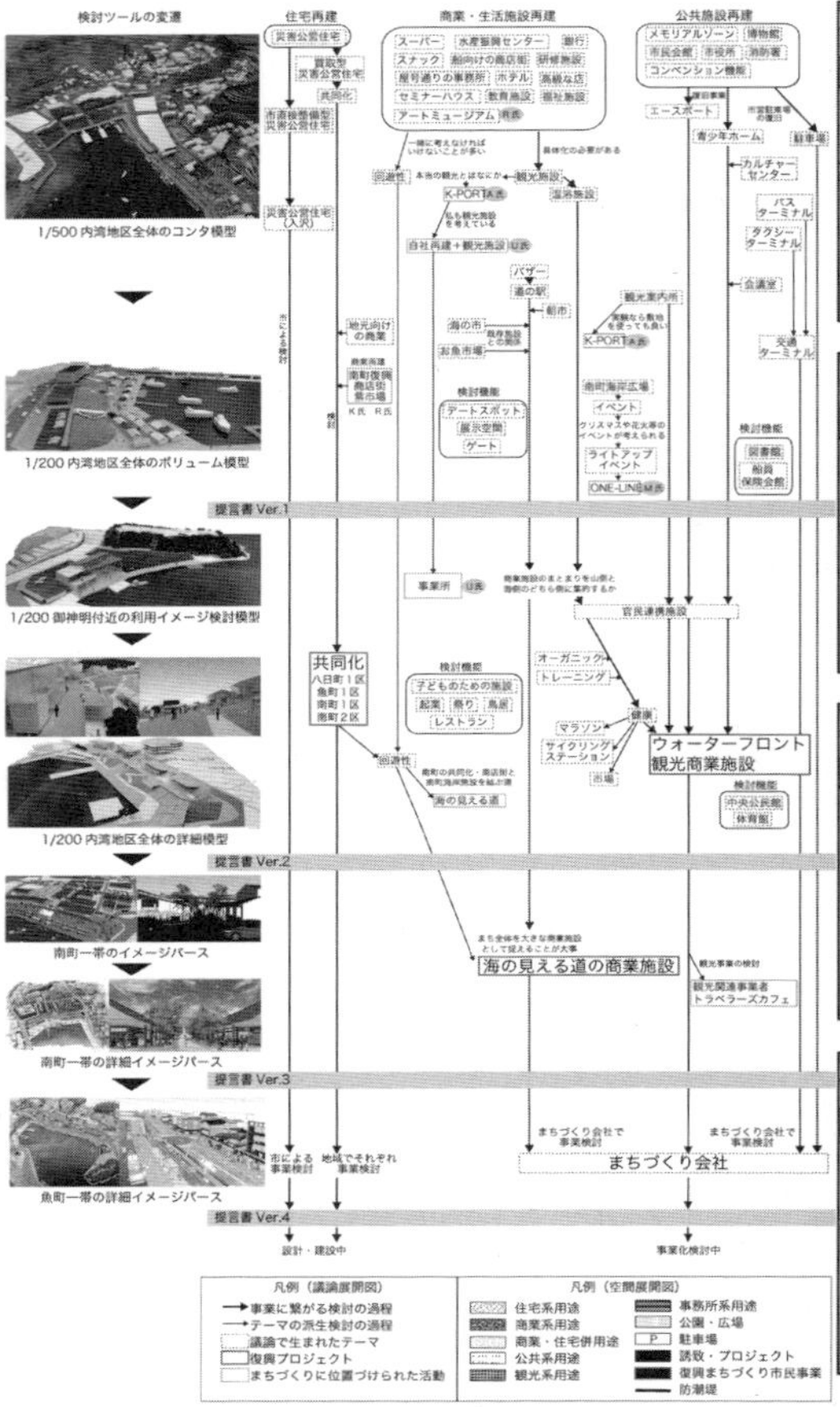

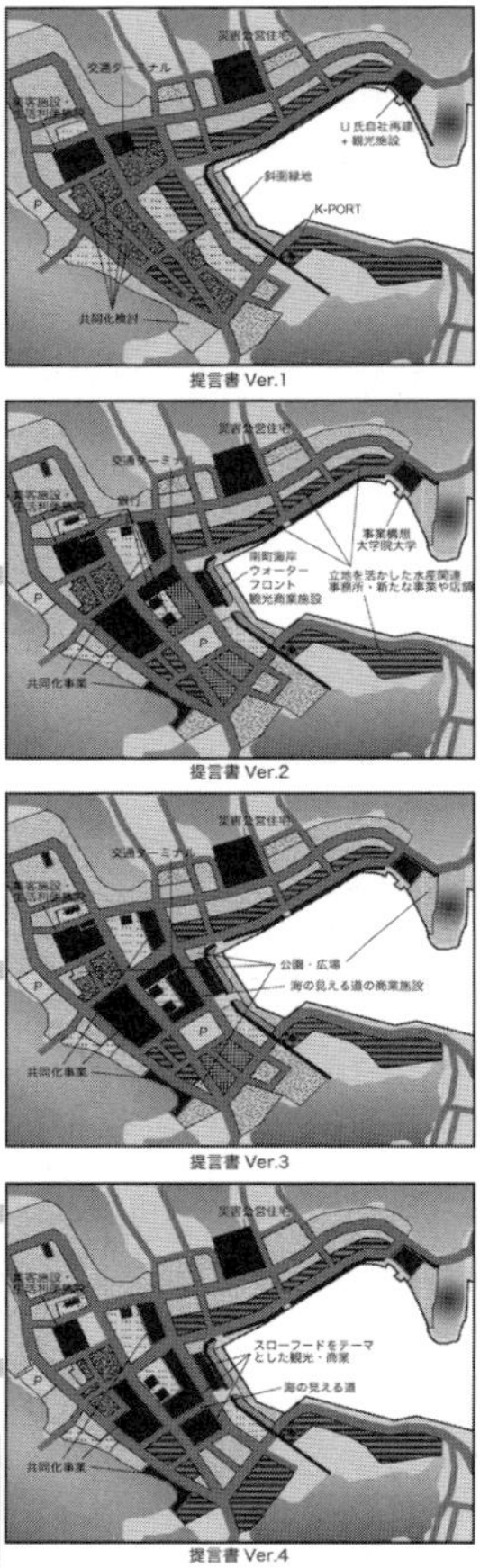

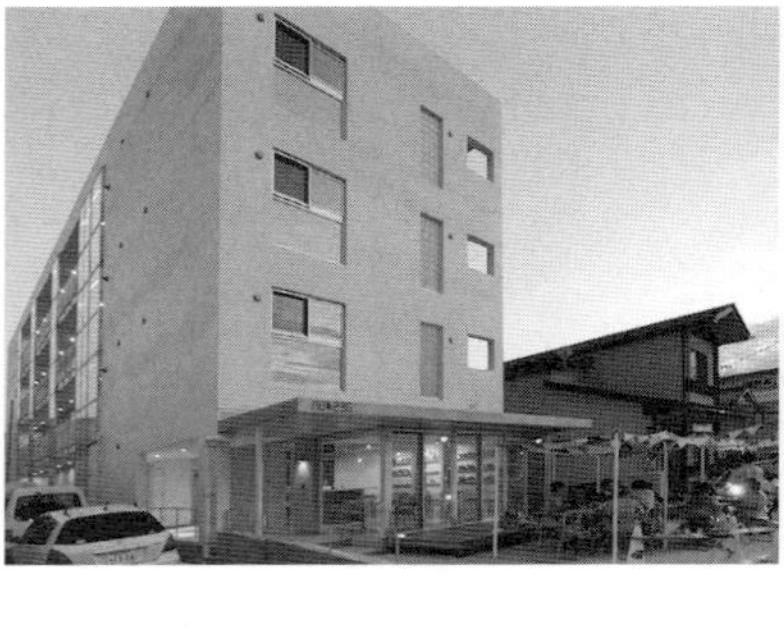

図４　シミュレーションとワークショップによる復興プロジェクトの事業化の流れ
図５　八日町地区の共同化による買取型災害公営住宅
図６　防潮堤の堤内外のデザインとウォーターフロント観光商業施設の模型

のための観光商業施設プロジェクトについての議論が中心的になされた。

内湾地区では住民が反対していた防潮堤が整備されることが決定されたが、協議会は防潮堤建設を受け入れる条件として、宮城県に対して「防潮堤の堤内外のデザインについて、協議会と継続的に協議し、景観や環境の保全やにぎわいをもたらすための最大限の工夫を怠らないこと」を要望した。協議会の検討の場に宮城県の担当者も参加し、二〇〇分の一模型やCGを使ったシミュレーションとワークショップを実施し、防潮堤を挟んだ堤外地と堤内地を一体的に利用し、ウォーターフロントを内湾地区のにぎわいの核として再生するアイデアを出し合い、海とまちを一体的な景観としてデザインした計画とすることが決定した図6。二〇一六年四月からまちづくり会社が事業主体となって、防潮堤に隣接する公有地を借りて、ウォーターフロント観光商業施設を建設するプロジェクトの検討がスタートし、二〇一八年の春のオープンを目指して設計が進められている。

――土地区画整理事業後の低未利用地を活用した商業施設プロジェクト

提言書Ver.3作成期では、協議会では、海側のウォーターフロントの観光商業施設と山側の既存の商店街をつなぐために、海の見える道の新設とその沿道の商業施設の必要性が提言書にまとめられた。しかし、説明会の場では、土地区画整理事業後に、地区内にバラバラに散在する低未利用地をどのように集めて、商業施設の建設用地やその利用者のための駐車場の用地を確保するのか、その具体的な方法が明らかになっていないことの問題を地域住民から指摘された。

提言書Ver.4作成期では、その指摘を踏まえて、海の見える道の商業施設プロジェクトの事業検討会を開催し、具体的なイメージを模型やCGを使って検討した。その結果をもって、協議会メンバーと市内の民間事業者の有志で結成したまちづくり会社が主体となって、土地区画整理区域の従前地権者に対して説明会を開催し、用地提供の協力を求めた。その結果、一定の規模の土地の集約できることが確認できたため、現在、二〇一八年の春のオープンを目指して、仮設商店街に入居されている既存の商業者に加えて、新たに商業を始めたい事業者の誘致活動を進めているところである。

まとめ

内湾地区では、当初、行政が先行して検討した計画案を住民が合意するためのアリーナとして設立された協議会が、今住民が主体的にまちづくりのアイデアを編集・統合し、計画を策定するためのプラットフォームに変容した。さらに、PDCAサイクルを繰り返すことで、プロジェクト毎に複数の事業化のためのパートナーシップとしてのまちづくり会社が結成され、協議会は、不連続なプロジェクトを緩やかにつなぐための節点を生み出す場として機能してきたと言える図7。それぞれ価値観が違うガバナンスのシステムが、地域の中に複数形成された不連続な状態を許容しつつ、それらをゆるやかにつなぐために、個々のシステムをジョイントするためのデザインの方法が模索される中で、本稿で示したアクションリサーチまちづくりが、これからのまちづくりの一つの方法論として参考にしていただければ幸いである。

図7―まちづくりの体制の変化

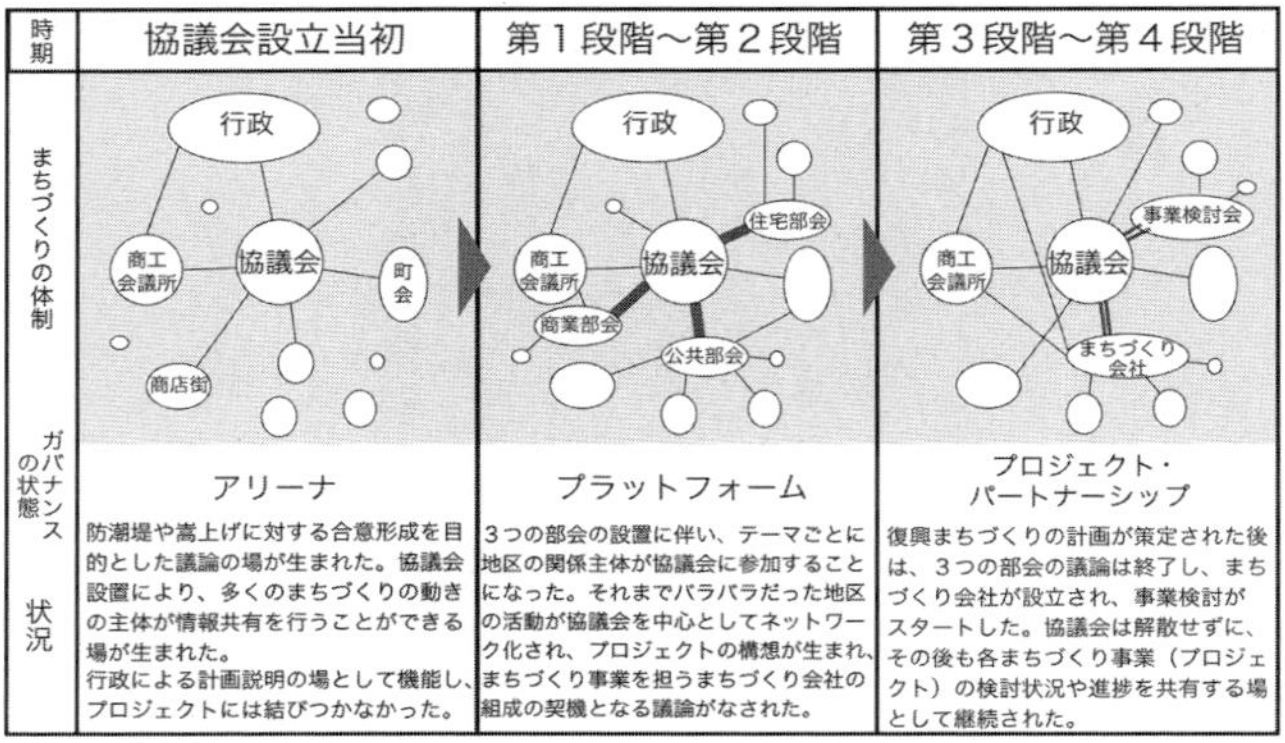

時期	協議会設立当初	第1段階〜第2段階	第3段階〜第4段階
まちづくりの体制	行政／商工会議所／協議会／町会／商店街	行政／商工会議所／協議会／住宅部会／商業部会／公共部会	行政／商工会議所／協議会／事業検討会／まちづくり会社
ガバナンスの状態	アリーナ	プラットフォーム	プロジェクト・パートナーシップ
状況	防潮堤や嵩上げに対する合意形成を目的とした議論の場が生まれた。協議会設置により、多くのまちづくりの動きの主体が情報共有を行うことができる場が生まれた。行政による計画説明の場として機能したが、プロジェクトには結びつかなかった。	3つの部会の設置に伴い、テーマごとに地区の関係主体が協議会に参加することになった。それまでバラバラだった地区の活動が協議会を中心としてネットワーク化され、プロジェクトの構想が生まれ、まちづくり事業を担うまちづくり会社の組成の契機となる議論がなされた。	復興まちづくりの計画が策定された後に、3つの部会の議論は終了し、まちづくり会社が設立され、事業検討会がスタートした。協議会は解散せずに、その後も各まちづくり事業（プロジェクト）の検討状況や進捗を共有する場として継続された。

参考文献

1――Levin K., *Action Research and Minority Problem*, Journal of Social Issue, 2: pp.34-46 (1946)

2――筒井真優美編『研究と実践をつなぐアクションリサーチ入門――看護研究の新たなステージへ』ライフサポート社、二〇一〇年

3――阿部俊彦＋佐藤滋「津波被災市街地におけるまちづくり市民事業の可能性――気仙沼市内湾地区を事例として」鎌田薫監修、早稲田大学震災復興研究論集編集委員会編『震災後に考える――東日本大震災と向き合う92の分析と提言』早稲田大学出版部（二〇一五）四三六-四四五頁

謝辞

本稿を執筆するにあたって、内湾地区復興まちづくり協議会の菅原昭彦会長および協議会メンバー、筆者と共に継続的に協議会の支援に従事してきた専門家チーム（筆者と共にコーディネーターを務めてきた吉川健一郎氏、共同化プロジェクトの設計者、オンサイト、ぼんぼり光環境計画、デキタ、住まい・まちづくりデザインワークス、佐藤滋研究室の学生スタッフ）、気仙沼市都市計画課、同土地区画整理室、同災害公営住宅整備課の皆さまにご協力いただきました。ここにお礼を申し上げます。

4-14 より心地のよい場所づくり

ソウルでのまちづくりの実践

Joongjin Shin
愼 重進

筆者とまちづくり

本稿の筆者・愼重進氏は、編者・佐藤滋のもとで博士学位を取得し、東京でのまちづくりを経験し、韓国に帰国後、ソウルの都市計画・まちづくりの指導的立場として先端のまちづくりを実践し活躍している。韓国の社会制度がわが国と類似点があるのは周知の通りであるが、都市計画・まちづくり分野においては、もはや日本のまちづくりを学ぶというより、より特徴のある実践がなされ、学ぶべき点も多い。日本のまちづくりの新たな展開を考えるうえで以下の論考は興味深い。

（佐藤 滋）

人と場所を中心とする関係と過程の〝計画〟

まちづくりと都市計画を切り離すことはできない。まちづくりは都市計画の一つであり、またまちづくりのなかに都市計画が用いられることがある。都市計画は法律に基づいた制度を通して、行政計画として専門家を中心に行われていたが、まちづくりは自分が暮らしている生活の場を基盤に誰にでもできることだ。ただし各々の異なる解釈によって遂行される単発的かつ個別的なまちづくりだと、その持続性を保つことは難しい。また、まちづくりを都市計画に対応するもう一つの流れとしてとらえる人もいる。しかし、都市の計画とはあらゆる価値を調整し、合意形成を図ることである。そのため、その規模の大きさにかかわらず、ま

図1—ひとと場所を中心とする融合の関係と過程の計画

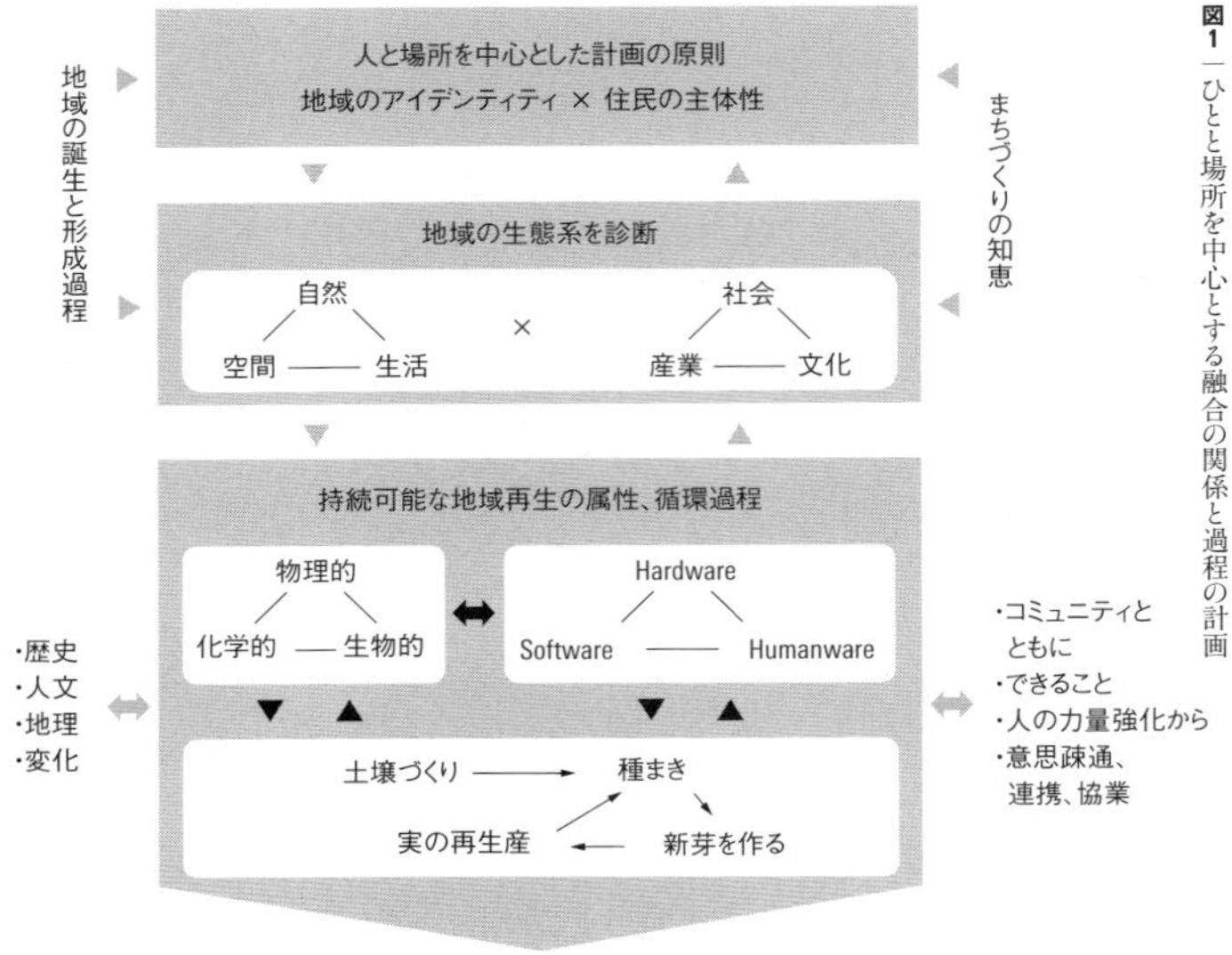

るで二重奏を奏でるかのように両者が柔軟に行われるべきである。場所を中心とした親しみのある計画がまちづくりであり、そのまちづくりのモザイクのピースが合わさった姿が都市計画である。

人と場所を中心とするのが都市計画であるためには、地域の誕生と形成過程に基づいてその変化の流れを理解し、まちづくりの現場から知恵を得て計画を立てることが必要である。その地域の地域らしさを示すアイデンティティと主体者意識を持つ住民の主体性は、計画の基本原則である。そのために統合的に都市的文脈と因果関係を診断し、それをもって共感・共有・共同・共生の可能性を診断するのである。一方で、場所の計画とは関係と過程を計画することである。

この際、計画者はまちづくりをより都市計画的な言語に、そして都市計画の内容はまちづくりの概念に沿って変換し、お互いが通じ合えるようにコーディネーターの役割を果たす必要がある。また、様々な分野の価値観を調節してハードウェア、ソフトウェア、ヒューマンウェアの量・質・速度を調整しなければならない図1。

一〇年間に試みた、これからの場所づくり

二〇〇六年からの一〇年間に、人と場所を中心に関係と過程を計画して様々なプロジェクトを進めてきた。ともに行ってきた過程のなかで、人、そして場所との関係を保ちながら、現場では様々な活動が続けられているため、現在どの

プロジェクトもまだ完了したとはいえない。

図2で紹介する六つのプロジェクトは、ソウルと水原《スウォン》市で行われた居住地のプロジェクトである。ここでは地域の調査、現場センターの運営、多様な主体とのガバナンスシステムの構築、地域の共有空間の造成、住民参加プログラムの進行、住民との約束づくり、まち運営組織づくりなど、より

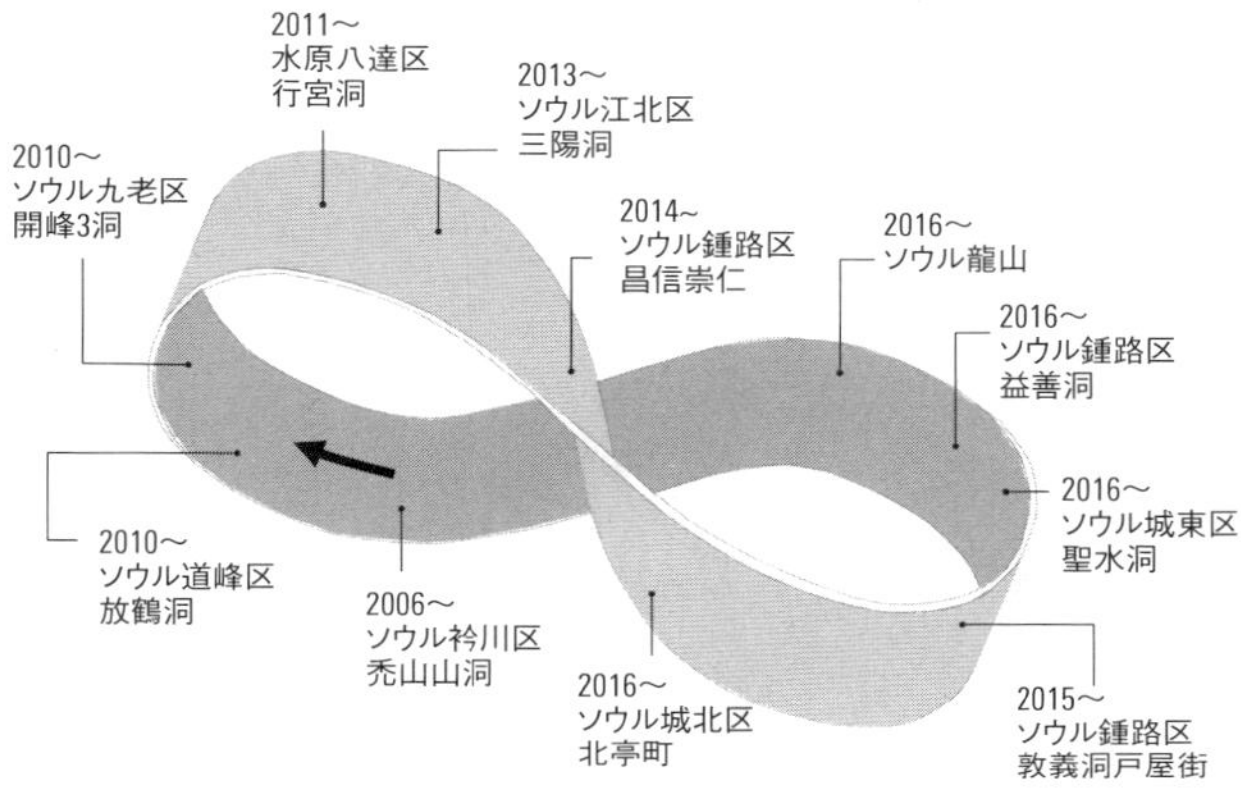

図2　これまでの一〇年の試みをもとにこれからの一〇年を準備する

1　ソウル市衿川区禿山山洞
- 公募方式を通じて計画の「全体」と「部分」を結ぶ
- 1年単位の計画事業から5年単位のマスタープランを作成
- 可能性の拠点として「現場広間」づくり
- 住民の話をもとに計画をつくり、自ら進化できるようにする
- 住民の集約した意見をもとにしたまちづくりの方向を設定する
- 計画の持続的な連携
- 住民コミュニティを築き上げる祭り
- 場所が中心となり、多様な事業と連携することで、持続的に変化する
- 漸進的にひろがる場所づくり
- コーディネーター派遣を通じた協業システムで、住民の力を育てる

2　ソウル市道峰区放鶴洞
- 大学スタジオ、学生公募展を通した地域基礎資源調査
- 地域団体との助け合いを通じた「住民参加計画」を立てる
- デザインガイドラインを通して地域環境改善を図る
- 住民共同利用施設の運営で地域経済活性化、コミュニティ活性化を図る
- 循環型賃貸住宅の造成

3　ソウル市九老区開峰第3洞
- 大学の設計スタジオで地域の基礎資源を調査
- 大学と地域の出会いと縁結び
- 大学生の公募展受賞と、連携したまちづくりのはじまり
- 点-線-面、まち環境文脈の拡張
- まち単位まち再生の構成、および支援
- コミュニティコーディネーターを通じて住民コミュニティの活性化
- 小グループ活動とコミュニティ支援事業で住民コミュニティの活性化を図る
- 住民の共同利用施設の建設、および運営を基盤としたコミュニティ活性化を図る

4　水原市八達区行宮洞
- 都市計画とまちづくりの二重奏
- 大学と地域の出会い、絆が結ばれる
- 地域大学がまち計画樹立を支援
- 水原華城発展委員会を組織し、文化財を中心とする計画に歯止めがかかる
- 行宮洞の住民団体間ネットワーク形成を支援
- 行宮洞共存の可能性と課題を診断

5　ソウル市江北区三陽洞
- 自治区内の団体と協業体系を構築
- 関連連携事業を通じて計画初期から住民コミュニティ活動を行う
- 住民共同利用施設の運営で、地域経済活性化、コミュニティ活性化を図る

6　ソウル市鍾路区昌信崇仁
- 現場中心都市再生のため、現場センターの運営
- 地域調査を通じた価値の再発見
- 都市再生現場経験を通じた「活動家」の養成
- 事業初期から住民の力量強化を通じた地域再生の基盤構築
- 文化と芸術が共存する地域再生
- 社会的経済とともにする地域再生
- 住環境改善に向けた住宅改良支援、建築ガイドラインづくり
- 「5分生活圏」住民共同利用施設の造成
- 住民中心の自律的地域運営を図る

心地よい場所をつくるために行った多様な試みを紹介する。以下に紹介する事例は、なかでも特徴的な三事例である。

——ソウル市道峰区《トボング》放鶴洞《バンハクドン》

［概要］
位置：ソウル市道峰区放鶴洞三九六—一一面
面積：二万五二二九・六平方メートル
人口：一三五一人
開始年度：二〇一〇年九月～
関連事業：ソウル市住みよいまちづくり学生公募展、ソウル市住居環境管理事業

道峰山《バンハクサン》の麓にある小さなまちの放鶴洞は、地域全体が再建築予定区域だった。現在は周辺地域の全体の再建築事業が解除され、住民の要請によってまちづくりを推進しているところである。

放鶴洞に関わるきっかけは大学院のスタジオであり、スタジオで制作した計画が学生の公募展で受賞することとなり、ソウル市のまちづくり事業につながった。この過程では地域内の社会福祉館と協働でまちづくりを試してみた。これは事業の期間内の現場での活動と以後の持続的な支援を念頭に置いた試みだった。

図3｜ドゥレ住宅

放鶴洞では地域拠点、道路、公園などの公共的な環境改善と民間部門のデザインガイドラインを通じた持続的な地域の環境の改善を試みた。特に民間建築物の管理は、ソウル市の多様な住宅改良支援事業と連携しながらデザインガイドラインを通じて建築行為の指針をつくり、これを守りながら管理できるようにした。

また、地域経済とコミュニティの活性化に向け、住民たちを中心に協同組合を構成し、住民の共同利用施設の運営を試みた。現在も共同利用施設は、菜園、図書館、町のお膳（町の住民たちが料理をつくり、一緒に分けて食べられる場所）、村の展示館などが造成され、住民を通じて持続的に運営されている。

最終的には、ソウル市の住環境管理事業では、初めて循環

型の賃貸住宅である「ドゥレ（農繁期に互いにに協力するための集落内での組織）住宅」を導入した。「ドゥレ住宅」は住宅の改良などを進める際に、住民たちがまちを離れずに生活できるようにするためにつくられた住宅で、現在では地上部は地域の住民、地域活動家（芸術家）などの住居、そして地下は活動家の活動空間として活用されている。

――水原市八達区行宮洞《パルグルグヘングドン》

［概要］
位置：水原市八達区行宮洞
面積：一五六万二〇〇〇平方メートル
人口：一万二六二八人
開始年度：二〇一一年三月〜
関連事業：まち・都市ルネサンス事業（公募事業を含める）、生態交通フェスティバル、都市再生支援事業

　世界文化遺産である水原華城《スウォンファソン》と行宮洞は、水原のまちづくりの中心であり、住民の活動が最も活発な地域である。二〇一一年、地域の大学がまちルネサンス事業を手伝ったことから始まる。行宮洞は華城という世界文化遺産によって文化財を中心とする都市計画をメインに多くの事業が進められてきたが、地域住民にとっては、むしろ自由な建築行為ができない障害物と考えられてきた。そこで水原華城発展委員会を立ち上げ、文化財中心の都市計画を中止させ、地域住民を中心とするまちづくりである都市再生ルネサンス事業を推進することになった。

　ここでの最も重要な試みは、都市計画とまちづくりの二重奏である。都市計画とは違って、断片的なまちづくりだけでは場づくりの持続性を担保することが難しいと判断した。よって、都市計画的な枠組みや仕組みを最大限に維持しながら、まちづくりの部分的な事業を調和させるよう、推進した。二〇一一年からの三年間に推進したまちづくりの個別事業をもとに、洞単位のまち計画と、区の単位でのまち計画を樹立し、この計画を基盤として再び個別のまちづくり事業を推進している。

　都市に存在する様々な資源と課題を集めて調整し、都市計画とまちづくりを立体的に融合して推進する二重奏の試みは、大学と行政、そして地域住民と長い間にわたって関係を結ぶことで可能性があると考える。著者は約一〇年前から地域と持続的に関係を築いており、五年前からは授業とワークショップを行っている。

　また、地域に町学校（住民が町の課題と資源を探して、町計画をつくってみる教育プログラム）、町計画団を構成し、大学と地域住民がまちづくり計画を一緒に考えてきた。この時期から筆

者は地域まちづくりの指導教授となり、これまでに学生たちとともにボランティアをしている。また、このような過程を通じて、地域の様々なまち団体を単位とした住民ネットワークを形成するよう支援を行ってきた。組織同士が団結すれば、支障なく大きな仕事を一緒にできると考えて始めたものであった。

――ソウル市鍾路区昌信崇仁《チョンノグチャンシンスンイン》

［概要］
位置：ソウル市鍾路区昌信一・二・三洞、崇仁一洞
面積：八三万〇一三〇平方メートル
人口：三万二七五二人
開始年度：二〇一四年七月、目標年度：二〇二四年
関連事業：国土交通部都市再生先導地域

最近の事例である昌信崇仁《チャンシンスンイン》地域は二〇一四年に指定された韓国初の都市再生先導事業地域である。ここは本来、全面撤去のニュータウンと再開発事業によって全部が住宅団地に変更されるところだった。しかし、住民はずっとここに暮らすことを願って、指定から八年におよぶ住民の反対運動によって、再開発がキャンセルされた後、修復型都市再生の先導事業地域に指定され、現在も進められている。

計画の目標年度は二〇二四年であり、行政の支援が二〇一四年から四年間続いた後は住民中心に関連事業の連携を通じてまちづくりが持続される予定である。

昌信崇仁の都市再生は、住民の活動を可能にする能力の強化を基盤として、居住環境改善、地域の経済活性化、歴史文化の資源化を目標に推進しており、現在は都市再生計画が完成し、各事業が実行される段階である。

行政が集中支援する呼び水となる事業期間である四年間は、約五〇〇億ウォンの予算で推進され、以降六年間に一五〇〇億を加え、全一〇年間二〇〇〇億の予算で事業を推進する予定である。

昌信崇仁は都市再生の先導地域として進められ、事業の進行過程で様々な試みをしているが、まず、個別事業をグルーピングして推進することをベースにしている。再生事業を個別に推進することにより発生する時間的、空間的、内容的な相互重複と干渉による葛藤を最小化するために街、拠点、プログラムと、中心となるものを据えて事業のグルーピングをし、相互補完の関係のなかで推進している。

二番目は「五分生活圏」の概念に基づく施設造成である。昌信崇仁は地形の高低差が最大一〇〇メートルもある丘陵地であり、数千軒の縫製工場の集積地で、老朽・不良の住環境であり、外国人労働者や高齢者、子供たちが多く居住する

ところでもある。ここに五分生活圏の概念によって一五〇メートル半径で拠点の役割を果たす公共施設を星のように建設し、それぞれの施設の機能以外にも公共トイレ、休憩所、安全避難先などを設けた。もちろん、すべての施設計画や建設の全過程は住民が参加し、施設の運営も住民がしている。

次はまちづくりの現場を中心に据えた都市再生のため、現場支援センターを設立した。センターは、住民の意見を集約すると同時に、地域に対する調査、初期には住民の民力の強化事業、都市再生事業の実行支援など、都市再生の支援過程において住民―行政―専門家の間で中間の役割を果たしている。

このような過程を通じて、都市再生事業が終了する二〇一八年以降は住民が主体となる地域再生協同組合を通じて自律的に地域再生が行われるように計画している。このため、都市再生の初期から住民と地域の力量を強化するための住民公募事業や教育プログラムを運営し、再生の進行過程によって段階的に進化させている。また、「都市再生の現場は学校」という発想から、都市再生支援センターでの現場体験の機会を活用し、将来の地域活動家の雇用を創出する試みも行われている。

この地域では、地域内外の様々な団体との協働を通じて、力量を強化している。地域外部の文化団体との協働を通じて、地域探訪、展示などのプログラムを進めたり、また地域内の社会的経済主体との連携を通じて、活動家の養成、まちの祭り、運営主体の発掘などまちの運営基盤を構築している。

住みたい場所を持続的につくるには

住みたい場所をつくるための努力は、始まりはあるが、終わりはない。おそらく、このような努力は、場所と関係なく都市を超えて影響を及ぼすのではないかと考えられる。

法に基づく都市計画は限界があり、ルールがないまちづくりは時間の予測も難しい。こうした考えをもとに築いた今までの一〇年の経験は、これから新たな場づくりの試みに続いて進化するだろう。

今日、時代的な状況とパラダイムは非常に急速に変化している。しかし、現在は英語での言葉どおり「プレゼント」だといえる。予測できない未来の唯一の希望であり、機会である。

4-15 地域力を「文脈化」する

齋藤 博
Hiroshi Saito

「地域力」とまちづくり

現在、まちづくりという言葉は多様な意味を持ちながら、様々な場面で使われている[1]。それは、一九六〇年代の日本で始まったまちづくりが地域社会に広く受け入れられ発展したことで、まちづくりの主体や目的、対象が広がったことを示すものでもある。さらに、過去半世紀において地域を取り巻く環境に劇的な変化が繰り返し現れ、地域社会はその影響を受け止めながら対応することをよぎなくされてきた。その結果、地域社会が直面する課題を解決する手段として、まちづくりは多様な形で展開されてきた。

しかしながら、まちづくりのかたちがどのように変わろうとも、変わらない基本原則、あるいは活動の原動力ともいえるものが、様々なまちづくりの取り組みには通底している。それは、まちづくりの源流ともいえる第二次世界大戦前期から積み重ねられてきた『内発的な地域環境の改善』(佐藤、二〇〇四、二二頁)を支える「地域力」(宮西、一九八六)である。「地域力」という言葉は、阪神淡路大震災後の復旧、復興の過程における行政能力の限界および、その不足を補完する住民が主体となった取り組みを支える力として、その存在が広く認識されることとなった。現在、国土交通省や総務省などの中央官庁や全国の自治体において、地域再生を実現するために必要な力であるという認識のもと、「多様な主体の協働により地域の課題を解決する力」という意味で用いられている。

半世紀あまりの歴史を持つまちづくりは、第一、第二、第三世代に区分することができる（佐藤、二〇〇四）。まちづくりの到達点であり、現在進行形であるまちづくりの第三世代においては、「個別のまちづくりから地域社会の運営に多様な主体が協働して『まちづくりによる共治』を実現する」（佐藤、二〇〇四、一三頁）ことを目指して全国各地でまちづくりの取り組みが行われている。

この第三世代が目標とする「まちづくりによる共治」を実現するためには、直面する地域課題を解決してきたまちづくりを支える「地域力」をさらに高めていくことが重要となる。すでに今日までに、この地域力を高めるための様々な取り組みは行われている。たとえば、町内会、自治会という地縁的な枠組みを超えたまちづくりを推進する「まちづくり協議会」や、様々な地域の担い手をつなげ、それぞれが持つ資源を糾合するための中間支援組織としての「まちづくりセンター」、さらには、地域への能動的な関心や関わりを促進するための「まちづくりワークショップ」などである。これらの取り組みにより形成された地域力は、まちづくりの具体的な取り組みを促進し、地域が直面する課題を解決することによって場所の質を高めてきた。しかしながら、地域社会を包括する共治を実現するためには、個別のまちづくりへの取り組みの持続性や連携などを促進する地域力を「文脈化」することが重要となる。

地域力を「文脈化」するプロセスのデザインを考える際に、制度的能力（Institutional Capacity）という概念が大きな手掛かりとなる。

制度的能力（インスティテューショナル・キャパシティ）

制度的能力とは、パッツィ・ヒーリーの著書『コラボレーティブ・プランニング』文献10で以下のように論じられている。「我々が考える制度的能力とは、外的な力と地域の伝統との調和を紡いでいく方法に力点を置いている。その方法は、知識の発展や循環、社会的ネットワーク、そして、価値の結びつきや日々の振る舞いといった絶えまない営みのなかで生まれる。また、これらの営みは、個人や組織が自分自身の価値を然るべき場所で見いだすことができる地域社会の力学を戦略的に形成、変化させる進取の気性に富む取り組みへと転換される」（ヒーリー、一九九七、一六頁）。

ここで述べられている「制度」とは、文字どおりの地域運営のフレームワークとしての各種制度や法律といったフォーマルなルールだけでなく、多様な地域資源を獲得するための社会的なネットワークや、ハブとなる中間支援組織、意思決定のための協議の場や情報データベース、さらには地域の文化を醸成するイベントやなりわいなどを包含し、地域社会における秩序や気運といった地域の文脈を醸成するものである。これらの様々な「制度」が形成されることによって、不連続価値形成とシステムが、知識／情報資源(Knowledge Resource)」「社会関係資資本(Relational Resource)」「協働を形成する能力(Mobilising capacity)」(ヒーリー、二〇〇二)というかたちで個々の地域に蓄積されるのである。

ただし、この制度的能力は、地域における様々な営み、多様な主体、千差万別の地域資源が互いに複雑に連関しながらダイナミックに生成されるものであり、そのすべてをコントロールすることは不可能だと言わざるをえない。

そこで、重要となるのが、この「制度」をどのようにデザインするのかということであり、まちづくりの第三世代が目標とする「まちづくりによる共治」を実現するに足る「地域力」を高めるための方法論として有効なのではないだろうか。まちづくりは、日々営まれる人々の暮らしに寄り添いながら、地域社会の直面する課題を丁寧に解決するために、「地域の文脈を読み取る」ことの重要性が認識され、実践されてきた。この「地域の文脈を読み取る」ということを更に進め、「地域の文脈づくり」を行うことこそが、地域力を「文脈化」する、つまり、不連続価値形成とシステムを形成することとなるのである。

キャパシティ論からまちづくりを解釈する

キャパシティ論とまちづくりの関係について、「メイキング・ベター・プレイス」という概念を手がかりに考察を行う。『メイキング・ベター・プレイス』は、ヒーリーの近著(二〇一五)のタイトルであり、「場所」への認識を転換を図ることこそが、よりよい質を備えた場所づくりにとって重要であることが述べられている。ベター・プレイス、つまり、よりよい質を備えた場所について、「目指す未来像は、そこに暮らし、そこを訪れ、そこで事業を興す人々に様々な機会や刺激、日々の利便性を提供するような場」(同書一二頁)としている。そして、この目標に到達するためには、「人々が計画に関わることで、人間が場所に見いだす価値、場所が人間に与える影響といった基本的知見を理解するようになる」(同書五〇頁)とされている。

このベタープレイスに関する記述は、現在、広く受け入れられている「まちの活力と魅力を高め『生活の質を向上』を実現させる」(文献3、四頁)という「まちづくりの基本目標」と呼応する内容となっている。また、その目標に到達するためのプロセスにおいて、地域の人々が積極的に関わることの重要性についても、「まちづくりの基本原則」(同書)における「ボトムアップの原則」「多主体協働の原則」「個の啓発と創発性の原則」など多くの共通点を有している。

　また、当然のことながら、場所が異なればその「基本的知見」も異なるはずであるが、近代主義的都市計画においては、一面的な合理性や効率性を重視するあまり、場所の基本的知見を探ることもそこそこに、画一化された手法によって場所の質を「高める」ことにまい進してきた。また、その根底には、都市計画の対象となる場所を固定的な「器」として認識することに多くの疑いを抱くことはなかった[文献4]。まず、この場所が固定的に存在するものではなく、様々なものの関係が結ばれる「結び目」(文献7、三三一頁)であり、流動的なものであるという認識への転換を図ることが必要であるとヒーリーは論じている[文献7]。そして、「結び目」としての場所は、「個人の行為と社会のルールが交差する地点で、物理的な経験(使う、飛び込む、見る、聞く、呼吸する)と、想像的解釈(意味や価値を与える)が同時に行われた時に生まれるのである」(文献7、五五頁)と論じられている。

　場所を関係性の「結び目」という認識をすることによって、「千差万別の『よい暮らし』という考え方を認めた上で、それでもなお広く共感できることを探り、どこに深い亀裂があるのかを模索するような方法」(文献7、五三頁)を実行することが可能となり、場所の質を高めていくこととなるのである。しかしながら、常に変化する関係性の「結び目」としての場所において、多様な価値観を認め、かつ、多様な地域の主体が共有出来る課題や目標を見出すことは容易なことではない。ただ、日本のまちづくりが「都市計画」でこぼれ落ちてしまったものを補完するという役割を担いながら発展してきたという意味においては、場所を「結び目」としてとらえるということに近い感覚を持ちながら取り組まれてきたのではないだろうか。

　そして、ヒーリーは「場所の質、それをどのように表現するかは、社会的な学習プロセスを経てその強みや妥当性を獲得する」(文献7、六一頁)ことであるとし、さらに、「その(社会的な学習)プロセスのなかで、参加者自身が、問題の本質を学び、未来に何が起こるかを理解するようになる」(文献7、六一頁)ことの重要性を述べている。言い換えれば、まちづくりという営みは、「場所の質を表現する」ことだと言える。

　そこで、以下では「社会的な学習プロセス」が、どのように地域力を文脈化し、場所の質を高めていくのかということについて、東京都練馬区、および三鷹市の事例を通して考察を行う。

市民活動を創出するプロセスのデザイン
——東京都練馬区

練馬区の地域力は、市民大学「地域福祉パワーアップカレッジねりま（以下、パワカレ）」*2および区民活動助成事業「福祉のまちづくりパートナーシップ区民活動支援事業（以下、パートナーシップ事業）」*3を軸とした「社会的な学習プロセス」により、福祉のまちづくり分野における市民活動を創出する「地域力」が蓄積されている。現在、多くの自治体において市民大学、および市民活動に対する助成事業が実施されているが、不連続価値形成を目指した「社会的な学習のプロセス」がデザインされている例は決して多いとは言えない。

パワカレで着目すべき点は、「知識情報資源」「社会関係資本」を獲得する場となっていることである。受講生は二年間の修学期間を通して地域福祉に関する理論面、実践面の知識の習得や自らが生活する地域への認識を深めるとともに、修了後には地域福祉への取り組みを共にする「仲間」を得る絶好の機会となっている。練馬区全域から受講者が集まることで、日常的に関わりのある地縁コミュニティとは異なる多様な属性を有する区民の間で関係が構築される。さらに、この仲間の広がりは区民の間だけではなく、地域福祉を推進するパートナーとしての区役所（の職員）との関係も構築している。

さらに、修学期間終了後に実践的な活動を行うにあたり、パワカレを所管する練馬区福祉部が行っているパートナーシップ事業への申請を行うケースがあり、直近の二〇一四年度は二団体（卒業生二二名中）、二〇一五年度は三団体（卒業生三〇名）、そして、二〇一六年度は四団体（卒業生三八名中）がパートナーシップ事業への申請を行い、助成を受けながら活動をスタートさせている。制度設計上の連続性はないが、実態として、パワカレで学びながら仲間を得て、卒業後にパートナーシップ事業のサポートを受けて地域での活動をスタートさせている。

一方、パートナーシップ事業で着目すべき点は、練馬区という「場所」が「協働を形成する能力」を高めている点である。本助成事業の申請においては、事業を所管する福祉部が提案された活動企画案に応じて、申請団体が、区役所内の関係部署や地域の関係団体へと事前相談する機会を創出している。様々な地域の主体との「社会関係資本」を構築するプロセスを経ることで、活動の実現性や公共性が高まるとともに、潜在的な地域ニーズを把握することが可能となっている。その結果、区民が主体となった活動に有形無形の地域資源を動員を可能とする「協働を形成する能力」を高めている。

助成された団体は、公開審査会、中間報告会、そして、最終報告会において活動内容を報告することが義務づけられている。この報告会には、行政職員、学識経験者、そして、一般市民が参加し、報告に基づくディスカッションが行われ、活動を点検するとともに、活動の課題についての意見交換が行われる。そして、この報告会で着目すべきことは、助成を受けている区民活動団体同士の交流が生まれ、単独ではできない活動へと広がっている点である。

以上のように、様々な地域の主体の協働によるきめ細かく柔軟な「社会的な学習プロセス」が、市民大学＋パートナーシップ事業(助成事業)によりデザインされ、区民が持つ公益に資する課題解決能力である「市民の創造性」[文献12]を育成、糾合することで、福祉のまちづくりの実践を創出する地域力が「文脈化」されている。

市民事業を育成するプロセスのデザイン
——東京都三鷹市

東京都三鷹市では、「SOHO City みたか構想」[*4]を起点とし、物的な環境整備としての「三鷹産業プラザ」をはじめとする五つのSOHO向けのオフィスビル、および中間支援組織としての「株式会社まちづくり三鷹」を軸とした行政、民間、市民のパートナーシップを軸としてデザインされた「社会的な学習プロセス」による社会的企業を育成する地域力が「文脈化」されている。

以下に、三鷹市を代表する市民事業の主体である「NPO法人子育てコンビニ(以下、子育てコンビニ)」の事例を通して三鷹市における「社会的な学習プロセス」を考察する。「子育てコンビニ」の始まりは、経済産業省の施策として行われた「地域全体による子育て支援ネット(子育て情報に関するインターネットのポータルサイト)」(二〇〇一年)の立ち上げに当たり、三鷹市が公募したボランティアの主婦の集まりであった。

半年間に及んだ「みたか子育てネット」の実証実験において、参加した主婦同士の関係を構築しただけではなく、行政との間における「社会関係資本」することとなった。それは、「SOHO City みたか構想」の一環として開催された地域の創業支援イベントである「ビジネスプラン・コンテスト」への参加へとつながっていく。その結果、商工会特別賞を受賞したことが弾みとなり、メンバー間に活動継続の意向が生じた。さらに、NPO法人となったことで、三鷹市や株式会社まちづくり三鷹との間に委託関係を結ぶことが可能となり、「社会関係資本」の質が向上することとなった。つまり、「子育てコンビニ」は、市役所のパートナーとして、三鷹という地域社会の課題の解決を目指す公益的なサービスの一端を担うこととなったのである。その結果、「子育てコンビニ」の活動は地域に密着した子育てに役立つ情報の収集・発信を行うホームページの運営から、様々な取り組みへと発展した。

「NPO法人子育てコンビニ」の発端は市役所のボランティアとしての参加の呼びかけに応じたものであったが、「社会的な学習プロセス」を経ることで、その意識も大きく変わり、より大きな責任を求められるビジネスという意識を持った取り組みを行っている。つまり、行政からの呼びかけに応じて集まった主婦が三鷹市役所や株式会社まちづくり三鷹をはじめとする様々な組織との協力関係を通して、様々な資源の動員を図り、その実力を蓄えることに成功している文献2。

不連続価値形成のシステムとしての「文脈化された地域力」

まちづくりという行為は、望ましくないかたちで「安定している状況」を脱却することによって、現在とは異なる望ましい未来を獲得するために行うものであり、その意味において、場所を流動的なものとしてとらえることは、まちづくりの本質を見事に言い表している。

事実、まちづくりの営みも、場所を流動的なものとしてとらえながら、地域に根ざした資源に基づきながら柔軟な取り組みを漸進的に進めてきた。しかしながら、莫大な資源を動員して行われる「都市計画」に比べると、まちづくりの営みは「不安定な状況」を積極的につくりだし、望ましい未来を獲得するために必要な力強さを有していたとは言い難く、その限界も指摘されている。

そこで、今後、まちづくりの第三世代文献3が地域社会の運営を担うに足る力強さを備えるためには、「千差万別の『よい暮らし』という考え方を認めた上で、それでもなお広く共感できることを探り、どこに深い亀裂があるのかを模索するような方法」(ヒーリー、二〇一五、五三頁)を、確かな足取りで実践するための「文脈化された地域力」を高めていくことが必要である。

＊1——本書、第二章「まちづくりの国際的潮流と価値」（内田）を参照。

＊2——「地域福祉パワーアップカレッジねりま」：地域福祉の人材を育成するために、練馬区独立六〇周年を記念して二〇〇七年一〇月に区役所が開設した常設の学びの場（市民大学）であり、福祉部が所管している。練馬区の総合計画である「新長期計画（二〇〇六〜二〇一〇年度）」の計画事業として、また、「新長期計画」の部門別計画である「地域福祉計画」および「高齢者保険福祉計画・介護保険事業計画」の事業としても位置づけられている（練馬区 福祉保険事業本部 福祉部高齢社会対策課、二〇〇七）。

＊3——「福祉のまちづくりパートナーシップ区民活動支援事業」：福祉のまちづくりを推進する区民活動の助成を行う本事業は、「練馬区福祉のまちづくり総合計画（二〇一一〜二〇一五年度）」における推進事業として位置づけられており、二〇〇六〜二〇一四年度までの九年間でのべ一三九団体が助成を受けている。練馬区では「ずっと住みたい やさしいまち」を目指し、「一、主体的・継続的に福祉のまちづくりに取り組む担い手が地域に増やす」「二、多様な区民が一緒に考え、活動する場を増やし、理解と共感を広める」「三、問題解決の新しい手法や地域の資源が開発する」（練馬区 健康福祉事業本部 福祉経営課、二〇一一）という三つの具体的な目標を掲げている。これらの目標を達成するための具体的な手段の一部として、パートナーシップ事業が重要な役割を果たしている。

＊4——「SOHO City みたか構想」：三鷹市の当時の産業政策である「三鷹市産業振興計画」（一九九六年）との強い関連を持ちながら、「地域情報化計画」（一九九八年）のなかに位置づけられている。その目的は、住宅都市である三鷹市にふさわしい産業振興策として、当時、急成長を遂げ始めた情報産業の成長可能性、そして、情報産業を支える組織のあり方やワークスタイル、つまり、情報通信技術に精通した小規模な若い組織が中心となり、産官学の連携により事業展開が行われていたことに着目した。このような新しい産業のあり方が三鷹市で推進すべき産業のあり方に合致するとの仮説のもと、三鷹市の産業振興政策の柱となるコンセプトを構築した。「SOHO City みたか構想」の基本戦略として、①「市民、企業、大学研究機関、自治体のパートナーシップによる新しい展開を目指すこと」、②「スタートは簡素でいい」、③「トータルなまちづくりの一部として実行すべきである」、④「『三鷹らしさ』にこだわるべきである」、⑤「早急に取り組むべきである」の5項目が掲げられている。

参考文献

1——齋藤博「まちづくり市民事業を育む創造的環境『SOHO City みたか構想』を軸とする産業政策に着目して」、佐藤滋編著『まちづくり市民事業 新しい公共による地域再生』学芸出版社（二〇一一）

2——関幸子「『SOHO CITYみたか構想』六年間の奇跡」、関満博、関幸子『インキュベータとSOHO　地域と市民の新しい事業創造』新評論（二〇〇五）

3——佐藤滋、日本建築学会編『まちづくり教科書第一巻まちづくりの方法』丸善（二〇一二）

4——練馬区福祉保険事業本部福祉部高齢社会対策課「地域福祉パワーアップカレッジねりま基本計画」（二〇〇七）

5——練馬区福祉部管理課 ひと・まちづくり推進課「地域福祉パワーアップカレッジねりまのご案内」（二〇一五）

6——練馬区健康福祉事業本部福祉経営課「平成二一年度福祉のまちづくりパートナーシップ区民活動支援事業報告書」（二〇一一）

7——パッツィ・ヒーリー著、後藤春彦監訳、村上佳代訳『メイキング・ベター・プレイス 場所の質を問う』鹿島出版会（二〇一五）

8——まちづくり会社三鷹『Mitaka-ism 三鷹からの発想』まちづくり会社三鷹（二〇〇三）

9——宮西悠司「地域力を高めることがまちづくり——住民の力と市街地整備」『都市計画』一四三号、都市計画学会（一九八六）

10——Healey, P. *Collaborative Planning: Shaping Places in Fragmented Societies*, UBC Press: Vancouver (1997)

11——Healey, P. *Shaping City Centre Future: Conservation, Regeneration and Institutional Capacity*, Newcastle: University of Newcastle (2002)

12——Landry, C. *The Creative City: A toolkit for Urban Innovators*, Earthcan: London (2000)

終章

まちづくりの二〇四五年を見通す

佐藤 滋

一九七〇年前後の激動の社会のなかから生まれ出た「まちづくり」は、理念の構築から実験とモデル形成へ、さらには、地域運営へと進み、東京オリンピックをやり過ごし東日本大震災の復興が一段落する二〇二〇年を境に新たなシナリオを描くことになろう。

本章は、これまで論じてきたことを総括して、次のまちづくりの四半世紀を展望したい。とはいっても、まちづくりがこれまでの延長線上にあればいいとは考えない。これまで述べてきたように、個別に取り組まれているまちづくりは、様々な課題を残しながらも、先端の活動や社会制度、支える技術はある種の到達点に行き着いている。あとは成熟させ完成度を高め、それを広く一般化させることである。

それでは、これまでまちづくりが先端のモデルが先導してきたように、次の四半世紀には、どのようなまちづくりが先端となるのかを考えてみたい。

――まちづくりから地域マネジメントへ

これまで本書では第一章で半世紀のまちづくりが達成したものと未達のものを示し、第二章以降で論じられた理論と方法は、これらをブレイクスルーする可能性を示した。そして、その基調は、閉じた世界でのまちづくりの限界が見えてくる一方で、領域を越えて浮遊しながら様々なつながりを生み出して雪だるまのようにその活動領域を広げる可能性を示している。人々の生活も、定住―流動―交流、などと定式化することが無意味なほどに、多様化し、広がりを持ち始めている。第一章で未達のものとして示した、「質の高い姿かたちと場所の生成」や「包括的な効用の生成と評価のフィードバック」さらに、「まちづくりの制度化」の課題は、これまでのまちづくりの半世紀が築いたイメージを、激変する時代とともに乗り越えることにより克服できるであろう。次の四半世紀、すなわち少子高齢化と人口減少がピークを迎える二〇四〇年から四五年頃までをターゲットとしたとき、それぞれのまちづくりが領域を超えて重なり合い連携し、あるいはぶつかり合ってエネルギーを再生産しながら、成果と効用に結びつける方法を築くことが求められる。それをここでは「地域マネジメント」と呼ぼう。地域運営のまちづくりが閉じた地区のレベル程度の運営であったのに対し、これらが連携し重層することで展開するのが地域マネジメントである。すなわち、まちづくりの半世紀の残された課題を克服し、達成した個別の成果を、次の四半世紀の時代状況に対応できるように発展させるのが、「地域マネジメント」として、まちづくりを再構築することなのである*1。

そのため本章では、第一に地域マネジメントとは何か、何を達成しようとするのかを論じ、第二に地域マネジメントの対象は何か、そして何に解を与えるのか、第三に地域において何を、どのようにマネジメントするのかその方法について述べ、第四に地域マネジメントが展開するための前提条件について述べる。

そして論の締めくくりとして、まちづくりを取り巻く次の半世紀の時代状況を、すなわち、「超グローカル」と、「生活圏民主主義」の時代としてとらえ、地域マネジメントとそれより組み立てられる広範なまちづくりとの関係と、そこから生まれる可能性を検討したい。

地域マネジメントとは何か

地域マネジメントとは、「ある関係づけられた領域を場として、様々な地区で個別に進んでいる「まちづくり」を組み立て、編集的に統合(インテグレート)し運営すること」である。いわば、ダイナミックな個々の「まちづくり」が整合的な時間の流れのなかで、水平展開しつつ全体を組み立て、個々のまちづくりの領域を超えて連携し、重なり合う状態を運営することだ。そして、それぞれのまちづくりを担う多様な担い手が、相互に連携し、まちづくりの果実を地域として享受することになる。既存の行政、自治組織、民間企業に加えて多様な社会的企業やＮＰＯ法人などの活動主体が次々と生まれ出て、地域で連携し、地域資源を生かした多重な地域の像が描かれる。

――地域をマネジメントする意味

すでにこのような動き、すなわち個別のまちづくりの活動が、地域を超えて新たなガバナンスの形態を生み、伝統的な地域組織も自己変革して、さらに中間支援組織などの活動と連携する萌芽が現れている。支え合い、分かち合う地域社会のもとで、地域マネジメントに意識的に取り組み、その果実を共有する仕組みを構築することが今、求められている。もしこれら全体の動きが組み立てられ「編集的に統合」[*2]されれば、地域全体として大きな成果をつくり出せるであろう。

すなわち「地域マネジメント」は、個々の自律的なまちづくりとその主体の連携により、個性ある地域の資源を顕在化し、それらの循環より生まれるさらなる成果を、個々のまちづくりにフィードバックさせ地域全体としての場所と生活の質の向上に寄与することになろう。このような循環の構造ができ上がれば、まちづくりの半世紀が残した課題、「質の高い姿かたちと場所の生成」の実現は多様な主体が有機的な相互編集のデザイン、すなわち多様な空間要素が複雑に絡み合いながらも組み立てられ活力と動きを含んだまちづくりの表出として達成できるであろうし、開かれたマネジメントによる広域でのまちづくりの連携はその効用を拡張し、地域住民から支持を得てまちづくりを社会に制度として定着することにつながる。

――地域マネジメントの場としての領域

地域マネジメントの対象となる領域とは、原則的には自然生態学的な条件の下である種の自律性を持ち、歴史・風土・文化的に連携する領域であるが、必ずしも確定的な面的区切りである必要はない。たとえば、流域圏は歴史や風土、定住の歴史とも密接に関係して、自然条件で区切られた範囲が、現在でも自律的な領域として合理性を持っている。しかしここであえて圏域という言葉を用いないのは、境界が曖昧で越境することもあり得て、必ずしも自然条件だけで閉鎖的に規定されるのではなく、また様々に重なり合うこともあり得るからだ。マネジメントされる領域は、重層的で開放的でマネジメントも越境して関係づけがされよう[*3]。

まちづくりの発展段階としての、地域という概念をどのようにとらえるかを検討すると、ヒエラルキー的な圏域論ではもはや今日の多様な活動には対応できないことは明らかだ。空間の大きさにかかわらず、それぞれの領域は全体性を持ち、また全体を構成する部分でもある、このような重層的な領域が「地域マネジメント」の舞台なのである。すなわち「圏域」として閉じるのではなく、内なる不連続な地域資源のホロニックな組成によって形づくられるダイナミックに変容する「領域(テリトリー)」なのである。

こうして、不連続に生成される様々なまちづくりの活動やプロジェクトが重なり合い、意味のある重層的な領域を形成しつつあるのが、現状でも見てとれる。地域マネジメントは、このような流動的な領域において、共創的に展開される。

このような状況にあって、「地域マネジメント」は、個々のまちづくりを編集し統合する「まちづくりの展開」としての意味を持つのである。

――共創的地域づくりに向けて

地域マネジメントは単独の有力組織や行政などからマネジメントされるのではなく、地域の多様な内発的な力を組み立てて進めるのがよい。その効果・利益は想定しにくく、また、それがなかったからといって、具体的な不利益がすぐに降りかかるものではない。しかし、ビジョンとシナリオを共有しつつ進められるまちづくり活動が、共創的な地域と呼べるものを現出させる。共創の意味は、アーティストや建築家、職人たちだけではなく、まちづくり、地域づくりの多様な主体の個としての創造性が喚起され、その共鳴と協働により価値あるものが生み出されるという意味である。

地域マネジメントの方法

——何をマネジメントするか——三つのミッション

多様な主体がそれぞれミッションを持ち、さらには必要に応じて連携して活動する状況は、本書の第四章の事例にあるように、共創的なプロセスをとおして、興味深い成果を次々に上げている。このような状況で、地域マネジメントは、何をマネジメントしようとするのか、そのターゲットは以下の三点である。

第一は、「まちづくりの連携のマネジメント」、第二は、その基盤としての地域の「社会資本のマネジメント」であり、第三は、領域に存在する地域資源の「循環のマネジメント」である。

まず第一の「まちづくりの連携のマネジメント」は、地域内で閉塞しがちなまちづくりがその壁を乗り越えることであり、地域マネジメントの当面の課題である。しかし、当然のことながらおのおのはそのミッションを果たすのに手いっぱいで、地域に不連続な成果や活動が関係を持たないままに併存しているのが現実である。全体を見通した地域マネジメントにより、これらを連携することができれば、相乗効果により成果は飛躍的に進むであろう。たとえば、地方都市における都市圏での都市・農村連携も個々の消費やビジネスとしての関係はあっても、まちづくり活動としての結びつきや連携などはほとんどされていない。

そして、第二の地域マネジメントの対象となる広域における「社会資本のマネジメント」は、社会的共通資本としての環境や自然、さらには社会的インフラなどを含め、公私を完全分離して維持管理していた近代的な方法を超えて、共同体としての社会的共通資本として位置づけ直し、運営することである。集落における里山・里海の管理など、伝統的な方法は持っていたが、このようなことも含め広い意味での環境の地域マネジメントは、資源の循環とも絡んで大きな可能性を持っている。個別のまちづくりで培った共用空間・コモンズのマネジメントなどの経験を発展させて、地域での社会資本の体系的なマネジメントが必須であり、そのためには、後述するような多様な担い手の連携が必要とされる。

第三の「資源の循環」における資源とは、水やエネルギー、地場の生産物、そして人材などあらゆるものである。これらが循環することにより、様々な相乗効果が生まれ、結果として地域経済や多様な組織に活力を与え、その関係により広域での効用を享受することになる。もちろんこのような資源は閉じたものではなく移動することや連関することは当然であるが、都市と農村、山林と海を含む広域の地域をベースに、支え合い、分かち合いを基本に多様な地域資源を循環させることは地域マネジメントに必須の方法である。

――どのようにマネジメントするのか

そしてこれらの地域マネジメントは、以下の重層的なプロセスで現れてくる。第一に、各主体が自律的にネットワークを形成し、総体としてのまちづくりの連携関係を築き、これが星雲のように全体を形成し、地域マネジメントのシナリオが見えてくる道筋がつき、第二に、こうした実態に対して地域全体の環境資源、地域資源をマネジメントするための相互編集的な地域デザインがなされる段階へと進み、第三に、開放的な領域での文化的・経済的な資源が循環し、領域としての地域が多様な価値を共創するプロセスが併存して進む。

いずれにしても、これらのプロセスが時間のずれはありながらも並行的に展開することは必然であり、これらが拮抗しながら、地域マネジメントの実体が現れてくる。現状は、楽観的に見れば、第一の自律的な地域の全体像が予定調和的に現れていて、多少の不整合はありながらも地域マネジメントへの萌芽が見えているともいえよう。これらを意識的にどう組み立てるか、先進的な取り組みを進め、見えてきた成果を顕在化し、それらを編集する動的なマネジメントにつなげることが当面の課題である。

――開かれたネットワークがつなぐプラットフォームの形成

きわめて現実的な問題として、行政や地域組織、たとえば農業協同組合などはその守備範囲を明確に区切っている。その区切りが決定的な意味を持ってしまい、連携したマネジメントが実現しないのが現実である。地域マネジメントを進めるためには、それを支えるなんらかの組織が必要になる。その組織形態も役割により、任意の情報交換のためのネットワークから、共通の意志決定をするアリーナ組織へ、さらには、多様な主体が共同で事業を組み立てるプラットフォーム、事業体としてのパートナーシップなどが想定され、地域マネジメントの態勢は大きく異なることになる*4。現在の法律では、広域連合という自治体を形成することができるが、ここで構想しているようなダイナミックなマネジメントにはまったく向かない組織原理であり、まちづくり会社のような組織で対応するか、有限責任事業組合や合同会社のような、構成員による組合的自治が可能な連携組織も必要になろう。

中心市街地でのまちづくり活動では、それぞれに連携組織が生まれてくるが、これらを水平的なネットワークでつなぎ、次第に共通の場で関係性を構築し、重層的なネットワークを形成する動きも見えている。都市と農村間で、農村での活動と中心市街地のまちづくりが連携し、徐々にそのネットワークを広げることなどである。「まちづくり」が実体を持っている今、これらが総体として連携し組み立てられるのが地域マネジメントである。また、既存のまちづくりがネットワークでつながるだけではなく、新たな活動のために協議会などのプラットフォームを形成し、展開していく。閉じて限定された空間での限られた主体での協議調整の場ではなく、生まれてくる様々な活動をつなぎ誘発する「開かれた場」として、地域マネジメントのためには増殖的でダイナミックな関係性を築くプラットフォームとしての組織が必要とされるのである。

地域マネジメント実現のための前提

さて、地域マネジメントを実現することはそう簡単なことではない。個別のまちづくりの成果(果実)をもとにして、これまで述べたような地域マネジメントを組み立てるには、以下の三つの条件が前提となる。

第一に、個々の自律的な意味あるまちづくり活動とその主体が多彩に登場し存在していること、そしてさらに多様な主体と地域資源を連携させマネジメントを育む人材と社会システムの存在である。

第二に、マネジメントの対象であり基盤である「領域としての地域」の存在である。生態学的な秩序を含め、人的、文化的、歴史的な一体性を含め、自律的な地域が多様な個性や活力の源泉であり、地域の豊かさを育む。地域における資源が有機的に関係づけられていて、相互作用と地域内の循環構造を育む「領域としての地域」の存在である。

第三は、前述の地域において社会資本としてのマネジメントを司る、あるいは地域の一体感程度であってもローカルレジームが、再生・構築が可能なくらいに存在していることである。基礎自治体を超えたこのような社会資本がたとえ潜在しているにせよ、存在していればこれをきっかけにマネジメントのためのローカルガバナンスを再構築することができる。

さて、このような前提は、一般的に現実味があるであろうか。それぞれの地域でまちづくり組織がバラバラな活動をしていると見るか、地域マネジメントの多様なプレイヤーが連帯の機会を待っていると見るかに判断は分かれる。もちろん筆者は後者と見るのだが、地域にも存在するであろう前者のような伝統的悲観論を打ち破ることが、地域マネジメントの出発点である。そして、このような動きはもはや至る所で見えてきて、先行事例が地域マネジメントの仕組つくることで、さらに地域内で新たなまちづくりの芽を育むという、循環的構造が期待されているのである[*5]。

バブル経済崩壊以降の地域経済が困難な時代に、特に地方の都市圏において、市民主体のまちづくりの動きが活発化し、地域の個性や歴史文化、自然などの社会的共通資本ともいえるものを再評価する動きが進み、多様な担い手や中間支援組織が登場している。いまやバラバラになった地域社会の再統合の動きや欲求が、地域のなかにうごめいているともいえよう。このような意味で、地域マネジメントという観点から、まちづくりの成果をもとにその可能性を検証し、社会的仕組みを考える時期である。

生活圏民主主義と超グローカルの時代

さてこれまで述べてきた地域マネジメントの展開は、これまで半世紀にわたるまちづくりの経験と成熟を経て、その萌芽が各地で現れているし、不可避な方向である。そしてこうした地域マネジメントが本格的に進展する時代は、少子高齢化と人口減少に直面する時代である。まちづくりを経験した地域社会とそれを取り巻く状況は、これからの時代、どのようなものになるのかを、私見を述べて、本書を締めくくりたい。

私は、二〇二〇年からの半世紀の前半(すなわち二〇四〇年代半ばまで)は、これまでのまちづくりの経験の積み重ねにより、多様な主体の共治による「生活圏での民主主義」が進展し、それらの主体がローカルとグローバルの境界を超えて活動する「超グローカル時代」に向かうものと考えている。そしてその後半には豊かな果実が生み出されると信じたい。すなわちこのような時代状況と併走して、まちづくりの成果が編集的に統合され、領域を超える地域マネジメントとして進展するのが、二〇四〇代前半までの四半世紀である、と考えている。ここでいう「生活圏民主主義」とは、これまで述べた地域マネジメントとして組み立てられる多様なまちづくり活動をとおして、地域社会の住民が様々な役割を総参加することで担い、生活圏が民主的に運営される状況を指しており、超グローカルな時代とは、このような生活圏民主主義を基盤に、グローバルネットワークが市場経済・巨大資本による経済と金融が主役のものから、市民や非営利組織、社会的セクターが活躍する状況へ拡張することを意味している。

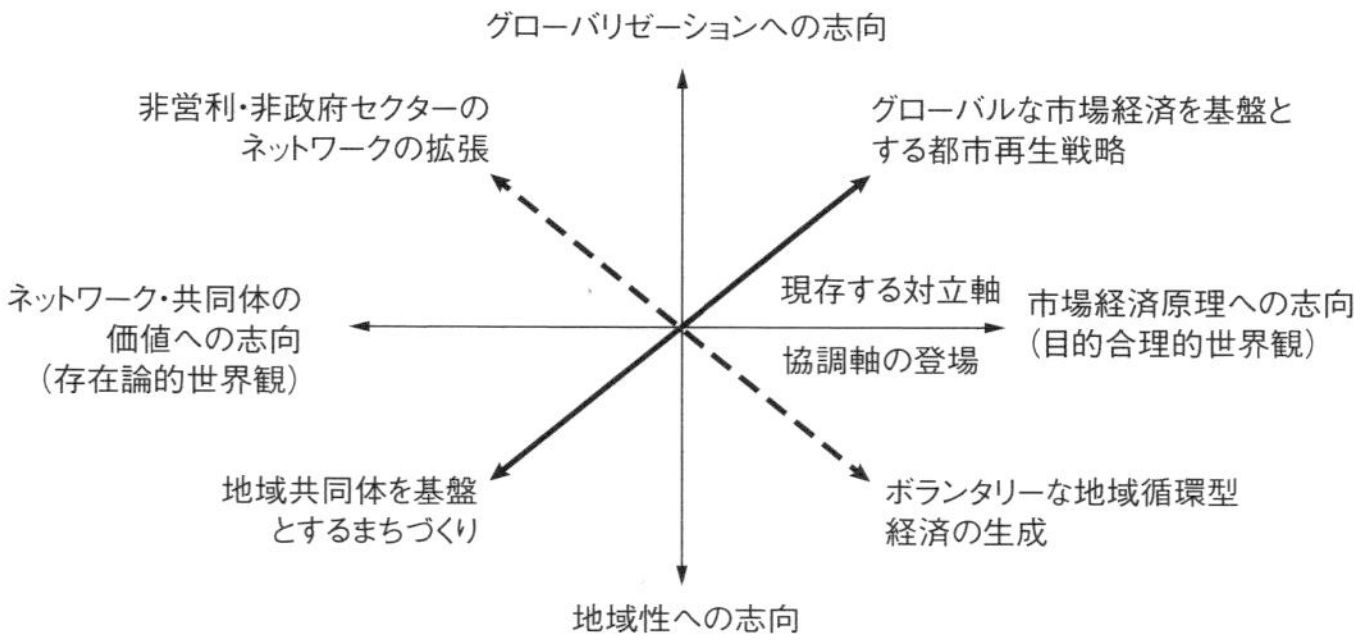

図1―まちづくりをとりまく二一世紀社会の基本枠組み。二〇世紀型の「世界市場経済」対「地域共同体」という対立軸が薄まり、「世界に活動の場を広げる市民セクターのネットワーク」と「ボランタリーな地域循環型経済」という協調軸が現れる。

――二一世紀中盤の構図

私は二〇〇〇年に図に示すような都市計画を取り巻く二一世紀の構図を示した*6。世界的な市場経済に対応した都市開発と、地域社会に立脚した「まちづくり」が対立する姿から、協調軸の登場を予言した。目的合理的な世界観と存在論的世界観、グローバル志向とローカル志向を二つの軸に、二一世紀社会の基本枠組みを示したものである。グローバルな世界市場経済における世界都市を志向する巨大な都市再生と、ローカルな場で存在論的世界に生きる「まちづくり」の対立軸が際立つ当時の状況から、存在論的世界観を持ちながらグローバルに展開するネットワークコミュニティで活動するNGO法人や社会貢献組織が登場し、さらには目的合理的世界観に支えられながらもローカルを志向して活動する社会的企業やソーシャルビジネスが登場して、これらの四つの象限に位置するプレイヤーで二一世紀のグローカルな世界が総体として運営されるというイメージである。

二〇〇〇年の視点から現在までの、この二一世紀の初頭は、このような協調軸が世界の同時代性ともいえるなかで現れてきていると考える。本書の事例もこのような方向性にある。そして、個々の担い手の価値観や行動規範も多様化して拡張し、四つの象限全体への展開が見られるようになっている。多様な社会的企業の登場、まちづくりの担い手もNPO法人やLLP（有限責任事業組合）組織やまちづくり企業が育って、あるいは伝統的な商店街組合などの共同組織が変革して、多様な価値観・行動規範を持つ組織とも連携するようになってきている。このことは世界的な趨勢である。

――存在感を増す生活圏コミュニティ

さて、今後、様々な生活支援やコミュニティ施策が本格的に生活圏の市民組織や社会的企業に委ねられるようになるのは必然である。介護予防しかり、これらを公的なセクターに依存すれば多額の税や保険の負担が生じて現実的ではない。教育や公共施設の維持・運営なども地域のNPO法人や非営利組織に委ねられ、補助的に税金が投入されることになる。法人格をもつ組織だけでなく、条例に基づく任意のまちづくり協議会や町内会・自治会なども、事業を担う社会的企業などと連携することになり、様々な説明責任が生じるとともに、活動の可能性は飛躍的に広がる。このような活動を、社会に対して明示することは自己評価や活動の再評価にもつながり、水平展開への契機にもなる。こうして、目的合理的世界とも信頼関係を構築するために、また広範な人材の参画を促すために客観的に納得が得られるようにまちづくりが自己改革することは、多くの可能性を広げることになる。

このように運営される領域は既存の空間的な住民自治単位だけでなくテーマで構成されるものも含め多様であり、これを「生活圏コミュニティ」と呼ぼう。そして、個々のまちづくりを組み立て展開して運営される地域マネジメントのなかに、生活圏コミュニティが重層的に登場する。そしてこの生活圏コミュニティが力を発揮するには、分かち合いの地域経済*7を基盤にして徹底した民主主義が内部で進展しなければならない。釣り鐘状の年齢構成グラフの社会で中核を占め、自由と能力と、そして残された体力を発揮する団塊の世代のリタイア人材の動向と、近年ますます顕在化している社会貢献を目指す若者の活動を見れば、生活圏コミュニティを基盤に変革が進む可能性は大きい。

――担い手の拡張

生活圏コミュニティの重要性は、特に二〇二〇年代に地域社会での中心となる団塊世代前後、あるいはそれ以降のリタイア世代にとって自明のことである。この世代は多くの経験と能力を持ち、地域マネジメントが組み立てられる程度の広がりがある領域を舞台に、活動を展開させる可能性をもつ。また、国際的な活動経験やネットワークを持つ場合も多く、国際的なNGOなどで活躍する人材も多く、この世代は生活圏コミュニティもグローバルな場も分け隔てなく活動できるグローカルな人材である。これらの人材がローカルな地域活動組織をグローバルなネットワークに結びつける役割もする。また、この世代前後以降には、様々な地域活動で能力を発揮している女性が多く、彼女たちはより広範な活動に乗り出すであろう。そしてそのパートナーとなるのは、前頁の図の右下の象限に位置する価値観に支えられた、社会的企業を目指すより若い人材であり、まちづくりの地平を拡大して、多様な分野のソーシャルビジネス、コミュニティビジネスを生み出すことになろう。

これらの世代が生活圏コミュニティで活躍すれば、二一世紀の初頭に第三世代のまちづくりに取り組んだ広範な人材とともに、地域マネジメントを基盤とした資源の循環を促し、包括的な地域マネジメントは大きな可能性を切り開くであろう。生活圏コミュニティでの多様な「まちづくり」の実践は、堅実に成果を上げ、社会的にもデファクトスタンダードとなる。

――水平展開とグローカルネットワーク

二〇二〇年代以降の時代は、一人ひとりのなかにも多様な価値観と行動規範を持ち、前述の図の構図に示した全体に協調軸上に価値観を広げ各種の活動を担うであろうし、一人の個人、あるいは組織も幅広い位置での活動に意欲を示すことになろう。

個々のまちづくりの場である生活圏だけでなく、これらの組織がグローバルな領域を活動の場として水平展開すれば、オープンな仕組みが組み立てられ、グローカルな活動の基盤となる。そして、多様で不連続な実践も、交流と水平展開により、グローカルネットワークと併走することになる。

＊1――地域マネジメントは、本論で記しているようなその領域を超えて連携して新たな地平を築くことともに、本書第二章の真野論文が論じているように、個人の小さな思いをつなぎ合わせ創造的な基盤を築きながら進めるようなまちづくりの内なる革新も含めなければならないが、この点は真野論文に尽くされているのでここでは触れない。

＊2――相互作用によりながら組み立てられることでありアッサンブリー、あるいは『野生の思想』（クロード・レヴィ＝ストロース著、大橋保夫訳、みすず書房、一九六二年）におけるブリコラージュに近い概念である。

＊3――このような地理的空間は、県境を越えた広域連携の場となることもある一方、逆に経済圏の引力で解体されることもある。平成の広域合併により、かつての藩域に匹敵する、あるいはそれを超える合併市ができ、自治体行政としての地域マネジメントが求められ、新たな可能性も生まれている。

＊4――饗庭伸「パートナーシップの個別要素と布陣」『地域協働の科学』佐藤滋、早田宰編、成文堂（二〇〇五）に詳しい。

＊5――本書の第二章でパッツィ・ヒーリーが述べている彼女自身が推進している事例は、まさにこのような条件を顕在化させる試みである。

＊6――佐藤滋「二一世紀の都市計画の枠組みと都市像の生成」『都市計画の挑戦――新しい公共性を求めて』蓑原敬編著、学芸出版社（二〇〇〇）

＊7――神野直彦『「分かちあい」の経済学』岩波書店（二〇一〇）

あとがき

毎年七月に、早稲田大学を会場にした「早稲田まちづくりシンポジウム」が開催されている。二〇一六年夏のシンポジウムは「まちづくりのこれまでとこれから　まちづくりの未来力」というタイトルで開催された。四〇年近い日本のまちづくりの蓄積を総括し、国際的な視点からそれを相対化し、未来を展望しよう、という大胆なテーマを掲げ、国内から多数のパネリスト、海外からパッツィ・ヒーリー（英国・ニューカッスル大学）、ジェフリー・ホー（米国・ワシントン大学）、愼重進（韓国・成均館大学校）の三人をパネリストに招いて開催された。

本書『まちづくり教書』は、そのシンポジウムの準備の過程で企画が持ち上がったもので、別途刊行された『まちづくり図解』（二〇一七年七月、鹿島出版会）と併せて、まちづくりの歴史、科学、手法、実践を総括的にまとめるものである。シンポジウムの準備に関わったメンバーが中心となって執筆したほか、ジェフリー・ホー、愼重進からは当日の議論を踏まえた論考を、早稲田大学と親交の深いパオロ・チェッカレーリ（イタリア・フェラーラ大学）からは特別に日本のまちづくりに対する論考を寄稿いただき、パッツィ・ヒーリーからはシンポジウムの基調講演の内容を特別に寄稿いただいた。

各章に収められた論考のうちいくつかはシンポジウムに集った内外のパネリストとの議論の中で生み出されたものであり、パネリストのみなさま、藤村龍至

（東京藝術大学）、出口敦（東京大学）、中川理（京都工芸繊維大学）、武者忠彦（信州大学）、西尾京介（日建設計総合研究所）、鈴木直道（夕張市長）、岩田司（東北大学）、廣兼周一（日本総合住生活）、長野基（首都大学東京）、中村元（新潟大学）、浅川達人（明治学院大学）、青池憲司（映画監督）、北原啓司（弘前大学）、澤田雅浩（長岡造形大学）、松村豪太（一般社団法人石巻2.0）、深谷政光（雫石町長）、住吉洋二（東京都市大学）、沼野慈（NPOもがみ）、横張真（東京大学）、清水哲夫（首都大学東京）、宗田好史（京都府立大学）、岡部明子（東京大学）の各氏には記して感謝する次第である。

また、本書に限らず「まちづくり」に関する論考は、まちの現場にいる多くの人たちとの関わりあいの中で生み出され、磨かれてくるものである。各章に収められた論考に関わってきた人たちの数は膨大で、お一人お一人の名前を挙げることは難しいが、厚くお礼申し上げる。

最後に、鹿島出版会の渡辺奈美さんには、本書の企画段階からの長い議論におつきあいいただき、粘り強く、かつ細やかな調整によって、本書を的確にまとめていただいた。しまうまデザインの高木達樹さんには、あざやかな手さばきで本書を素晴らしい装丁でまとめていただいた。お二人には、記して感謝する次第である。

さて、「まちづくりをやりたいです」という人に会うことが多くある。その動機には少しだけ軌道修正が必要で、まちづくりをやることが、その人の暮らしや人生の目的であってはならず、暮らしや人生を豊かにする手段がまちづくりである。暮らしの場にも、教育の場にも、仕事の場にも、あらゆるところにまちづくりの端緒はあり、私たちはいつでもそこにつながり、様々なまちづくりを組み立てることができる。そのなかで、まちづくりを通じて、多くの人たちの豊かな暮らしや仕事を創り出していくこと、そこに本書が役立てば、望外の幸せである。

二〇一七年一月一五日

編著者を代表して　饗庭伸

——編著者略歴

佐藤 滋《さとう・しげる》
早稲田大学研究院教授、都市・地域研究所前所長／一九四九年千葉県生まれ。二〇〇〇年日本建築学会賞（論文）、都市住宅学会賞（論説）、二〇一三年住総研清水康雄賞、二〇一四年大隈記念学術褒賞、二〇一六年都市住宅学会業績賞など。現場での観察調査・計画提案を一体で進める研究方法で、木造密集市街地、城下町都市をはじめ各地のまちづくり、都市デザインに参画している。工学博士。編著書に『まちづくりの科学』『城下町の近代都市づくり』（ともに鹿島出版会、一九九五）、『まちづくりの方法』（日本建築学会編、丸善、二〇〇三）、『東日本大震災からの復興まちづくり』（大月書店、二〇一一）、『まちづくり市民事業』（学芸出版社、二〇一一）、『新版 図説城下町都市』（鹿島出版会、二〇一五）など。

饗庭 伸《あいば・しん》
首都大学東京都市環境科学研究科准教授／一九七一年兵庫県生まれ。早稲田大学理工学部建築学科卒業。川崎市役所、早稲田大学助手などを経て、二〇〇七年より現職。専門は都市計画・まちづくり。近著に『都市をたたむ』（花伝社、二〇一五）、『自分にあわせてまちを変えてみる力』（萌文社、二〇一六）など。鶴岡市、国立市谷保、東京都中央区晴海地区などのまちづくりに関わる。

内田奈芳美《うちだ・なおみ》
埼玉大学人文社会科学研究科准教授／福井市出身。ワシントン大学修士課程修了、早稲田大学理工学研究科博士課程修了。博士（工学）金沢工業大学・環境・建築学部講師などを経て、二〇一四年から現職。主な著書に『都市はなぜ魂を失ったか』（共訳、講談社、二〇一三）、『金沢らしさとは何か』（共同編集、北國新聞社、二〇一五）、『自分にあわせてまちを変えてみる力』（共著、萌文社、二〇一六）など。

——執筆者略歴（五〇音順）

阿部俊彦《あべ・としひこ》
LLC住まい・まちづくりデザインワークス代表、早稲田大学都市・地域研究所招聘研究員／一九七七年東京都生まれ。早稲田大学理工学部建築学科卒業、同大学院修了。現代計画研究所大阪事務所を経て、LLC住まい・まちづくりデザインワークスを共同設立。早稲田大学、工学院大学非常勤講師。一級建築士、技術士（都市及び地方計画）。住民主体のまちづくり、都市デザイン・建築設計。近年は、東京の事前復興、気仙沼の復興デザインに関わる。共著書に『まちづくり市民事業』（学芸出版社、二〇一一）ほか。

有賀 隆《ありが・たかし》
早稲田大学大学院創造理工学研究科建築学専攻教授、Ph.D.（環境計画・都市デザイン）／一九六三年東京生まれ、早稲田大学理工学部建築学科卒業、同大学院修士課程修了後、企業勤務を経てカリフォルニア大学バークレー校大学院環境デザイン学研究科Ph.D.課程修了。名古屋大学大学院助教授を経て二〇〇六年より現職。都市デザイン、市民協働まちづくり、住環境計画・設計などが専門。（一社）日本建築学会理事、同・都市計画委員長などを歴任、現在（公）日本都市計画学会理事ほか。主な著書に『震災後に考える 東日本大震災と向きあう92の分析と提言』（分担、早稲田大学出版部、二〇一五）、『唐津：都市の再編 歩きたくなる魅力ある街へ』（共著、鹿島出版会、二〇一二）、『地域と大学の共創まちづくり』（共著、学芸出版社、二〇〇八）ほか多数。

川原 晋《かわはら・すすむ》
一九七〇年生まれ。首都大学東京 都市環境科学研究科観光科学域教授／一級建築士。AUR建築・都市・研究コンサルタント等を経て、二〇〇九年より現職。主な著書に『季刊まちづくり』三六号特集「都市の祝祭空間」（共著、学芸出版社）、『住民主体の都市計画』（共著、学芸出版社、二〇〇九）。主な作品に「鶴岡市山王通り意匠設計」。主な賞に、国土交通省手づくり郷土賞、第七回産業観光まちづくり大賞金賞、日本都市計画家協会楠本洋二賞優秀賞など。

久保勝裕《くぼ・かつひろ》
北海道科学大学（旧北海道工業大学）工学部建築学科教授／一九六五年生まれ。早稲田大学理工学部建築学科卒業、同大学院博士課程修了。大成建設設計本部、早稲田大学理工学総合研究センター助手を経て現職。博士（工学）。著書に『新版 図説 城下町都市』（分担執筆、鹿島出版会、二〇一五）、『まちづくり市民事業 新しい公共による地域再生』（分担執筆、学芸出版社、二〇一一）など。専門、都市計画・まちづくり。

齋藤 博《さいとう・ひろし》
大東文化大学環境創造学部准教授／一九六八年生まれ。中央大学文学部卒業、早稲田大学大学院理工学研究科修了。アールアイエー、ニューカッスル大学Ph.D課程、早稲田大学都市・地域研究所客員研究員を経て現職。著書に『まちづくり市民事業 新しい公共による地域再生」（共著、学芸出版社、二〇一二）、「市民の創造性を地域の創造性へと転換するローカル・ガバナンス」『季刊まちづくり』二二号（学芸出版社）他。専門：まちづくり。

志村秀明《しむら・ひであき》
芝浦工業大学建築学部建築学科教授／一九六八年東京都生まれ。北海道大学工学部土木工学科、及び熊本大学工学部建築学科卒業、安井建築設計事務所勤務を経て、早稲田大学大学院修士課程・博士課程修了、二〇一一年より現職。博士（工学）、一級建築士。主な著書に『まちづくりデザインゲーム』（共著、学芸出版社、二〇〇五）、『月島再発見学』（アニカ、二〇一三）

愼 重進 Joongjin Shin
早稲田大学で建築学博士を取得、現在、韓国成均館大学建築学科教授。住民中心の都市再生とまちづくりに対する関心から多くの理論研究と現場実践を並行してきた。現在は韓国都市再生の近隣再生型先導地域であるソウル市鍾路区昌信崇仁の地域で総括計画家として活動中。主な著書は『住みたいまちづくりモデル事業の成果と課題』（共著）、『このような町に住みたい：二〇〇二まちづくり白書』（共著）、『韓国都市地域共同体はどのように形成されるのか』（共著）など。

菅野圭祐《すがの・けいすけ》
早稲田大学理工学術院建築学科助手／一九八九年千葉生まれ。二〇一二年早稲田大学創造理工学部建築学科卒業。二〇一四年同大学院修士課程修了。二〇一四年四月より同大学院博士後期課程。二〇一六年四月より早稲田大学都市・地域研究所兼担研究員、現職。

瀬戸口 剛《せとぐち・つよし》
北海道大学大学院工学研究院教授／一九六二年生まれ。一九九〇年早稲田大学理工学部助手、一九九一年北海道大学工学部助手、一九九五年同助教授、二〇一〇年より現職。受賞：国土交通大臣表彰国土技術開発賞（二〇一六）、建築研究所すまいづくり表彰地域住宅賞（二〇一六）、文部科学大臣表彰科学技術賞（二〇一五）、日本建築学会賞（論文）（二〇一四）、日本都市計画学会計画設計賞（二〇一四）、北海道赤レンガ建築奨励賞（二〇一五、二〇一四）

早田 宰《そうだ・おさむ》
早稲田大学社会科学総合学術院教授／一九六六年東京生まれ。早稲田大学政治経済学部卒、同大学院理工学研究科博士後期課単位取得退学、東京都立大学工学部建築学科助手、早稲田大学社会科学部専任講師、助教授を経て、二〇〇二年より教授。博士（工学）。現在、都市・地域研究所所長。

パオロ・チェッカレーリ Paolo Ceccarelli
イタリア・フェラーラ大学名誉教授／都市計画家、ベネチア建築大学学長の後、フェラーラ大学に都市建築学部を設立する。ジャンカルロデカルロのもとでILAUD（国際建築都市研究所）で中心的役割を果たした後、二〇〇五年より所長。ユネスコ持続可能発展計画議長。ローマ、ミラノ、ペルージャ等イタリア各地の都市計画、ジェリコなど世界各国の歴史都市・世界遺産都市の保全、再生を実践する。

野嶋慎二《のじま・しんじ》
福井大学学術研究院建築建設工学専攻教授／一九六〇年東京都出身。専門は、まちづくり、都市デザイン、都市計画。博士（工学）、一級建築士。東京大学工学部建築学科卒、早稲田大学大学院理工学研究科修士課程修了、同博士課程修了。福井大学工学部講師、同助教授を経て、二〇〇五年から同大学教授。二〇〇八年Oxford Brookes University（英国）客員研究員。二〇一七年日本建築学会賞（論文）受賞。

野田明宏《のだ・あきひろ》
LLC住まい・まちづくりデザインワークス代表／名古屋市生まれ。早稲田大学大学院修了後、象地域設計を経て、現職。一級建築士、防災士。地域防災や団地・商店街再生等のまちづくり支援から、共同建替えやコーポラティブハウス等の企画・コーディネート、リノベーションやコンバージョンを含めた住宅・施設の設計監理に従事。事業コーディネート・設計監理を担ったCOMICHI石巻にて、二〇一五年度日本都市計画学会「計画設計賞」、東京建築士会「第2回これからの建築士賞」他を受賞。

野中勝利《のなか・かつとし》
筑波大学芸術系教授／早稲田大学理工学部建築学科卒業、同大学院修了、博士（工学）。長銀総合研究所、早稲田大学理工学部助手、筑波大学芸術学系講師、助教授などを経て現職。『城下町の近代都市づくり』（鹿島出版会、一九九五）を分担執筆など。二〇一五年日本建築学会賞（論文）受賞。

パッツィ・ヒーリー Patsy Healey
英国ニューカッスル大学、建築・都市計画・ランドスケープ学部名誉教授／プランナー、教育者、研究者として都市計画分野への多大なる貢献を認められ、一九九九年に大英帝国勲章、二〇〇四年に欧州計画家協会の名誉フェロー、二〇〇六年に英国王立都市計画協会よりゴールドメダルが授与された。主著に*Collaborative Planning, Urban Complexity and Spatial Strategies, Making Better Places*がある。

土方正夫《ひじかた・まさお》

早稲田大学名誉教授／一九四六年生まれ。一九七六年早稲田大学理工学研究科博士課程単位取得満了。一九八九年早稲田大学社会科学部教授、二〇一七年より現職。専門分野：地域情報システム論。主な著作：Masao Hijikata, Akiyoshi Takagi, *A Communication-based Planning System for a Modern Information Society:An Innovative Approach to City Management*, International Journal of Urban Sciences Vol.14, No.2 pp.176-190, Aug. 2010（年間最優秀賞論文賞受賞）. 2000年～、International Academic journal, *Planning Theory and Practic* Editorial Board Member, Routledge.

ジェフリー・ホー Jeffrey Hou

ワシントン大学ランドスケープ学科教授・学科長。研究分野はデザイン運動、住民参加、公共空間と民主主義、多文化のプレイスメイキング。著作に、（共著）*Greening Cities, Growing Community: Learning from Seattle's Urban Community Gardens*（2009）、（編集）*Insurgent Public Space: Guerilla Urbanism and the Remaking of Contemporary Cities*（2010）（2010-2012にEDRA Places Award受賞）（編集）*Transcultural Cities: Border-Crossing and Placemaking*（2013）（共同編集）*Now Urbanism: the Future City is Here*（2015）、*Messy Urbanism: Understanding the 'Other' Cities of Asia*（2016）がある。Pacific Rim Community Design Networkの共同創始者である。博士（UCバークレー・環境計画）

益尾孝祐《ますお・こうすけ》

一九七六年大阪府生まれ。早稲田大学理工学部建築学科卒業、同大学院理工学研究科修士課程修了。二〇〇二年よりアルセッド建築研究所に入所。地域のまちづくり支援から、まちをつくる建築、都市デザインまでの計画、設計に携わる。

松浦健治郎《まつうら・けんじろう》

千葉大学大学院工学研究院建築学コース准教授／博士（工学）。一級建築士。一九七一年岐阜県高山市生まれ。一九九四年早稲田大学建築学科卒業。小沢明建築研究室所員、日本都市センター研究員、三重大学助教などを経て現職。地方都市における地域資源を活用したまちづくり・都市デザインに関わる実践・研究活動を進めている。共著書に『新版 図説 城下町都市』（鹿島出版会、二〇一五）など。

真野洋介《まの・ようすけ》

東京工業大学環境・社会理工学院建築学系准教授／岡山県倉敷市出身。早稲田大学理工学部建築学科卒、同大学院博士課程修了後、東京理科大学助手等を経て現職。旧市街の再生、震災復興、文化・芸術と地域などをテーマに、尾道、石巻、高岡、墨田区向島などで活動と研究を実践中。「VOICE石巻」「ISHINOMAKI2.0」でグッドデザイン賞、「COMICHI石巻」で日本都市計画学会計画設計賞を受賞。

村上佳代《むらかみ・かよ》

早稲田大学大学院理工学研究科建設工学専攻修了後、英国ニューカッスル大学へ留学。二〇〇四年、同大学にてPh.D取得。早稲田大学理工学総合研究所客員講師を経て、二〇〇六年よりニューカッスル大学のCentre for Rural Economyにて研究員・プロジェクトマネージャーを務める。二〇〇九年よりカナダへ移住、オンタリオ州ウォーファイランドにて医療や福祉、教育の分野で市民活動の支援を続けている。訳書に『英国農村における新たな知の地平』（共訳、農林統計出版、二〇一二）、『メイキング・ベター・プレイス』（鹿島出版会、二〇一五）など。

まちづくり教書《きょうしょ》

二〇一七年 二月二〇日 第一刷発行
二〇一七年十一月 一日 第二刷発行

編者 **佐藤《さとう》 滋《しげる》、饗庭《あいば》 伸《しん》、内田《うちだ》奈芳美《なおみ》**
発行者 **坪内文生**
発行所 **鹿島出版会**
〒一〇四-〇〇二八 東京都中央区八重洲二-五-一四
電話 〇三-六二〇二-五二〇〇
振替 〇〇一六〇-二-一八〇八八三

印刷・製本 **壮光舎印刷**
デザイン **高木達樹(しまうまデザイン)**

ISBN 978-4-306-07333-3 C3052

本書の内容に関するご意見・ご感想は左記までお寄せ下さい。
URL：http://www.kajima-publishing.co.jp
e-mail：info@kajima-publishing.co.jp